実験医学 増刊 Vol.37-No.20 2019

シングルセルゲノミクス

組織の機能、病態が1細胞レベルで見えてきた！

編集＝渡辺 亮，鈴木 穣

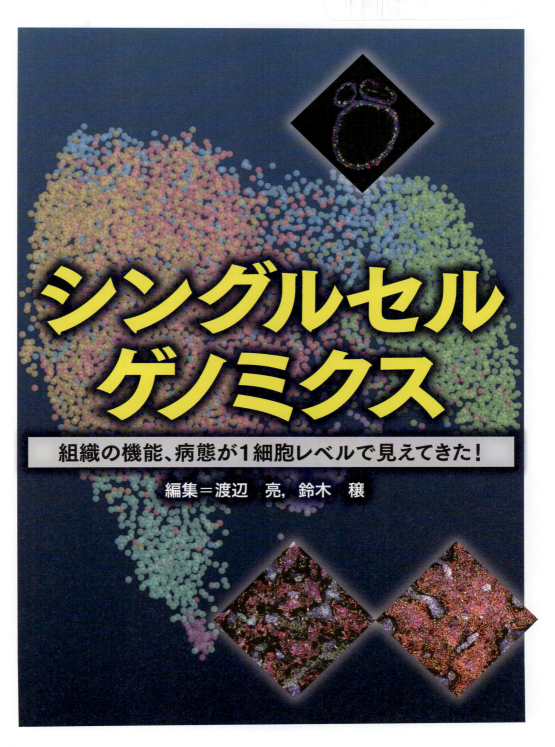

羊土社

【注意事項】本書の情報について ─────────────────────────
　本書に記載されている内容は，発行時点における最新の情報に基づき，正確を期するよう，執筆者，監修・編者ならびに出版社はそれぞれ最善の努力を払っております．しかし科学・医学・医療の進歩により，定義や概念，技術の操作方法や診療の方針が変更となり，本書をご使用になる時点においては記載された内容が正確かつ完全ではなくなる場合がございます．また，本書に記載されている企業名や商品名，URL等の情報が予告なく変更される場合もございますのでご了承ください．

序にかえて

個体を分解して理解する
シングルセルゲノミクス

渡辺　亮

　2015年に企画した実験医学1月号「シングルセル生物学」では，シングルセル遺伝子発現解析でできる研究の基礎を紹介し，応用への可能性を示した．その後，急速に普及が進んだ状況に対応すべく，実験手法の解説を中心とした実験医学別冊「シングルセル解析プロトコール」（菅野純夫/編，2017年）が刊行された．そして今回，医学・生物学のさまざまな研究で幅広く行われているシングルセルゲノミクスによるアプローチの実例を中心とした本書を企画することとなった．「シングルセル」というキーワードに基づく出版が2年ごとになされていることからも，この分野への期待の大きさと，進歩や普及の速さを感じていただけると思う．Science誌が，2018年に最も革新的であった研究に与えるBreakthrough of the Yearにシングルセル遺伝子発現解析による発生過程の再構築を選んだように，現在のシングルセル解析は，単に新しいゲノミクスの手法の1つというだけでなく，医学・生物学に幅広く活用される方法論として確立してきている．この流れを受け，ヒトを構成するあらゆる細胞のシングルセルゲノミクスデータを取得することを目的とした国際コンソーシアムであるHuman Cell Atlas（HCA）が立ち上がった．また米国をはじめ，海外ではシングルセル解析を基盤とした創薬ベンチャーの設立も続いている．国内においても本年，400名近い参加者を迎えてシングルセルゲノミクス研究会が開催された．このように，シングルセルゲノミクスは黎明期を抜け，応用の域に入っている．第1章では，シングルセルゲノミクス研究を支える技術やデータベース，そして国際コンソーシアムの現状を紹介するとともに，これらのリソースを活用した医学・生物学研究の概要を示す．

　以前より，イメージングやフローサイトメトリーによってシングルセルレベルでの解析は精力的かつ日常的になされてきた．例えば，高解像度顕微鏡を用いた解析では個々の細胞内におけるタンパク質の局在を鮮明に捉えるだけでなく，FRET技術に代表されるように1分子の挙動を追うことが可能となっている．フローサイトメトリーは，数分という短い時間で数百万の細胞におけるタンパク質発現が解析でき，複数の表面抗原の発現パターンによって行う血球細胞の分類法が確立されている．一方で，これらのアプローチでは解析対象とするタンパク質や遺伝子が定まっていない網羅的な解析ができなかった．数千遺伝子の発現プロファイルを提供するシングルセル遺伝子発現解析は，従来の組織学的な細胞分類では見えなかった新規の細胞種の同定を可能にし，ヒトの初期発生など入手困難なサンプルにおける細胞状態の変化を明らかにしている．複数の細胞状態

への変化を検出することで分化の分岐点を決定し，われわれの体をつくり出す細胞運命決定機構の分子メカニズムに迫ることができる．さらに，免疫状態をモニタリングするレパトア解析ではシングルセルレベルでのTCR/BCRの配列決定法が従来の手法に取って代わろうとしているなど，シングルセル解析がより応用へ向かっていることが実感できる．このようなシングルセル解析による医学・生物学研究の最近の実例を**第2章**で紹介する．遺伝子発現解析をはじめとする近年のシングルセル解析は，微量の核酸を増幅する試薬やナノテクノロジーを応用した機器の開発に支えられている．これらの技術開発は勢いを失うことなく現在も精力的に行われており，検出できる遺伝子数をはじめとする感度の向上や，遺伝子発現やゲノム配列のみならずクロマチン状態や染色体の立体構造などといった分析対象の拡大につながっている．また，DNA配列またはオープンクロマチン状態と遺伝子発現を同時に測定する技術も複数報告され，シングルセルマルチオミクス解析が現実味を帯びてきている．**第3章**では，このような次世代シングルセル解析の開発状況を紹介する．

　大規模シークエンシングを伴うシングルセル解析は実験コストが非常に高く，手を出しにくいという声をよく耳にする．網羅的遺伝子発現解析の標準的な手法であるマイクロアレイが現在，1サンプルあたり数万円であることを考えると，1回の実験で数十万円するシングルセル遺伝子発現解析は高価であるように思える．しかし，1回のシングルセル遺伝子発現解析の実験で得られるデータは数千細胞のおのおのに対する遺伝子発現データであると考えれば，高いコストパフォーマンスと考えることができる．また，ここ数年でスループットが劇的に向上し，1細胞あたりのコストは急速に下がっている．シングルセル遺伝子発現解析は，アルゴリズムを変えることで細胞同定から擬似時系列や擬似空間の解析など目的に合わせた解析をデータ取得後に選択できる自由度をもっている．言い換えると，今後新しいデータ解析手法が出てくれば，手元にあるデータが当初の予定を超える価値をもつことも期待できる．このことから，「まずやってみる」という考えもあるだろう．とはいえ，1回の実験は安価ではないため（安価だとしても当然であるが），実験のデザインはよく練られるべきである．そして，サンプルの状態によっては高いコストを払ったにもかかわらず良質な結果が得られない可能性も加味する必要がある．今から実験を計画される方々には，流行だからやってみたい，自分の細胞は不均一な集団だから1細胞レベルで見るのが妥当，というだけでなく，研究の目的から考察して，本書が紹介するシングルセル解析が本当に必要なのか？フローサイトメトリーの方が目的に見合っているのではないか，などといった点を今一度考察していただきたい．時にバルクのRNAシークエンシングなどで解析に必要な細胞数や実験系を推定することも重要である．そして，手元の研究材料がこの実験に最適な（あるいは他に代えがたい）ものなのかを検討し，実験ノイズが最小になる実験デザインを行うことによって，少ない労力

で適切な結果を得る工夫を行うことは非常に重要である．このように，本書がめざすところは，研究目的に見合ったシングルセル解析を行っていただく道標となることである．本書では実際に実験を行った研究者の本音を入れていただいており，これらの生の声がこれから実験を行う皆様の研究デザインの一助になればと願っている．

　最後に，ご多用にもかかわらず寄稿いただいた先生方，および企画から編集の細部まで精力的に仕事を進めていただいた羊土社実験医学編集部の蜂須賀修司様，岩崎太郎様のご尽力に深甚なる感謝の意を表します．

<著者プロフィール>
渡辺　亮：新潟県生まれ．東京大学大学院工学系研究科で油谷浩幸教授の指導のもと，工学博士号を取得（2003年）．同大学先端科学技術研究センターで博士研究員を務めた後，'09年より京都大学iPS細胞研究所に移り，同研究所未来生命科学開拓部門 主任研究員／特定拠点助教として，iPS細胞を用いたシングルセルゲノミクスを含めたゲノム・エピゲノム解析を行った．現在は，京都大学大学院医学研究科に研究活動の場を移し，疾患の理解と創薬への応用をめざしたシングルセルゲノミクスを展開している．'19年8月にシングルセルゲノミクス研究会を立ち上げ，この領域の裾野を広げる活動も行っている．

実験医学 増刊 Vol.37-No.20 2019

シングルセルゲノミクス
組織の機能、病態が1細胞レベルで見えてきた!

序にかえて―個体を分解して理解するシングルセルゲノミクス……渡辺　亮

第1章　総論：プロジェクト・技術の動向

1. シングルセルゲノミクスのプラットフォーム
　　　　関　真秀，土屋一成，鹿島幸恵，鈴木絢子，鈴木　穣　12（3336）

2. 医学・生物学研究に実装されるシングルセルゲノミクス……渡辺　亮　22（3346）

3. シングルセルRNA-seq情報解析最前線……中戸隆一郎　29（3353）

4. 世界と日本におけるHuman Cell Atlasの構築
　　　　Jay W. Shin，Piero Carninci，安藤吉成　36（3360）

第2章　シングルセル解析によるバイオロジー

Ⅰ．発生・臓器・オルガノイド

1. 心筋シングルセル解析による病態解明から臨床応用
　　　　野村征太郎，油谷浩幸　42（3366）

CONTENTS

2. 腸管上皮のシングルセル解析 ········· 利光孝太，佐藤俊朗 53 (3377)

3. 肝臓オルガノイドのシングルセル解析 ········· 佐伯憲和，武部貴則 61 (3385)

4. 単細胞レベルでの膵内分泌細胞の不均一性と機能解明
············· 龍岡久登，坂本智子，渡辺　亮，稲垣暢也 68 (3392)

5. シングルセル解析で広がるヒト腎臓発生と病態の理解
··· 辻本　啓，長船健二 74 (3398)

6. シングルセルRNA-seqを用いた肺線維症の解析
―データベースを用いた具体的な解析方法の紹介 ········· 金墻周平，後藤慎平 81 (3405)

II．免疫・がん

7. シングルセルレベルでのT細胞受容体・B細胞受容体解析 ········· 冨樫庸介 90 (3414)

8. T細胞におけるシングルセル解析 ········· 安水良明，中村やまみ，大倉永也 97 (3421)

9. レンバチニブと抗PD-1抗体の併用による腫瘍免疫調節作用の解析
··· 木村剛之，加藤　悠，船橋泰博 104 (3428)

10. 大腸がん組織を構成する細胞集団の多様性
··· 八尾良司，鈴木絢子，長山　聡 112 (3436)

11. シングルセル遺伝子発現解析からみえてきた腫瘍内不均一性
··· 林　寛敦，秋山　徹 118 (3442)

12. 成人T細胞白血病研究におけるシングルセル解析の有用性
············· 山岸　誠，鈴木　穣，渡邉俊樹，内丸　薫 124 (3448)

13. HTLV-1感染動態の数理モデル型定量的データ解析
············· 髙木舜晟，安永純一朗，松岡雅雄，岩見真吾 130 (3454)

14. リキッドバイオプシーの実現に向けた血中循環腫瘍細胞のシングルセル解析
　　　　　　　　　　　　　　　　　　　　　　　　　　　　吉野知子，根岸　諒　138（3462）

Ⅲ．その他

15. iPS細胞のシングルセル遺伝子発現解析　　　今村恵子，渡辺　亮，井上治久　145（3469）

16. 1細胞RNA-Seqによる神経前駆細胞の制御機構解析の動向
　　　　　　　　　　　　　　　　　　　　　　　　　　　　　　中西勝之，神山　淳　149（3473）

17. ウイルス感染細胞の不均一性（heterogeneity）の網羅的描出
　　　　　　　　　　　　　　　　　　　　　　　　佐藤　佳，麻生啓文，小柳義夫　155（3479）

18. メタゲノムデータからの微生物ゲノムの再構成　　　　　　　　西嶋　傑　161（3485）

第3章　技術開発

1. 進歩を続ける1細胞トランスクリプトーム計測法　　　　　　　二階堂　愛　167（3491）

2. シングルセルゲノム情報解析の基盤技術　　　　　　　　　　　二階堂　愛　174（3498）

3. クロマチン挿入標識法（ChIL）による単一細胞エピゲノム解析
　　　　　　　　　　　　　　　　　　　　　　　　　　　　　原田哲仁，大川恭行　178（3502）

4. シングルセル遺伝子発現解析（Nx1-seq）と細胞集団　　　　　橋本真一　184（3508）

5. C1 CAGE法を用いた一細胞転写開始点解析
　　　　　　　　　　　Jonathan Moody，河野　掌，Andrew Tae-Jun Kwon，
　　　　　　　　　　　柴山洋太郎，Chung-Chau Hon，Erik Arner，
　　　　　　　　　　　Piero Carninci，Charles Plessy，Jay W. Shin　191（3515）

6. マイクロバイオームのシングルセル解析
　　　　　　　　　　　　　　　　　　　　　　　　細川正人，小川雅人，竹山春子　197（3521）

CONTENTS

7. 蛍光イメージングによる網羅的シングルセル解析 ……………… 岡田康志 203（3527）

8. SINC-seq法による1細胞多階層解析 ……………… 新宅博文，小口祐伴，飯田 慶 209（3533）

索　引 …………………………………………………………………………… 215（3539）

表紙イメージ解説

◆改良されたDrop-seqを用いて解析した乳がん細胞のクラスタリング結果

第1章-1参照．各色がクラスターに対応している．解析ツールSeuratを使用して作成．データ提供：土屋一成（東京大学大学院新領域創成科学研究科）

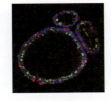

◆IGF-1とFGF-2を用いた新規手法で培養されたヒト小腸上皮オルガノイド

第2章-2参照．緑がMucin 2（杯細胞），赤がChromogranin A（腸管内分泌細胞），青がDAPIの染色結果をあらわす．写真提供：利光孝太，佐藤俊朗（慶應義塾大学医学部）

◆ヒトiPS細胞から前方中間中胚葉への改良分化誘導法の開発

第2章-5参照．写真提供：前　伸一（京都大学iPS細胞研究所）

執筆者一覧

●編 集

渡辺　亮	京都大学大学院医学研究科／京都大学iPS細胞研究所
鈴木　穣	東京大学大学院新領域創成科学研究科

●執　筆（五十音順・アルファベット順）

秋山　徹	東京大学定量生命科学研究所分子病態情報学社会連携講座
麻生啓文	京都大学ウイルス・再生医科学研究所システムウイルス学分野／東京大学医科学研究所感染症国際研究センターシステムウイルス学分野
油谷浩幸	東京大学先端科学技術研究センターゲノムサイエンス分野
安藤吉成	理化学研究所生命医科学研究センター
飯田　慶	京都大学医学研究支援センター
稲垣暢也	京都大学大学院医学研究科糖尿病・内分泌・栄養内科学
井上治久	京都大学iPS細胞研究所
今村恵子	京都大学iPS細胞研究所
岩見真吾	九州大学大学院理学研究院生物科学部門／科学技術振興機構未来社会創造事業／株式会社サイエンスグルーヴ
内丸　薫	東京大学大学院新領域創成科学研究科メディカル情報生命専攻病態医療科学分野
大川恭行	九州大学生体防御医学研究所附属トランスオミクス医学研究センタートランスクリプトミクス分野
大倉永也	大阪大学免疫学フロンティア研究センター実験免疫学
岡田康志	理化学研究所生命機能科学研究センター細胞極性統御研究チーム／東京大学大学院理学系研究科物理学専攻／東京大学生物普遍性研究機構／東京大学ニューロインテリジェンス国際研究機構
小口祐伴	理化学研究所開拓研究本部
長船健二	京都大学iPS細胞研究所（CiRA）増殖分化機構研究部門
鹿島幸恵	国立がん研究センター先端医療開発センタートランスレーショナルインフォマティクス分野／国立がん研究センター先端医療開発センターゲノムトランスレーショナルリサーチ分野
加藤　悠	エーザイ株式会社オンコロジービジネスグループ
金墻周平	京都大学大学院医学研究科呼吸器疾患創薬講座
木村剛之	エーザイ株式会社オンコロジービジネスグループ
河野　掌	理化学研究所生命医科学研究センター
神山　淳	慶應義塾大学医学部生理学教室
小川雅人	早稲田大学理工学術院／産総研・早大CBBD-OIL
後藤慎平	京都大学大学院医学研究科呼吸器疾患創薬講座
小柳義夫	京都大学ウイルス・再生医科学研究所システムウイルス学分野
佐伯憲和	東京医科歯科大学統合研究機構先端医歯工学創成研究部門
坂本智子	京都大学大学院医学研究科／京都大学iPS細胞研究所
佐藤　佳	東京大学医科学研究所感染症国際研究センターシステムウイルス学分野
佐藤俊朗	慶應義塾大学医学部消化器内科／慶應義塾大学医学部坂口光洋記念講座（オルガノイド医学）
柴山洋太郎	理化学研究所生命医科学研究センター
新宅博文	理化学研究所開拓研究本部
鈴木絢子	東京大学大学院新領域創成科学研究科メディカル情報生命専攻
鈴木　穣	東京大学大学院新領域創成科学研究科メディカル情報生命専攻生命システム観測分野
関　真秀	東京大学大学院新領域創成科学研究科メディカル情報生命専攻
高木舜晟	九州大学大学院システム生命科学府
武部貴則	東京医科歯科大学統合研究機構先端医歯工学創成研究部門／横浜市立大学先端医科学研究センター／シンシナティ小児病院消化器部門・発生生物学部門・幹細胞オルガノイド医学研究センター／シンシナティ大学小児科
竹山春子	早稲田大学理工学術院総合研究所／早稲田大学理工学術院／産総研・早大CBBD-OIL
龍岡久登	京都大学大学院医学研究科糖尿病・内分泌・栄養内科学
辻本　啓	京都大学iPS細胞研究所（CiRA）増殖分化機構研究部門
土屋一成	東京大学大学院新領域創成科学研究科メディカル情報生命専攻
冨樫庸介	千葉県がんセンター研究所／国立がん研究センター研究所腫瘍免疫研究分野／先端医療開発センター免疫TR分野
利光孝太	慶應義塾大学医学部消化器内科／慶應義塾大学医学部坂口光洋記念講座（オルガノイド医学）
中戸隆一郎	東京大学定量生命科学研究所大規模生命情報解析研究分野
中西勝之	慶應義塾大学医学部生理学教室
中村やまみ	大阪大学免疫学フロンティア研究センター実験免疫学
長山　聡	がん研究会がん研有明病院大腸外科
二階堂 愛	理化学研究所生命機能科学研究センターバイオインフォマティクス研究開発チーム／筑波大学グローバル教育院ライフイノベーション学位プログラム生物情報領域
西嶋　傑	欧州分子生物学研究所
根岸　諒	東京農工大学大学院グローバルイノベーション研究院
野村征太郎	東京大学医学部附属病院循環器内科
橋本真一	金沢大学大学院医薬保健総合研究科未病長寿医学講座
林　寛敦	東京大学定量生命科学研究所分子病態情報学社会連携講座
原田哲仁	九州大学生体防御医学研究所附属トランスオミクス医学研究センタートランスクリプトミクス分野
船橋泰博	エーザイ株式会社オンコロジービジネスグループ
細川正人	早稲田大学理工学術院総合研究所／bitBiome株式会社
松岡雅雄	熊本大学医学部血液・膠原病・感染症内科／京都大学ウイルス・再生医科学研究所
八尾良司	がん研究会がん研究所細胞生物部
安永純一朗	京都大学ウイルス・再生医科学研究所
安水良明	大阪大学免疫学フロンティア研究センター実験免疫学
山岸　誠	東京大学大学院新領域創成科学研究科メディカル情報生命専攻病態医療科学分野
吉野知子	東京農工大学大学院工学研究院生命機能科学部門
渡辺　亮	京都大学大学院医学研究科／京都大学iPS細胞研究所
渡邉俊樹	東京大学フューチャーセンター推進機構
Erik Arner	理化学研究所生命医科学研究センター
Piero Carninci	理化学研究所生命医科学研究センター
Chung-Chau Hon	理化学研究所生命医科学研究センター
Andrew Tae-Jun Kwon	理化学研究所生命医科学研究センター
Jonathan Moody	理化学研究所生命医科学研究センター
Charles Plessy	理化学研究所生命医科学研究センター／沖縄科学技術大学院大学
Jay W. Shin	理化学研究所生命医科学研究センター

実験医学 増刊 Vol.37-No.20 2019

シングルセル ゲノミクス

組織の機能、病態が1細胞レベルで見えてきた！

編集＝渡辺 亮, 鈴木 穣

第1章 総論：プロジェクト・技術の動向

1. シングルセルゲノミクスのプラットフォーム

関　真秀，土屋一成，鹿島幸恵，鈴木絢子，鈴木　穣

シングルセルゲノミクスの手法は，トランスクリプトームをはじめとしたさまざまなオミクス解析が可能となっている．これらの手法を実施するためのプラットフォームは，チューブベースのものからドロップレットやマイクロウェルを用いたハイスループットなものまで多様であり，それぞれ性質が異なる．そのため，研究の目的により，適切なプラットフォームを選択する必要がある．本稿では，代表的なプラットフォームについて，実施可能な手法や解析可能な細胞などの特徴について概説する．また，シングルセルデータの解析手法についても紹介する．

はじめに

シングルセルオミクス解析法として，トランスクリプトーム解析法であるシングルセルRNA-Seq（scRNA-Seq），ゲノム解析法であるDNA-Seq（scDNA-Seq），エピゲノム解析法であるATAC-Seq（scATAC-Seq）などのさまざまな手法が開発されている．また，これらの手法に対応した研究ベースや商業ベースのプラットフォームが開発されており，さまざまな分野のシングルセル研究に広く用いられている．

シングルセル解析のほとんどの方法では，1細胞の単離を行うことが必要となる．1細胞の単離の方法は，ピペットやセルソーターなどで別々のウェルに分注する方法，微細流路中に物理的にトラップする方法，限界希釈した細胞懸濁液を用いて確率的に1細胞をドロップレットやマイクロウェルに封入する方法などが存在している（図1）[1]．それぞれの方法ごとにスループットや1細胞の分離能に違いが存在している（表）．本稿では，scRNA-Seqの代表的なライブラリー調製手法について紹介した後に，いくつかの代表的なプラッ

[略語]
CITE-Seq：cellular indexing of transcriptomes and epitopes by sequencing
SCI：single cell combinatorial indexing
t-SNE：t-distributed Stochastic Neighbor Embedding
UMAP：Uniform Manifold Approximation and Projection

Platforms for single cell genomics
Masahide Seki[1] /Issei Tsuchiya[1] /Yukie Kashima[2,3] /Ayako Suzuki[1] /Yutaka Suzuki[1]：Department of Computational Biology and Medical Sciences, Graduate School of Frontier Sciences, The University of Tokyo[1] /Division of Translational Informatics, Exploratory Oncology Research and Clinical Trial Center, National Cancer Center[2] /Division of Translational Genomics, Exploratory Oncology Research and Clinical Trial Center, National Cancer Center[3]（東京大学大学院新領域創成科学研究科メディカル情報生命専攻[1] /国立がん研究センター先端医療開発センタートランスレーショナルインフォマティクス分野[2] /国立がん研究センター先端医療開発センターゲノムトランスレーショナルリサーチ分野[3]）

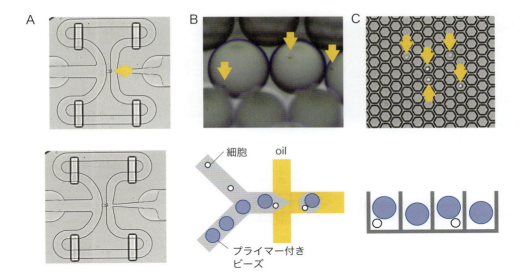

図1　シングルセル解析に用いられる細胞分離法の例
A）C1（Fluidigm社）のキャプチャーサイトの写真．黄色の矢印が細胞を示している．B）ddSEQ（Bio-Rad社）から生成されたドロップレットの写真（上）とドロップレット精製の模式図（下）．C）Rhapsody（BD社）のマイクロウェルにキャプチャーされた細胞の写真（上）と模式図（下）．

表　代表的な市販のシングルセルプラットフォーム

プラットフォーム	1細胞分離方法	1細胞の選択	検出遺伝子数（scRNA-Seq）	実施可能なシングルセルオミクス解析法の例	解析可能細胞数
C1（Fluidigm社）	微細流路にトラップ	○	多い（C1）少ない（C1 HT）	RNA, DNA, ATAC	最大96/plate 最大800/plate（RNAのみ）
Chromium（10x Genomics社）	ドロップレットに封入	×	少ない	RNA, DNA, ATAC	RNA, ATAC：500〜10,000/sample DNA：250〜5,000/sample
ddSEQ（Bio-Rad社）	ドロップレットに封入	×	少ない	RNA, ATAC	〜500/sample
Rhapsody（BD社）	マイクロウェルに封入	×	少ない	RNA	100〜10,000/plate
ICELL8（タカラバイオ社）	マイクロウェルに分注	○	少ない	RNA, DNA, ATAC	1,200〜1,500/plate

トフォームについて概説する．また，多次元データの次元圧縮法，scRNA-SeqとscATAC-Seqデータの統合やscRNA-Seqデータを用いたバルク細胞のRNA-Seqデータの成分分解などのシングルセル解析の解析法についても述べる．

1 scRNA-Seqライブラリー調製法について

　scRNA-Seqのライブラリー調製手法はさまざまな方法が存在しているが，多くのプラットフォームで用いられているテンプレートスイッチ（TS）法に基づいた方法について紹介する[2]．シングルセルに含まれるRNAは非常に微量であるため，PCRなどで全トランスクリプトーム増幅を行う必要がある．cDNAへのPCRプラ

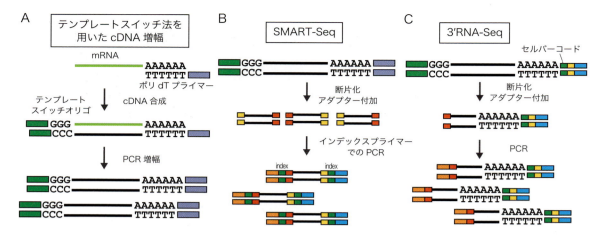

図2 テンプレートスイッチ法を用いたscRNA-Seqライブラリー調製法
A) テンプレートスイッチ法を用いたcDNA合成と増幅の模式図．**B)** SMART-Seq法でのライブラリー調製の模式図．**C)** 3′RNA-Seqのライブラリー調製の模式図．

イマーの付加はライゲーションを用いた方法では効率が低いため，TS法などの高効率なプライマー配列導入法が用いられている．TS法では，mRNAに対してポリdTプライマーとターミナルデオキシヌクレオチジルトランスフェラーゼ（TdT）活性をもつ逆転写酵素を用いて逆転写を行う（**図2A**）．合成された1st strand cDNAには，TdT活性により末端にCrichな配列が付加される．これに相補的な配列を含むテンプレートスイッチオリゴ（TSO）をハイブリダイズさせ，鋳型をmRNAからTSOにスイッチさせることで，1st strand cDNAの両端にPCR用のプライマー配列を付加することができる．このプライマー配列を利用してPCRすることで，cDNAの増幅を行う．

ウェルプレートベースの方法やC1の96ウェルのIFC（後述）で用いられるSMART-Seq法では増幅されたcDNAに対して，トランスポザーゼを用いて断片化とアダプター配列の導入を行う[3]．さらに，インデックス配列をもつプライマーでPCRすることで，細胞ごとに別々のインデックス配列の付いたライブラリーを作製する（**図2B**）．この方法では，シークエンスリードがcDNA全体にわたって分布することから，通常のバルク細胞を用いたRNA-Seqと同様に転写産物の配列や構造の解析に用いることが可能である．また，発現量は転写産物の長さでノーマライズされたrpkmなどの値で示される．

TS法に基づいた3′RNA-Seqでは，セルバーコードとよばれる細胞ごとに異なるインデックス配列やUMIとよばれるPCR duplicateをノーマライズするためのインデックス配列を含んだポリdTプライマーを用いてcDNAを合成する[4]（**図2C**）．増幅されたcDNAを断片化してアダプター導入を行い，導入されたアダプターとポリdTプライマーに相補的なプライマーで増幅を行い，3′末端特異的なライブラリーを合成する．この方法では，cDNA1分子に対して1リードが得られることになるため，遺伝子発現を遺伝子ごとのリードカウントとしてまとめることができる．また，ライブラリー調製のごく初期にセルバーコードを付加することができるため，ハイスループット化が比較的容易である．そのため，ChromiumやddSEQなどの多くのハイスループットなプラットフォームに採用されている．

2 シングルセルゲノミクスのプラットフォームについて

1）チューブやウェルプレートを用いた方法

マニュアルやセルソーターでチューブやウェルプレートに分注する方法がよく使用されている．この方法では，ハンドリングの問題などにより，細胞数のスループットが限定される．しかし，他のプラットフォーム

と比較して，系としての柔軟性は高いため，mRNAとゲノムDNAの分離が必要な同一シングルセルのマルチオミクス解析が可能なscG & T-SeqやscTrio-Seqなどを含んだほぼすべての方法を実施することができる[5]．

また，反応系の容量が大きいため，使用する試薬の量が他のプラットフォームと比較して多くなり，コストが高くなる傾向がある．TTP Labtech社のMosquitoは，数十nLの溶液の分注が可能な分注機であり，リール式につながったディスポーザブルピペットを用いて，微量試薬の分注や混合が可能である．このような微量分注機を使用することで試薬のコストをある程度低減することができ，また自動化することができる．

2）微細流路に細胞をトラップするプラットフォーム：C1

Fluidigm社のC1システムでは，IFC（integrated fluidic circuit）とよばれる微細流路を内蔵するチップを使用する[6]．IFCには，キャプチャーサイトとよばれる1細胞を分離するための流路が存在している（**図1A**）．キャプチャーサイトは顕微鏡で観察できるため，シングルセルが分離できたのかを確認することができる．細胞のキャプチャー効率は細胞の直径や形状に大きく依存する．そのため，形状がヘテロな細胞集団を解析する際は，キャプチャーされた細胞は元の細胞集団の比率をそのまま反映しているわけではないことに注意が必要である．C1は他のプラットフォームとは異なり，IFC上にキャプチャーサイトとつながった試薬を充填することのできるチャンバーが複数個存在し，試薬を混合し，C1に内蔵されたサーマルサイクラーを用いて反応させることができる．SMART-Seq法を用いたscRNA-Seqでは，細胞の溶解，cDNA合成，PCRなどの反応をC1の内部で実施することが可能である．最大96細胞用のIFCでは増幅された核酸がキャプチャーサイトごとにIFC上の別々のウェルに出力されるため，シングルセルがトラップされたウェル由来のcDNAを選択して，シークエンスに用いることができる．検出される遺伝子の数は後で紹介するハイスループットな方法に比べて多く，細胞間でのリード数のばらつきも小さい傾向がある．最大800細胞用のIFCでは，3´RNA-Seqに基づいており，40細胞分がプールされて出力されるため，ウェルの選択はできないがセルバーコードを用いて，細胞を分別することはできる．

C1はC1 script builderとよばれるソフトウェアを用いてプロトコールをカスタマイズできる．また，SMART-Seq法に基づいたscRNA-SeqとMDA法に基づいたscDNA-Seq以外のプロトコールについて，Script Hubが公開されている．scRNA-Seqでは，CEL-Seq2などのmRNAのみをターゲットとした方法に加えて，RamDA-SeqなどのポリA配列をもたないnoncoding RNAも解析ターゲットとするTotal RNA-Seqのプロトコールも公開されている[7)8]．さらに，scATAC-Seqなどのエピゲノム解析手法や，TCRなどのRNA由来の配列解析とATAC-Seqを同一のシングルセルで行えるT-ATAC-Seqやターゲットrg DNA-SeqとRNA-Seqを同一のシングルセルで行えるCORTAD-Seqなどのプロトコールについても公開されている[9)～11]．

3）限界希釈を利用したプラットフォーム：Chromiumなど

限界希釈した細胞懸濁液を封入するシステムとしては，ドロップレットに封入するDrop-Seq，10x Genomics社のChromiumやBio-Rad社とIllumina社のddSEQなど，およびマイクロウェルに封入するBD社のRhapsody，Seq-Well，タカラバイオ社のICELL8やNx1-Seqなどが存在する[4)12)13]．これらの方法では，ビーズごとに異なるバーコード配列をもったプライマー付きのビーズと1細胞をドロップレットもしくはマイクロウェルに封入した後に，プライマーとmRNAを結合させて，細胞ごとに独立なバーコード配列を付加する．これらの方法では，一度に大量の細胞を処理することが可能であるというメリットがある．また，C1のように細胞の形状によるキャプチャー効率への影響が小さいと考えられている．しかし，確率的に複数個の細胞が入ってしまう可能性がある．また，逆転写後のcDNAがプールされてしまうことから，特定の細胞について，選択的にシークエンスすることができないという問題がある．ICELL8は限界希釈した細胞をマイクロウェルに分注するシステムであり，分注後，細胞を蛍光顕微鏡で撮影して画像認識によりシングルセルの分注されたウェルを自動で選択する．選択されたウェルのみに試薬を分注することができ，シングルセルが入ったウェルのみから由来するライブラ

リーを合成することができる．

4）Chromium

Chromiumは，現在最もよく使われるシングルセル解析のプラットフォームである．ChromiumのscRNA-Seqでは，ドロップレットにバーコードプライマー付きビーズと1細胞を封入し，ドロップレット内で1st strand cDNA合成によるバーコードの付加を行い，それ以降の工程は混合された状態でライブラリー調製が行われる．Chromiumは，現在scRNA-Seq以外にも，scDNA-Seq，scATAC-Seqなどのさまざまなアプリケーションにも対応している．Chromiumを用いたいくつかの応用解析法について紹介する．

ⅰ）feature barcoding（CITE-Seq, CRISPR screenig）

Chromium v3の3′ RNA-Seq用のビーズには，セルバーコード付きのポリdTプライマーに加えて，特定の核酸をキャプチャーするためのキャプチャー配列にセルバーコードが付加されたオリゴヌクレオチドが含まれている．このキャプチャー配列と相補的な配列を使用することで，目的の配列を捕捉してセルバーコードを付加することができ，scRNA-Seq以外のさまざまな解析を同時に行うことができる．

CITE-Seq（cellular indexing of transcriptomes and epitopes by sequencing）では，抗体ごとに異なるバーコード配列をもったオリゴヌクレオチドを結合させた抗体と細胞表面のタンパク質を反応させる[14]．このオリゴヌクレオチドからもライブラリー調製を行い，抗体のバーコードとセルバーコードを対応づけることにより，scRNA-Seqと複数の細胞表面のタンパク質の発現を同時に解析することができる方法である．ChromiumのCITE-Seq用に販売されているTotalSeq B抗体（BioLegend社）のオリゴヌクレオチドには，feature barcoding用のオリゴヌクレオチドとハイブリダイズするための配列が含まれており，CITE-Seqを簡便に行うことができる．

また，pooled CRISPR screeningは複数の遺伝子などの機能的なゲノム上の領域をターゲットとしたsgRNA poolを用いてスクリーニングする手法である．Pooled CRISPR screeningとscRNA-Seqを組合わせることで，数十個以上の遺伝子をターゲットとして，遺伝子ノックアウトによるトランスクリプトームの変化をハイスループットに解析することのできるPerturb-Seqなどの手法が開発された[15]．これらの方法では，レンチウイルスベクターを用いてsgRNAを導入するが，ポリAをもたない機能的なsgRNAはRNAポリメラーゼⅢで転写される．ポリAを利用して逆転写を行うscRNA-Seqではそのままで導入されたsgRNAを識別できないため，別にsgRNAごとの異なるバーコード配列付きの遺伝子もしくはsgRNA配列をもった遺伝子を発現させる必要があった．sgRNA内にfeature barcoding用のオリゴヌクレオチドに相補的な配列を組込むことにより，sgRNAから直接ライブラリーを合成することができる．

ⅱ）single cell immune profiling

Single cell immune profilingではcDNA合成後，T細胞受容体（TCR）やB細胞受容体（BCR；免疫グロブリン）の定常領域を利用して，それぞれの可変領域〔V(D)J〕のα鎖とβ鎖の配列をPCR増幅する．断片化後，シークエンスすることで，可変領域の全長配列を決定することができる．また，一部のcDNAを遺伝子特異的なプライマーを用いずにライブラリー調製することで，scRNA-Seqもでき，シングルセルのV(D)J配列の取得とトランスクリプトームの情報を同時に取得することができる[16]．可変領域が5′側に存在するため，この方法では，セルバーコードを含んだTSOを用いて，逆転写を行う5′ RNA-Seqで行われる．

さらに，5′ RNA-Seqでは，TSOに相補的な配列を使用することでこれらの配列をキャプチャーすることができる．TotalSeq C抗体のオリゴヌクレオチドには，TSOに相補的な配列が組込まれており，CITE-Seqを行うことができる．また，dCODE Dextramer（Immudex社）はMHC（主要組織適合遺伝子複合体）と抗原ペプチドの複合体が複数固定されたデキストランポリマーである[17]．CITE-Seqの抗体と同様に，バーコードが含まれるオリゴヌクレオチドが固定されており，feature barcodingを利用することで，抗原ペプチドと結合するT細胞の情報を取得することができる．これらの方法を組合わせることにより，同一のシングルセルのTCRの全長配列，遺伝子発現情報，さらに，CITE-Seqと組合わせることで表面抗原の発現の情報，抗原ペプチドの結合の有無を調べることが可能である．

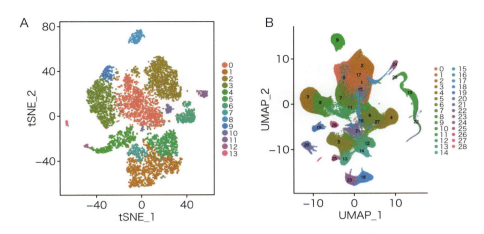

図3　Mouse Cell Atlasの肝臓データをクラスタリングした結果
A）t-SNEでクラスタリングした図．B）UMAPでクラスタリングした図．

5）combinatorial indexing

また，シングルセルへの分離を行わずに，細胞ごとに別々のバーコードを付加することのできる手法も開発されている．このsingle cell combinatorial indexing（SCI）とよばれる方法では，細胞プールをウェルに分割してからバーコードを導入し，さらに細胞をプールして分割してバーコードを導入することをくり返すことにより，確率的に細胞ごとに別々のインデックス配列を付加する方法も開発されている．この方法は，scRNA-SeqであるSPLIT-Seq，scDNA-SeqであるSCI-Seq，エピゲノム解析手法のsci-ATAC-SeqやsciHi-Cなどが開発されている[18)〜21)]．さらに，ドロップレットとSCIを組合わせたATAC-SeqであるdsciATAC-Seqでは，最大10万個程度のシングルセルのATAC-Seqを一度の実験で行うことができることを示している[22)]．

3　シングルセルゲノミクスのデータ解析について

1）scRNA-Seqにおける次元圧縮法

Chromiumによって調製されたサンプルのシークエンス後は10x Genomics社から頒布されているCell Rangerで処理できる．Cell Rangerは生データであるバイナリベースコール（BCL）形式のファイルをfastqファイルに変換し，fastqファイルからアライメント，フィルタリング，バーコードカウント，UMIカウントを行う．さらに専用のソフトウェアLoupe Cell Browserを用いることでクラスター特異的に発現している遺伝子を可視化することなどができる．またChromium以外の調製方法でも，fastqファイルがあれば*alevin*やUMI-toolsといった解析ツールを用いることで遺伝子発現マトリクスをつくることができる[23) 24)]．*alevin*はDrop-seqとChromiumによって調製されたシークエンスサンプルに対応している．一方，UMI-toolsはバーコードパターンを指定できるので，他の手法で調製されたサンプルの解析も行える．これらのツールは，セルバーコードの抽出，STARによるマッピング，UMIの重複排除，遺伝子カウント，セルバーコードのホワイトリスト化を行う．

遺伝子発現マトリクス作成後は，次元圧縮，特徴遺伝子抽出，クラスタリングを行い，各クラスターの細胞型を同定する．この一連の流れはSeuratというRのツールキットを用いることで実行可能である．クラスタリングではt-SNE（t-distributed Stochastic Neighbor Embedding，t分布型確率的近傍埋込）法が多く用いられてきた[25) 26)]．t-SNEは高次元の遺伝子データを低次元に圧縮し可視化する次元削減アルゴリズムである（図3）．具体的には，高次元データx_iの類似度とそれに対応する低次元データy_iの類似度をそれぞれ確率分布で表現し，2つの差が小さくなるように学習を行う．類似度の計算を行う際，圧縮後の確率分

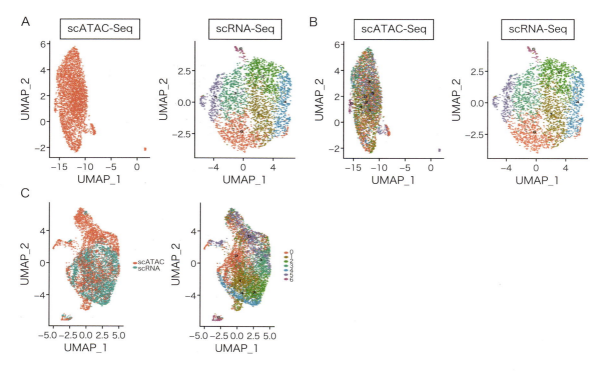

図4　PC9細胞株のscRNA-SeqとscATAC-Seqのデータセットの統合解析
A）それぞれの実験を独立にクラスタリングした図．B）Anchor遺伝子をもとにscRNA-SeqのクラスターをscATAC-Seqのクラスターに紐付けた図．C）2つのデータセットを同平面上にクラスタリングした図．

布に自由度1のt分布を仮定している．t-SNEは非線形データでもクラスタリングできることがメリットとしてあげられる．アルゴリズムを高速化し，メモリ使用量を削減するためにt-SNEの内部ではBarnes-Hutアルゴリズムが用いられることがある．これは低次元空間で近接点をグループ化し，これらのグループに基づいて勾配降下法を実行する手法である．一方で，デメリットは二・三次元以外の圧縮には不向きなこと，計算コストが高いことなどがあげられる．こういったデメリットを解消するために，FIt-SNEやUMAPといった新たな手法も提案されている[27)28)]．FIt-SNE（Fast Fourier Transform-accelerated Interpolation-based t-SNE）では，勾配降下法の勾配を計算する際，Barnes-Hutアルゴリズムの代わりに高速フーリエ変換を用いて畳み込みを行う．これにより計算時間が大幅に改善される．Seuratのチュートリアルによると，t-SNEで36分ほどかかる計算がFIt-SNEでは9分ほどに短縮されている．UMAP（Uniform Manifold Approximation and Projection）では，観測されるデータがリーマン多様体の上に一様分布で存在するものと仮定する．UMAPは3つのステップに分かれていて，まずデータが乗っているリーマン多様体を推定し，次に距離空間を定義して，最後に次元削減を行う．t-SNEと比べて，大きなデータセットを用いても計算時間が速いこと，数学的な背景があることなどから，Seuratの次元圧縮法のデフォルトとして用いられている．

2）scRNA-SeqとscATAC-Seqの統合解析

SeuratではさらにscRNA-Seqの解析結果をもとにscATAC-Seqによって得られたデータを統合解析することが可能となっている．具体的にはscRNA-Seqのクラスタリング結果からscATAC-Seqによって測られた細胞を分類することと，2つのクラスタリング結果を埋め込む（embedding）ことができる．**図4A**のように各実験によって得られたデータを別個にクラスタリングした場合，scRNA-Seqにおける細胞種が

scATAC-Seqのどのクラスターに対応しているかがわからない．ここで2つのデータセットのなかで発現変動遺伝子が似ている遺伝子群（anchor遺伝子）をもとにデータの写像を行う．すると図4BのようにscATAC-SeqにおけるクラスターがどのscRNA-Seqデータのクラスターに対応しているかが紐付けられる．またこの作業により，図4Cのように2つのデータセットを同じ平面上であらわすことも可能となる．

3）成分分解

scRNA-Seq技術によって数千細胞のトランスクリプトームプロファイルを調べることが可能となった．しかしながら，大規模コホートに対して用いることはまだ実用的ではない．また多くのクリニカルサンプルはシングルセルに単離することが難しい．さらに組織を単離することによる細胞の発現への影響についてはいまだに解明されていないことが多い．そこで近年，バルク細胞のRNA-Seqデータなどの混合サンプルのプロファイルから直接細胞種の割合を求める解析手法が提案されている．成分分解のためのツールとしてはCIBERSORTxやxCellなどがあげられる[29) 30)]．ここでは，成分分解で多く用いられているアルゴリズムをCIBERSORTxのフレームワークを例として説明する．

成分分解の際には，細胞種を分類するためのリファレンスが必要となるため，細胞種特異的な発現遺伝子プロファイル（gene expression profiles：GEPs）を見つけることが最初のステップである．ここで使われるアルゴリズムが二次計画法（quadratic programming：QP）で，これを用いて非負最小二乗問題（non-negative least squares：NNLS）を解く．QPは非負の制約のもと最小二乗法を解く際の最適化フレームワークで，NNLSは係数が負になることを許さない（遺伝子の発現は負であらわされない）制約付き最小二乗問題である．最小二乗問題は測定で得られた遺伝子の発現セットを特定の関数（ここでは二次関数）を用いて近似し，想定する関数が測定値に対して誤差が小さくなるように，残差二乗和が最小となる係数を決定する問題である．NNLSは単純な混合サンプルではロバストだが，複雑な組織サンプルではノイズ，欠損データに影響される可能性があるため，CIBERSORTxではデータの正規化とフィルタリングを行うことで誤差を小さくしている．

次にバルクサンプルを成分分解する際に用いられるアルゴリズムが非負値行列因子分解（non-negative matrix factorization：NMF）である．NMFは非負値の行列（バルクデータ）を2つの非負値な行列（リファレンスと細胞種の割合）の積で近似するものである．元の特徴をより詳細な特徴に分解するため，クラスタリングなどにも用いられている．実際にCIBERSORTxを実行して得られた図を図5に示す．リファレンスデータとして細胞種が明らかになっている遺伝子発現マトリクスを入力すると，発現変動遺伝子を選別して階層的クラスタリングと発現の強度のヒートマップが出力される（図5A）．続けてこのGEPsとバルク細胞のRNA-Seqデータを入力すると，各バルクにどの細胞種がどのような割合で存在しているかが積み上げ棒グラフとして出力される（図5B）．

おわりに

本稿で紹介したようにシングルセル解析は多様なプラットフォームが存在しており，さまざまなオミクス解析を行うことができる．さらに，単純なオミクス解析だけでなく，RNA合成や分解の解析法であるSLAM-Seqがシングルセルで可能になるなど，より高次解析が実施できるようになってきている[31)]．また，データ解析についても発展が目覚ましく，scRNA-SeqとscATAC-Seqの統合解析，シングルセルデータを用いたバルク細胞データの成分分解など高度な解析が可能となってきている．10x Genomics社が位置情報を保持したままトランスクリプトーム解析（spatial transcriptome）を行うVisiumを発売するなど，今後シングルセル解析とspatial transcriptomeの統合など，より高度な解析が行われるようになると考えられる．

文献

1) Hwang B, et al：Exp Mol Med, 50：96, 2018
2) Matz M, et al：Nucleic Acids Res, 27：1558-1560, 1999
3) Ramsköld D, et al：Nat Biotechnol, 30：777-782, 2012
4) Macosko EZ, et al：Cell, 161：1202-1214, 2015
5) Chappell L, et al：Annu Rev Genomics Hum Genet, 19：15-41, 2018
6) Wu AR, et al：Nat Methods, 11：41-46, 2014
7) Hashimshony T, et al：Genome Biol, 17：77, 2016

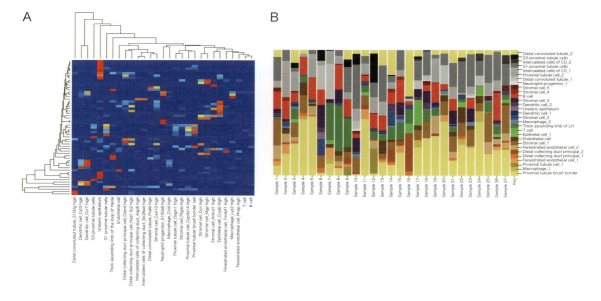

図5　Mouse Cell Atlasの腎臓データをCIBERSORTxで成分分解した結果
A）発現遺伝子行列からGEPsを取り出し，階層的クラスタリングを行った図．B）成分分解結果を積み上げ棒グラフで示した．

8) Hayashi T, et al：Nat Commun, 9：619, 2018
9) Buenrostro JD, et al：Nature, 523：486-490, 2015
10) Satpathy AT, et al：Nat Med, 24：580-590, 2018
11) Kong SL, et al：Clin Chem, 65：272-281, 2019
12) Gierahn TM, et al：Nat Methods, 14：395-398, 2017
13) Hashimoto S：Adv Exp Med Biol, 1129：51-61, 2019
14) Stoeckius M, et al：Nat Methods, 14：865-868, 2017
15) Dixit A, et al：Cell, 167：1853-1866.e17, 2016
16) Azizi E, et al：Cell, 174：1293-1308.e36, 2018
17) Bentzen AK, et al：Nat Biotechnol, 34：1037-1045, 2016
18) Rosenberg AB, et al：Science, 360：176-182, 2018
19) Vitak SA, et al：Nat Methods, 14：302-308, 2017
20) Cusanovich DA, et al：Nature, 555：538-542, 2018
21) Ramani V, et al：Nat Methods, 14：263-266, 2017
22) Lareau CA, et al：Nat Biotechnol, 37：916-924, 2019
23) Srivastava A, et al：Genome Biol, 20：65, 2019
24) Smith T, et al：Genome Res, 27：491-499, 2017
25) Butler A, et al：Nat Biotechnol, 36：411-420, 2018
26) Stuart T, et al：Cell, 177：1888-1902.e21, 2019
27) Linderman GC, et al：Nat Methods, 16：243-245, 2019
28) McInnes L, et al：arXiv:1802.03426, 2018
29) Newman AM, et al：Nat Biotechnol, 37：773-782, 2019
30) Aran D, et al：Genome Biol, 18：220, 2017
31) Erhard F, et al：Nature, 571：419-423, 2019

＜筆頭著者プロフィール＞
関　真秀：東京大学大学院新領域創成科学研究科 特任助教．2012年東京大学大学院新領域創成科学研究科博士課程単位取得退学（菅野純夫研究室）．'14年同博士号（生命科学）取得．'12年同研究科特任研究員を経て，'14年から現職．シングルセルを含むゲノム解析技術の開発やその応用に取り組んでいる．新学術領域研究「先進ゲノム解析研究推進プラットフォーム」においてゲノム解析支援活動にも従事している．

Single-Cell ATAC-Seq受託サービス
シングルセルレベルでのオープンクロマチン解析

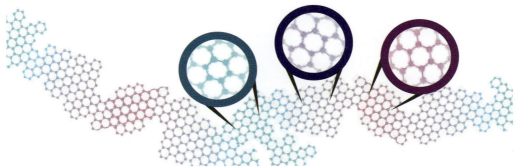

scATAC-Seq 解析でわかること

- 腫瘍サンプルにおけるがん幹細胞や浸潤マクロファージの同定
- 薬物応答に関与する新規細胞サブポピュレーション（レスポンダー vs.耐性細胞）の同定
- 分化・発生過程（脳の発達、ヘルパーT細胞の発達、B細胞の分化など）を理解する上で手がかりとなるクロマチンのアクセシビリティ変化を持つ細胞サブポピュレーション同定

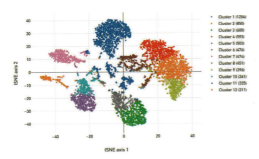

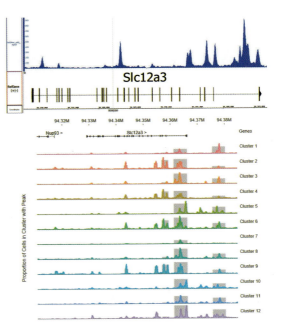

上図: 単一サンプル内における異なる細胞サブポピュレーション間のクロマチンアクセシビリティ変化の同定.
マウス腎臓組織から生成されたシングルセルATAC-Seqのデータ. tSNEプロット上で色分けされた各クラスターは, 同じオープンクロマチンプロファイルを持つ細胞ポピュレーションを示す. この手法により, 単一サンプルから12個の細胞ポピュレーションを同定した.

右図: scATAC-Seqを用いた個々の細胞ポピュレーション解析により, "bulk" ATAC-Seqによって捕捉されなかった細胞サブポピュレーションの特異的なデータ.
上パネル：マウス腎臓組織を用いたゲノムワイドな"bulk" ATAC-Seqの代表的な領域図.
下パネル：ゲノムワイドなscATAC-Seqデータからの"bulk" ATAC-Seqと同じ代表的な領域図. 各細胞クラスターは, ユニークなピークトラックとして示す. scATAC-Seqは, 各細胞ポピュレーションへのユニークなオープンクロマチンピークプロファイルを同定する解像度を提供し, 特定の表現型をドライブする細胞を同定することを可能にする.

アクティブ・モティフ株式会社
www.activemotif.jp

お問合せ先 ■テクニカルサポート■
〒162-0824 東京都新宿区揚場町2-21
Tel: 03-5225-3638 Fax: 03-5261-8733
E-mail: japantech@activemotif.com

第1章　総論：プロジェクト・技術の動向

2. 医学・生物学研究に実装される シングルセルゲノミクス

渡辺　亮

遺伝子発現解析をはじめとするシングルセルゲノミクスは，細胞の多様性や階層性を明らかにする手法として多くの研究に実装されている．個々の細胞の特性を明らかにするだけでなく，初期発生や器官形成の時空的な制御を描写することを可能にしている．また，体細胞における分化状態の可塑性も明らかにされてきた．そして，この解析が疾患の理解にも応用されているほか，従来とは異なった視点から診断や創薬が可能となっている．シングルセルゲノミクスは医学や生物学の研究アプローチとして常套手段になっている．

はじめに

　従来の遺伝子発現解析は細胞集団全体を対象としてこていることより，そこから出力された解析結果は細胞集団における平均状態を示しているため，個々の細胞の転写状態とは異なる結果を導くことがある．一方で，真の一細胞レベルでの遺伝子発現プロファイルを入手できるシングルセル遺伝子発現解析は，細胞の多様性を一義的に定義できる．実際，数千以上の細胞に対する遺伝子発現プロファイルによって，新規の細胞種を同定することが日常的に行われている[1]（**図1**）．例えば，神経細胞は組織学的な分類が行われてきたが，現在はシングルセル遺伝子発現解析による分類が定着している[2]．かつて，教科書にはヒトを構成する細胞は200種類と書かれていたが，今後のシングルセル解析によってその数は指数関数的に増えていくと考えられる．この流れは国際コンソーシアムであるHuman Cell Atlasの成果が出ることでさらに加速することが予想さ

れる（第1章-4）．さらに，単に新規の細胞種の同定や細胞分類を行うだけでなく，各細胞種におけるシグナリングや細胞間相互作用の解析も進んでいる[3]．このように，シングルセルゲノミクスの長所は細胞の個性を解析できることであるが，ヒトやマウスの発生過程を描写できることも大きな特徴の1つである．体が透明である線虫は，世代時間が約3日という短い時間であることと，個体を構成する細胞数が959個と少ないことから，そのすべての細胞の系譜が明らかになっている．ヒトやマウスでは，個体の発生過程をリアルタイムで観察することが難しいとされてきたが，最近のシングルセルゲノミクスによる擬似時系列解析では転写状態の相同性および相違性から個々の細胞の分化状態を擬似的に仮定することで，細胞の階層性を表現することを可能にしている．さらに複数の細胞に分化する分岐点における分子メカニズムに迫る試みも行われている．これらの解析は，シングルセルゲノミクスが一細胞レベルで解析できる手法であるという特徴の

Advances in single cell genomics open the next era of biology and medicine
Akira Watanabe：Graduate School of Medicine, Kyoto University/Center for iPS Cell Research and Application, Kyoto University（京都大学大学院医学研究科/京都大学iPS細胞研究所）

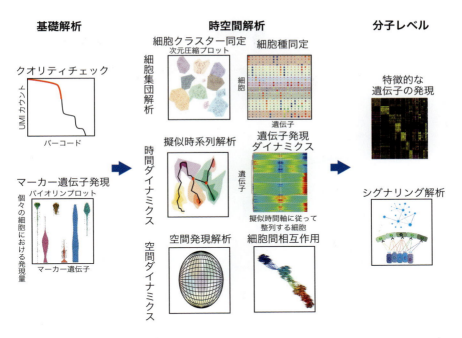

図1　シングルセルゲノミクスによる研究のワークフロー
ライブラリやサンプルのクオリティが基準を満たしたデータを用いて，細胞集団に存在する細胞種の同定や，細胞状態の時空的な制御を解析する．そして，それらの状態を生み出すメカニズムを遺伝子発現パターンや遺伝子間相互作用によって明らかにする．

みならず，1点（あるいは最小の数）の組織におけるデータを取得することで，そこに含まれる種々の細胞の状態を調べることができ，スナップショットの情報から細胞の階層性を解析できる概念を実証している[4]．このように，現在のシングルセルゲノミクスは，細胞が変わりゆく過程を初期発生から老化に至るまで解析できるという観点から，すべてのライフコースを解き明かす研究手段ともいえる（図2）．本稿では，細胞の多様性と階層性を詳細に解析できるシングルセルゲノミクスの特性を生かして展開されている発生学や組織学の実例について他稿で扱っていない領域を中心に概説する．そして，適切な実験モデルを選択する重要性と出力された結果の解釈を含めた技術的課題や今後の展望についても議論する．

1　発生過程や組織を再構築するシングルセルゲノミクス

1）初期発生

哺乳類の生命の始原は受精卵（fertilized egg）である．そこから個体を形成するあらゆる細胞に分化できる全能性（totipotency）をもった桑実胚（morula）が発生し，内部細胞塊（inner cell mass）や栄養外胚葉（trophectoderm）から構成される胚盤胞（blastcyst）を形成する．内部細胞塊に存在する胚性幹細胞（embryonic stem cell：ESC）は，胎盤などのごく一部の細胞を除く多くの細胞へ分化する多能性（pluripotency）を示す．このような着床前の初期発生過程では，自己複製のための対称分裂のみならず，分裂によって能力の異なる2種類の細胞を生み出す非対称分裂が起きる．この非対称分裂によって細胞の運命が決まることから，内部細胞塊において細胞分化が開始されると考えることができる．すなわち，この過程における細胞運命の決定機構は哺乳類の個体発生を支配する最初の一歩といえる．この初期発生を解析するために必要な細胞数が多くないためにハイスループットな処理が不要であったことから，scRNA-seqが普及しはじめた早い段階から多くの研究が行われた[2]．例えば，全能性をもった細胞が自己複製する間の遺伝子発現プロファイルの変化はわずかである一方で，父性アレルと

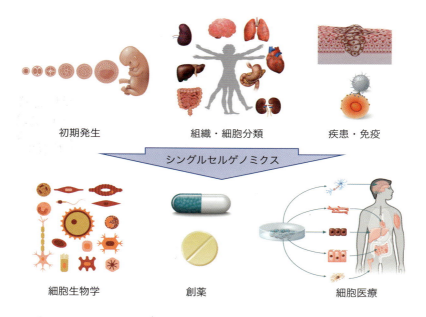

図2 シングルセルゲノミクスが適用される研究領域
体細胞の分類，そして発生や疾患発症のプロセスを解析することで，個体の理解が進むとともに，創薬ターゲットの探索，再生医療における精密な分化誘導や細胞治療における細胞レベルでの細胞特性の評価が可能となる．

母性アレルに由来する転写産物のバランスに大きな変化があることが示された[5]．また，最近のES細胞から胚盤葉上層（epiblast stem cell：EpiSC）に分化する過程を描写している報告では，scRNA-seqのデータを用いたスピアマンの相関係数を用いることで，解析対象の細胞を擬似的な空間に再配置し，おのおのの細胞におけるリガンドと受容体のシグナリングの関係を示すことで，細胞集団における極性が初期分化に与える影響を解析している[6]．このように，初期発生の重要な分子機構であるX染色体不活性化のメカニズムの一端や細胞集団の極性がどのように初期発生に影響を与えているかといった個体レベルでは解析できなかった事象について，シングルセル解析が新しい知見を与え続けている．

X染色体の不活性化を解析する研究では，シングルセルに由来する全長cDNAをシークエンスしている[7]～[10]．まず，解析対象のゲノム上に存在するヘテロSNPを同定し，その領域における転写産物の塩基配列からゲノム配列に存在するヘテロ性が転写過程で維持されるか消失するか判定している．ヘテロ性が維持される場合は，両アレルからの発現を意味している．

一方で，ゲノム配列がヘテロであるのに，転写産物がホモになっている場合，片側のアレルが転写不活性化されていることを示唆している．このように，scRNA-seqの主流となりつつある3´末端mRNAを解析するアプローチのみならず，目的によっては従来から行われてきた全長配列を解析する方法も必要である．

2）血液

造血は，分化過程やその分子機序が最もよく解析されているシステムである[11]．より厳密に細胞分化の階層性を評価するために，コロニー形成アッセイや免疫不全マウスへの移植といった*in vitro*のアッセイによって，一細胞からどのような細胞が分化されるか観察されてきた[12]～[14]．これらの研究で明らかになった血液系細胞の分化は，あらゆる血液系細胞への分化能と増殖能をもった造血幹細胞（hematopoietic stem cell：HSC）を頂上にし，限られた種類の細胞種への分化能をもった前駆細胞を介して，種々の血球細胞が生み出されることを示した分化マップとして描かれている．

一方で，従来の方法にはクリアすべき課題が残されていた．1つ目の課題は，HSCがもつ分化指向性の不均一性[15]～[17]や，前駆細胞がもつ分化の可塑性[18]で

ある.従来の細胞分類が表面抗原の発現によって定義されており,発現の揺らぎが加味されていないため,分化の成熟度が評価しにくいことに起因する.また,分化の遷移状態にある細胞の定義ができていないため,連続的な変化を示す細胞状態を表現することが困難である.2つ目は,in vitro実験の妥当性である.特に前駆細胞は,自然界では短期間に他の細胞種に変換されることや低い増殖能に起因して移植実験での生着が困難であることから,コロニー形成アッセイなどのin vitroの実験が主になされてきた.しかし,このようなin vitroで誘導された分化過程が,in vivoでも同様であるか証明できなかった.これに対し,PiggyBacベクターを用いてHSCにDNAバーコードを組込み,これらの細胞をマウスに移植し,同一バーコードをもつ細胞の分化状態を解析することで,1個のHSCからどのような細胞が生み出されるかin vivoで追跡する方法がある[15].しかしながら,この手法も従来の表面抗原を用いた細胞分類を行っているため,分化遷移状態の細胞を捉えることができず,HSCから種々の前駆細胞に分化する運命決定機構は長い間,明らかになってこなかった.このような課題をクリアするために,ヒトやマウスの骨髄から得られた細胞に対するscRNA-seqが行われている[16)19].これらの研究の結果,これまでに考えられてきた多能性前駆細胞(multipotent progenitor:MPP)から骨髄球性共通前駆細胞(common myeloid progenitor:CMP),巨核球・赤芽球共通前駆細胞(megakaryocyte-erythrocyte progenitor:MEP)を経て巨核球や赤芽球に分化する多段階の分化とは異なった,分化のきわめて早い段階で巨核球分化へのコミットメントが行われることが示され,HSCからの分化は巨核芽球が優勢であることが示唆された.同様の観察結果は他にも得られているが[20)21],CMPやMEPの存在を示した報告も多いのが事実である.従来の方法とは異なるとはいえ,細胞の遷移状態を最も詳細に描写しているにもかかわらず,以前より観察されてきたCMPやMEPが観察できなかったのは,これらの前駆体が実験モデルでのみ現れる細胞なのか,あるいはscRNA-seqの解像度では検出できないごくわずかな細胞として存在しているのか慎重な解釈が求められている.

以上の研究は遺伝子発現に基づいた結果である.シングルセルレベルでクロマチン状態を解析するscATAC-seqも同時に行われているが,種々の分化状態におけるオープンクロマチン領域に存在する転写因子結合配列や転写制御機構を示唆したのみで,新しい知見は提供されておらず,scATAC-seqのデータを活用する解析方法の確立が望まれる[22].

3)心血管系

上述のみならず,scRNA-seqやscATAC-seqはさまざまな組織や分化系で行われ,これまでに見つけることが困難だった分化の分岐点を決定し,その分子機序を明らかにしている.動脈はNotchシグナルによって形成され,静脈はCOUP-TF2で維持されるように異なったメカニズムで発生する.静脈は新生動脈のソースとなりうることが報告され,その細胞運命転換のメカニズムは明らかになっていなかった.マウスにおけるscRNA-seqと数理解析によって,静脈はCOUP-TF2を介した細胞周期関連遺伝子の発現によって運命転換を抑制しているが,このCOUP-TF2の阻害および血流によって徐々に動脈への転換が起きることを示した.この転換に関与する細胞周期関連遺伝子の発現には閾値が存在し,それを超えたときに運命転換が起きることを数理モデルで提唱している[23].この他にもマウスの発生期における解析で心臓の異なる領域の決定機構[24]や,多能性幹細胞を用いて心筋細胞の成熟過程[25]が解析されている.さらに,心不全モデルにおける心筋細胞の詳細な解析については第2章-1を参考にされたい.

4)その他の臓器

神経科学の領域では,大脳皮質を中心に多くのscRNA-seqが実施され[1],細胞分類と遺伝子発現情報がデータベース化されている[2].最近,ヒトiPS細胞より作製された大脳オルガノイドのsnRNA-seq(single nucleus RNA-seq)およびscATAC-seqが行われた.この研究では,チンパンジーやオナガザルといった霊長類とヒトの違いを解析している.その結果,前駆細胞から神経細胞に分化する経路において遺伝子発現およびクロマチン状態が異なっていることが示された[26].この研究はオルガノイドモデルが発生過程を研究するツールとして有用であること,そしてシングルセルゲノミクスと組合わせることでその発生過程のメカニズムの詳細を解析できることを示している(第

2章-2, 3).

多種多様な細胞より構成される腎臓でもシングルセル解析は重要な役割を果たす[27]．血液中の老廃物などを濾過して尿として排出する糸球体で中核を担う糸球体上皮細胞（podocyte）について，以前よりシングルセルRT-PCRが行われてきたが[28)29)]，最近では糸球体内の線維芽細胞であるメサンギウム細胞（mesangial cells）と糸球体上皮細胞のscRNA-seqで解析が行われている[30]．遺伝子発現プロファイルから考察した結果，おのおのの細胞は不均一性が高いことが示された．一方で，糸球体上皮細胞では細胞骨格関連遺伝子の発現がみられるなど，細胞の機能の一部をこの解析が捉えていることも示されている．このように特定の細胞種のみならず，ヒト組織[31]やオルガノイド[32]のscRNA-seqが行われ，複雑な腎臓の発生機構の一部が明らかにされている（第2章-5).

この他にも，肺胞上皮細胞の分化（第2章-6）や膵臓のβ細胞の不均一性（第2章-4）が解析されている.

5) 老化

これまでも細胞レベルでの老化は研究がなされてきたが，現在のシングルセル解析技術を用いた再評価でいくつか興味深い知見が得られている．例えば，年齢の異なるヒト膵臓より得られた細胞のscRNA-seqを行った研究では，加齢とともに転写のノイズが大きくなることを報告している[33]．膵島（islet of Langerhans）には，グルカゴン（glucagon：Gcg）を発現するα細胞やインスリン（insulin：Ins）を発現するβ細胞をはじめとする種々の内分泌細胞が存在する．α細胞とβ細胞は異なった役割をもち，おのおのから発現されるペプチドホルモンの転写は厳密に制御され，排他的に発現していることが知られている．ところが，高齢者の膵島において，インスリンを発現するα細胞やグルカゴンを発現するβ細胞が出現することが観察された．このことは，加齢に伴って転写制御の正確性が失われることを示唆している.

若齢と高齢のマウスの造血幹細胞のscRNA-seqでは，高齢のHSCの方がより未分化かつ低い増殖能であることが示された[34]．scRNA-seqとscATAC-seqを行った別の報告でも，高齢のHSCは非対称分裂する能力が下がっていることを示している[35]．同様に加齢に伴う細胞の性質の変化は神経[36]や肺[37]でも報告されており，このような一細胞レベルでの分化制御の逸脱と腫瘍化との関連が今後解析されることが期待される.

2 疾患を理解するシングルセルゲノミクス

1) 腫瘍

従来の多段階発がんモデルに加え，近年のクローン進化の研究が示すとおり，腫瘍はゲノムやエピゲノム状態が不均一な細胞の集団である[38)〜40)]．まず，エストロゲン受容体（estrogen receptor：ER），プロゲステロン受容体（progesterone receptor：PR）およびヒト上皮成長因子受容体2（human epidermal growth factor receptor 2：HER2）の3つの受容体の発現が検出できないトリプルネガティブ乳がんおよび転移巣に対するシングルセルレベルでのDNAコピー数解析が行われ[41]，続いて腎臓がんにおけるシングルセル全エクソーム解析が報告された[42]．その後，種々の腫瘍で行われたシングルセルレベルでのゲノム変異やトランスクリプトーム解析によって，腫瘍内不均一性やクローン進化の詳細が示されている（第2章-10〜12).さらには，scRNA-seqとクロマチン構造の統合解析で化学療法耐性のメカニズムを明らかにした報告[43]や，scRNA-seqの*in silico*解析によって幹細胞様の集団を捉えることで従来のマーカーを用いずに予後の予測を行う手法[44]など，臨床応用を見据えた研究も進んでいる．腫瘍を材料としたシングルセル解析の大きな特徴は，比較的多数の検体で解析が実施されていることである．実験条件のぶれに起因するバッチ効果を低減させ，サンプル間に存在する生物学的な意義を抽出するデータ解析手法も報告され[45]，今後も多検体を対象として多様性に富む細胞種を同定するデータ解析手法の開発が必要である[46]．また，これまでに大量に取得されたバルク解析の結果とscRNA-seqの結果を統合して解析していくアプローチも重要である[47)48)]．さらに実験結果をもとにクローン進化を説明する数理モデリングの重要性が増している（第2章-13).

2) 免疫

T細胞は獲得免疫システムの要であり，その多様性を理解することは重要であるため，T細胞そのものの

scRNA-seqがさかんに行われている（第2章-8）．同時に，T細胞が分化を受ける胸腺の器官形成とその成熟過程を解析することは自己免疫疾患の理解につながる．胎生期のマウスにおける胸腺のscRNA-seqを行った結果，胸腺を構成する細胞の一部の集団が示す遺伝子発現が，GWAS（genome-wide associated study）で同定された自己免疫疾患特異的なSNPと相関を示し，胸腺の発生過程における遺伝子発現ネットワークの制御が疾患につながる可能性が示された[49]．樹状細胞，単球および自然リンパ球（innate lymphoid cells：ILCs）の不均一性もscRNA-seqで解析されている[50)51)]．樹状細胞の1つのサブタイプであるscRNA-seqによるcDC2（conventional/classical dendric cell 2）の解析では，T-betおよびRORγtの転写因子で制御を受けるほか，機能的に異なる2つの亜集団が存在することが示された[52]．非小細胞肺がんおよび肝細胞がんに浸潤するCD8陽性のT細胞をscRNA-seq解析した結果，活性化された制御性T細胞（regulatory T cell：Treg）のマーカーとして *TNFRSF9* を同定し，TNFRSF9陽性のTregは予後と逆相関することを見出した[53]．このような腫瘍免疫を標的とした創薬にscRNA-seq解析を応用する研究も進んでいる（第2章-9）．また，免疫応答を担う細胞の分化や細胞種の同定のみならず，抗原-抗体反応の多様性を示すT細胞受容体やB細胞受容体の解析（レパトア解析）もシングルセル遺伝子発現解析で行われはじめている（第2章-7）．

ウイルス感染において，個々の細胞のウイルスに対する感受性の違いを明らかにすることは感染症予防にとって重要である．HIVウイルスに感染された細胞の不均一性をシングルセルゲノミクスで解析し，その不均一性が生み出されるメカニズムを明らかにすることは大きな期待を受けている（第2章-17）．環境中に存在する微生物を同定するメタゲノム解析もシングルセルレベルで行われているが，目的によっては低コストでより深度の深いデータの取得が実用的かもしれない（第2章-18）．

3）その他の疾患

先述のとおり，神経科学の領域ではscRNA-seqによる細胞分類が精力的に行われてきたが，疾患の理解にも応用されている．パーキンソン病様の症状を引き起こすMPTPの投与によって傷害を受ける黒質には，*Aldh1a1* 陽性のドーパミンニューロンの亜集団が存在することを見出した[54]．興味深いことに，同時期に *Aldh1a1* 欠損マウスでも同様の結果が得られている[55]．

非アルコール性脂肪肝炎（non-alcoholic steatohepatitis：NASH）は，肥満の増加とともに社会現象化している疾患である[56]．NASHは肝組織に線維化を引き起こし，肝硬変や肝臓がんの原因となりうる．そのため，線維化された細胞の出現と炎症反応の惹起のメカニズムの解析が行われているが，線維化を受ける細胞のオリジンについて統一の見解は得られていない．ヒト臨床検体に対するscRNA-seqでは，線維化を促すTREM2陽性CD9陽性のマクロファージが同定された[57)58)]．さらにこれらの報告ではリガンドと受容体の発現の関連によって，細胞間相互作用を解析している．このように，病態を示す細胞とそれをとり巻く環境を個々の細胞レベルで解析する流れは今後必須になってくると思われる．

疾患特異的ヒトiPS細胞を用いた疾患の解析（第2章-15, 16）が進められているように，今後，オルガノイドやiPS細胞などの疾患モデル系とシングルセルゲノミクスを融合させた創薬研究も増えてくることが予想される[59]．また，今後増えていく細胞治療においてもシングルセルゲノミクスは重要な役割を担うことが予想される．2014年9月12日，加齢黄斑変性症の患者にヒトiPS細胞に由来する網膜色素上皮が移植された．筆者らは，この細胞に対して一連のゲノムおよびエピゲノム解析を行うことで，細胞の特性を評価した[60]．シングルセルレベルで192細胞に対して96種類の遺伝子発現を定量し，解析したすべての細胞で網膜色素上皮マーカーを発現し，神経幹細胞を含む他の細胞種になっていないことを示した．これはヒトへの臨床応用にシングルセルゲノミクスが適用されたはじめての例であると思われる．最近，加齢黄斑変性症の網膜細胞のscRNA-seqが報告され[61]，これらの知見が今後の病態解明や再生医療における細胞評価に応用されるであろう．

おわりに：今後の展望

本稿ではシングルセルゲノミクスを実際の医学・生

物学研究に活用されている研究の一部を紹介した．新しい論文が毎日のように出版され，新しい情報のキャッチアップとその整理が必要である．本稿ではカバーできなかったが，シングルセルレベルでの解析の深度を深める技術開発も日進月歩であり（第3章），活発な情報交換ができる研究コミュニティの重要性が増してきている．そのため，先に立ち上がったシングルセルゲノミクス研究会のウェブサイト[62]に，本稿で記載できなかった論文も含めてシングルセルゲノミクスの現状をアップデートしていく予定である．今後，読者の皆さんにとってシングルセル解析をすることがゴールではなく，今進めている研究の真の目的に見合った活用方法が見つかることを願っている．

文献

1) 渡辺 亮：レビュー編4 幹細胞・発生研究とシングルセル解析．「シングルセル解析プロトコール」（菅野純夫/編），pp26-32, 2017
2) ALLEN BRAIN MAP：Cell Taxonomies. https://portal.brain-map.org/explore/classes
3) Boisset JC, et al：Nat Methods, 15：547-553, 2018
4) Watcham S, et al：Blood, 133：1415-1426, 2019
5) Xue Z, et al：Nature, 500：593-597, 2013
6) Cheng S, et al：Cell Rep, 26：2593-2607.e3, 2019
7) Tukiainen T, et al：Nature, 550：244-248, 2017
8) Ramos-Ibeas P, et al：Nat Commun, 10：500, 2019
9) Wainer Katsir K & Linial M：BMC Genomics, 20：201, 2019
10) Cheng S, et al：Cell Rep, 26：2593-2607.e3, 2019
11) Orkin SH & Zon LI：Cell, 132：631-644, 2008
12) Spangrude GJ, et al：Science, 241：58-62, 1988
13) Osawa M, et al：Science, 273：242-245, 1996
14) Kiel MJ, et al：Cell, 121：1109-1121, 2005
15) Sun J, et al：Nature, 514：322-327, 2014
16) Rodriguez-Fraticelli AE, et al：Nature, 553：212-216, 2018
17) Yu VWC, et al：Cell, 168：944-945, 2017
18) Yáñez A, et al：Immunity, 47：890-902.e4, 2017
19) Pellin D, et al：Nat Commun, 10：2395, 2019
20) Carrelha J, et al：Nature, 554：106-111, 2018
21) Sanjuan-Pla A, et al：Nature, 502：232-236, 2013
22) Buenrostro JD, et al：Cell, 173：1535-1548.e16, 2018
23) Su T, et al：Nature, 559：356-362, 2018
24) Lescroart F, et al：Science, 359：1177-1181, 2018
25) Friedman CE, et al：Cell Stem Cell, 23：586-598.e8, 2018
26) Kanton S, et al：Nature, 574：418-422, 2019
27) Potter SS：Nat Rev Nephrol, 14：479-492, 2018
28) Schröppel B, et al：Kidney Int, 53：119-124, 1998
29) Nissant A, et al：Am J Physiol Renal Physiol, 287：F1233-F1243, 2004
30) Lu Y, et al：Kidney Int, 92：504-513, 2017
31) Lindström NO, et al：J Am Soc Nephrol, 29：806-824, 2018
32) Wu H, et al：Cell Stem Cell, 23：869-881.e8, 2018
33) Enge M, et al：Cell, 171：321-330.e14, 2017
34) Kowalczyk MS, et al：Genome Res, 25：1860-1872, 2015
35) Florian MC, et al：PLoS Biol, 16：e2003389, 2018
36) Angelidis I, et al：Nat Commun, 10：963, 2019
37) Ximerakis M, et al：Nat Neurosci, 22：1696-1708, 2019
38) Vogelstein B & Kinzler KW：Trends Genet, 9：138-141, 1993
39) Hanahan D & Weinberg RA：Cell, 144：646-674, 2011
40) Greaves M & Maley CC：Nature, 481：306-313, 2012
41) Navin N, et al：Nature, 472：90-94, 2011
42) Xu X, et al：Cell, 148：886-895, 2012
43) Debruyne DN, et al：Nature, 572：676-680, 2019
44) Chen W, et al：Commun Biol, 2：306, 2019
45) Zhang AW, et al：Nat Methods, 16：1007-1015, 2019
46) Abdelaal T, et al：Genome Biol, 20：194, 2019
47) Neftel C, et al：Cell, 178：835-849.e21, 2019
48) Ma L, et al：Cancer Cell, 36：418-430.e6, 2019
49) Kernfeld EM, et al：Immunity, 48：1258-1270.e6, 2018
50) Villani AC, et al：Science, 356：doi:10.1126/science.aah4573, 2017
51) Björklund ÅK, et al：Nat Immunol, 17：451-460, 2016
52) Brown CC, et al：Cell, 179：846-863.e24, 2019
53) Guo X, et al：Nat Med, 24：978-985, 2018
54) Poulin JF, et al：Cell Rep, 9：930-943, 2014
55) Liu G, et al：J Clin Invest, 124：3032-3046, 2014
56) Wesolowski SR, et al：Nat Rev Gastroenterol Hepatol, 14：81-96, 2017
57) Ramachandran P, et al：Nature, 575：512-518, 2019
58) Xiong X, et al：Mol Cell, 75：644-660.e5, 2019
59) Gawel DR, et al：Genome Med, 11：47, 2019
60) Mandai M, et al：N Engl J Med, 376：1038-1046, 2017
61) Menon M, et al：Nat Commun, 10：4902, 2019
62) シングルセルゲノミクス研究会：https://www.scg-j.net

＜著者プロフィール＞

渡辺　亮：新潟県生まれ．東京大学大学院工学系研究科で油谷浩幸教授の指導のもと，工学博士号を取得（2003年）．同大学先端科学技術研究センターで博士研究員を務めた後，2009年より京都大学iPS細胞研究所に移り，同研究所未来生命科学開拓部門 主任研究員／特定拠点助教として，iPS細胞を用いたシングルセルゲノミクスを含めたゲノム・エピゲノム解析を行った．現在は，京都大学大学院医学研究科に研究活動の場を移し，疾患の理解と創薬への応用をめざしたシングルセルゲノミクスを展開している．2019年8月にシングルセルゲノミクス研究会を立ち上げ，この領域の裾野を広げる活動も行っている．

第1章 総論：プロジェクト・技術の動向

3. シングルセルRNA-seq情報解析最前線

中戸隆一郎

シングルセル解析は，細胞群に含まれる情報（遺伝子発現量など）を個々の細胞レベルで観測することで，腫瘍を含む生体組織の細胞内不均一性（heterogeneity）や，細胞分化の方向性，遺伝子発現の確率的ゆらぎ（stochasticity）などを調査するための手法である．近年のシングルセル解析プロトコールの目覚ましい発展とともに，シングルセルデータを処理する情報解析技術も格段の進歩を見ている．本稿では解析技術の最も成熟しているシングルセル発現量解析（scRNA-seq）を題材に，シングルセル解析の特長と注意すべき点について概説する．

はじめに

　次世代シークエンサー（NGS）を利用したシングルセル解析技術の発展は目覚ましく，ゲノム変異解析にはじまり，オープンクロマチン，DNAメチル化，ヒストン修飾，細胞表面タンパク質，ゲノム立体構造など，さまざまなオミクス情報を全ゲノムかつ個々の細胞レベルで観測可能になってきている[1]．そのなかでも遺伝子発現量解析（scRNA-seq）は世界中で最も利用されており，情報解析についての議論もよく進んでいる．そこで本稿ではscRNA-seqを題材に，シングルセル情報解析で得られる情報と注意すべき点，今後の展望について概説する．紙幅の都合上アルゴリズムの詳細やパラメータの適切な選択法などには触れないが，より詳しくは元文献および他の総説[1,2]を参照されたい．

[略語]
scRNA-seq：single-cell RNA sequencing
UMI：unique molecular identifier

1 scRNA-seq

　scRNA-seq解析手法の開発は非常に活発であり，そのデータベースであるscRNA-tools database（https://www.scRNA-tools.org）に登録されている解析ツール数は2019年7月時点で450を超える．その要因として，利用可能なデータが豊富であること，1細胞に含まれる分子数が多く，他のアッセイに比べてデータのダイナミックレンジが大きいこと，遺伝子ベースの結果は解釈が容易であり，gene ontologyなどの手法を利用した注釈付けが可能であること，バルク解析のために開発された既存の多群間解析手法を援用可能であることなどがあげられる．ATAC-seqのようなエピゲノム解析の場合は1細胞あたり最大2コピーしかないため，擬似バルク解析[※1]のような手法を用いるか，別に準備したバルクデータをリファレンスとして利用する必要があり，得られたゲノム領域がどの遺伝子に作用しているか紐付けする手続きも必要になる．立体構造解析の場合はそもそも行列形式でデータを表

Frontier of computational analysis for single-cell RNA-seq data
Ryuichiro Nakato：Laboratory of Computational Genomics, Institute for Quantitative Biosciences, The University of Tokyo（東京大学定量生命科学研究所大規模生命情報解析研究分野）

現できないうえ，1細胞あたりのリード数の不足がより顕著であり，解析には複雑な手続きが必要になる．いずれの場合もハードルはより高く，解析ワークフローは今のところ定まっていない．scRNA-seqの場合はSajitaらによって開発・更新されている解析パイプラインSeurat[3]に詳細なチュートリアルが用意されており（https://satijalab.org/seurat/vignettes.html），こちらを使えば最新の情報解析の知見をある程度フォローできるので，ユーザにとっては有り難い状況といえる．

2 scRNA-seqの流れ

図1にscRNA-seqの流れを示した．scRNA-seqのための試料調製法はさまざまであるが（第1章-1参照），遺伝子を行，細胞を列とし，値に遺伝子発現量（UMI[※2]）を格納する行列データが得られるという点では共通である．従来のバルクRNA-seqでは統計検定を行うために実験群と対照群で複数の試料（replicate）を用意する必要があるが，scRNA-seqでは単一試料内で数百〜数万のサンプル数が得られるため，1試料のみを用いた解析が一般的である（細胞数を増やすために複数の試料をマージすることはある）．

scRNA-seqの目的は大きく分けて，細胞内不均一性の解析（クラスタリング），細胞分化の方向性の調査（軌道解析）の2つがあり，前処理は共通のステップとなる．以下，各ステップについて概説する．

1）前処理
ⅰ）フィルタリング・特徴選択

得られた細胞に死細胞やダブレット[※3]が含まれていると結果の解釈がミスリードされる恐れがあるため，あらかじめ除去される（フィルタリング）．scRNA-seqにおいては，ほぼすべての遺伝子発現量が0の細胞，ミトコンドリアRNAの割合がきわめて多い細胞，発現遺伝子数が多すぎる細胞などが該当する．また，細胞数が多いと計算量が問題になるため，計算効率を高めるために解析に不要な遺伝子は除去される（特徴選択）．これにはごく少数の細胞でしか発現していない遺伝子や，細胞間で発現量に差がない遺伝子が該当する（細胞間で大きく発現変動している遺伝子が重要であるため，発現変動していない遺伝子を除去しても下流解析に大きな影響はないと報告されている[4]）．これらのフィルタ基準は経験則に基づくものであり，実験目的によっては必ずしも妥当ではない可能性に注意されたい．例えば10細胞以下でしか発現していない遺伝子を除去することは，試料中に10細胞程度しか含まれない希少な細胞の同定を難しくするかもしれない．計算量の面で問題がなければ，特徴選択の閾値は可能な限り緩めにしておくことが望ましい．

ⅱ）正規化

UMI読み取り時の技術的なばらつきの影響を低減するため，UMI値を正規化する．細胞ごとの総UMI値が同一になるように係数をかける方法が最も単純でよく使われるが，不均一性の高い細胞群を解析する場合など，細胞ごとのRNA分子総数が大きく異なると想定されるような場合にはより高度な正規化手法も検討する必要がある[5]．正規化後，遺伝子発現分布を正規分布に近づけるためさらに対数化〔$\log(x+1)$〕されることが多い．

※1　擬似バルク解析
同一クラスタに含まれる（同じ細胞種と思われる）細胞群のリードをマージし，バルク様のデータを得る方法．例えば6,000細胞が2,000細胞の部分クラスタ3つに分類される場合，2,000細胞からなる3つの擬似バルクデータが得られ，バルクのための手法でクラスタ間比較を行うことができる．

※2　UMI（unique molecular identifier）
RNA配列に付加されたタグ配列．scRNA-seqで得られたリードにはPCR増幅の産物を含むが，それらは同一のタグ配列（UMI）を含むため，マップされたリード中に含まれる異なるUMIの数を遺伝子ごとにカウントすることでPCR増幅前の分子数を推定することができる．

※3　ダブレット
1つの液滴中に複数の細胞が封入されるなどの理由により，1つの細胞バーコードが2細胞に誤って付与されたもの．3細胞以上の場合はマルチプレットとよばれる．

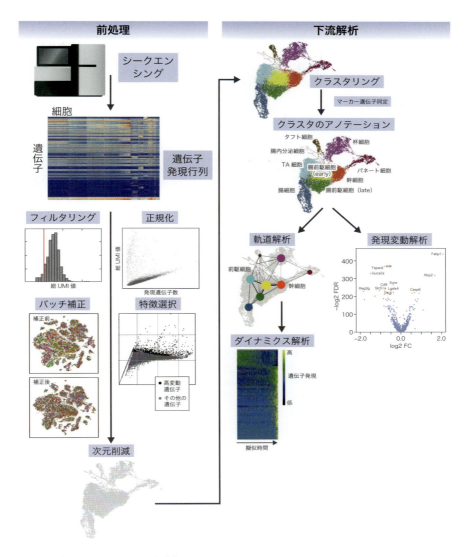

図1 シングルセルRNA-seq解析のワークフロー
一般的な流れを示したもの．目的・手法によっては一部の工程は省略される．文献2より引用．

ⅲ）バッチ補正

異なるプロトコールで得られた複数の試料を統合する場合など，試料調製に伴うデータのばらつき（バッチ効果）を補正しなければならない場合がある．いくつかのバッチ補正法が提案されているが[6)7)]，いずれも「試料間である程度の割合の細胞群が共通していること」を仮定しているため，全く別種の細胞群の統合には利用できない．また，これらの手法はあくまでも技術的なばらつきを補正するものであり，例えば腫瘍組織の生物学的な個人差[8)]の補正には利用できない．生物学的なばらつきは一般に相互に独立ではなく，その補正は下流解析で用いる統計検定の結果を歪ませる可能性がある．

ⅳ）dropout補正（データ補完）

シングルセル解析における既知の問題点として，細胞あたりのリード数が十分でないため，低発現遺伝子はしばしば読み取られず発現量0となり，これをdropoutとよぶ．dropout対策として，高発現遺伝子のみを解析対象とする，dropoutを考慮した確率モデル（zero-inflated model）を利用するなどがあるが，

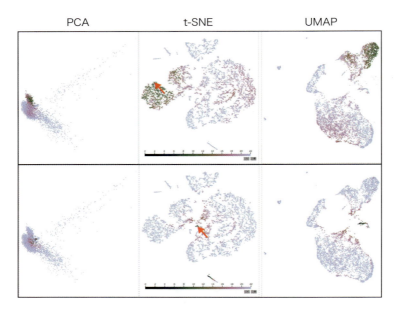

図2　次元削減法の比較
胎生18日目のマウス脳11,843細胞をPCA, t-SNE, UMAPの3つの手法で二次元に次元削減したもの．細胞の色の濃さは上下それぞれ，t-SNE（中央）の赤矢印で示された細胞との発現量類似度（次元削減前のユークリッド距離）を示している．t-SNE, UMAPいずれも，矢印の細胞から遠く離れた領域に類似度の高い細胞が存在することがわかる．データは10x Genomics社website（https://support.10xgenomics.com/single-cell-gene-expression/datasets/3.0.0/neuron_10k_v3）より取得．正規化・次元削減はSeurat, 可視化にはSleepwalk[13]を用いた．

dropoutした遺伝子の発現量を試料中の他の類似細胞から推定し，補完する手法が提案されている（MAGIC[9]など）．dropout率が非常に高い試料の場合や，低発現遺伝子を含めた詳細な発現量解析を行いたい場合には，このdropout補正を検討してもよい．一方，この補正はデータの「真の値」を復元できるわけではなく，補正されたデータの生物学的妥当性は今のところ保証されていないため，利用せずに済むのであればその方がよい．しかしながらリード数不足が常に問題となるすべてのシングルセルアッセイにおいて，データ補完法の議論は今後も重要である．

2）次元削減

フィルタ・正規化された行列データは，可視化のため二次元（あるいは三次元）に次元削減される．次元削減法としては主成分分析（PCA）が有名であるが，scRNA-seq分野では局所的な類似性をより抽出できるt-SNE[10]がよく利用されていた．しかしt-SNEは計算量が大きく，得られる結果が不安定である（パラメータに強く依存する）という問題があったため，より高速で再現性の高いUMAPが最近では用いられている[11]．一方diffusion map（拡散マップ）[12]は細胞分化過程のような連続的な変化状態を表現することを目的とした非線形次元削減法であり，軌道解析（後述）においてよく利用される．

注意点として，二次元平面上で表現できる細胞間類似性には限界があり，ある程度の情報は次元削減の過程で失われている．その例を図2に示す．赤矢印で示された特定の細胞に対し，線形手法であるPCAでは発現類似度の高い細胞が密集しているが，非線形手法であるt-SNE, UMAPではそれらの細胞が遠く離れた領域にばらけて存在し，二次元マップ上の細胞間距離と実際の発現量の相関が完全には一致していないことがわかる．さらに重要な点であるが，t-SNEやUMAPによって次元削減されたデータはクラスタのサイズ（クラスタ内分散）やクラスタ間距離の情報を失っているため，クラスタごとのサイズ比較やクラスタ間距離の比較は意味をもたない．二次元プロットは細胞不均一性を視覚的に俯瞰するうえで有用であるが，すべての

情報を反映していないため，データのサマリーとして用いるには役者不足である．

3）クラスタリング

細胞内不均一性を調べるため，教師なしクラスタリング（主としてグラフクラスタリング[※4]）を用いて部分細胞群（クラスタ）へ分割する．試料に含まれる細胞種数は通常自明ではないため，得られたクラスタ群が生物学的に意味のあるものになっているかはユーザ自ら判定しなければならない．

ⅰ）発現変動解析

各クラスタで特異的に発現しているマーカー遺伝子を同定する．特に高発現している遺伝子を探すのであればWilcoxon検定のような単純な統計検定で十分である．一方，scRNA-seqに特化した高度な発現変動解析手法も数多くあり，2018年の比較論文[15]では36手法を比較評価しているので，興味のある読者は参照するとよい．

ⅱ）クラスタのアノテーション

得られたクラスタは発現変動解析で得られたマーカー遺伝子を過去の文献に参照し手作業で特徴づけることが一般的だが，既存のscRNA-seqデータを参照して得られたクラスタの自動アノテーションを行うツール[16]や，既知のマーカー遺伝子をもとに教師ありクラスタリング・アノテーションを行うツールも提案されている[17,18]．Human Cell Atlas[19]やMouse Cell Atlas[20]などをはじめとする大規模プロジェクトによって利用可能なデータは今後さらに充実していくことから，このような自動アノテーション手法は今後より一般的になっていくだろう．

4）軌道解析（trajectory analysis）

クラスタリングが定性的な細胞不均一性の同定を目的とするのに対し，軌道解析は細胞分化に代表される動的・連続的な細胞状態の遷移プロセスを捉えることを目的とする．主に時間軸に沿った軌道の抽出に用いられることから擬似時間解析（pseudotime analysis）

※4　グラフクラスタリング

次元削減前の遺伝子発現量（またはPCAで得られた主成分）上で得られたk最近傍グラフに対してグラフ分割アルゴリズムを適用するクラスタリング法[14]．このようなグラフクラスタリングはK-means法などに比べて高速であり，かつ高次元空間上でのトポロジーをうまく捉えられるとされる[2]．

ともよばれる．

ⅰ）擬似時間解析

軌道解析では，次元削減された二次元平面上において隣接する（すなわち遺伝子発現パターンが最も似ている）細胞同士をつなぎ，全体を結ぶ最小経路を見つけることによって「軌道（擬似時間軸）」を構築する．得られた経路の分岐はその細胞が異なる複数の細胞運命（cell fate）をもつことを示唆する（図3A）．2014年にTrapnellら[21]によって軌道解析の概念が提案されて以来，多くのツールが開発されているが，最適な手法は入力として与える次元数や得られた経路の複雑さに依存する[22]．

ⅱ）RNA速度（RNA velocity）

擬似時間解析は各細胞の発現量のみに着目した静的なモデルであり，必ずしも正しい分岐方向を推定できないのに対し，La MannoらはRNA速度（細胞内のmRNA前駆体の割合をもとにした遺伝子発現状態の時間微分）に着目した軌道推定法を提案した[23]（図3B）．この手法ではscRNA-seqデータのみから細胞の遷移方向を直接推定できるため，循環軌道を含むような複雑な分岐データであっても軌道の始点と終点を特徴づけることが可能となる．

ⅲ）擬似ダイナミクス解析

軌道解析で得られた擬似時間軸に基づく数理解析の取り組みも進んでいる．例えばPe'erらはエントロピーを用いて細胞運命の可塑性をモデル化するParantirを開発した[24]（図3C）．細胞の運命決定をある分化時点でのイベントとして捉える他手法と異なり，複数の分岐情報を内包する確率過程として細胞運命を定義し，各細胞の「分化ポテンシャル」を計算することで運命決定に重要な時点とマーカー遺伝子の同定を試みている．

おわりに

本稿ではscRNA-seq解析についてステップごとに駆け足で紹介した．紙幅の都合上今回は触れなかったが，他にも組成解析，遺伝子ネットワーク推定，試料間比較などさまざまなトピックがある．scRNA-seq分野における解析手法の進歩は速いが，どういう情報を捉えようとしているかの概要さえ理解できていれば，

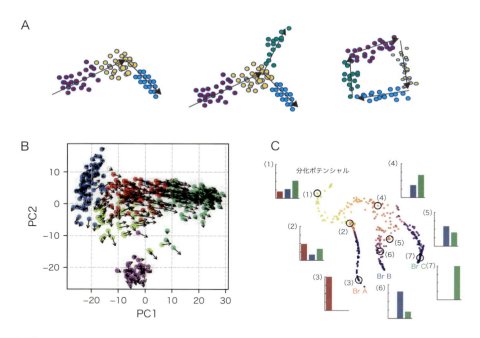

図3　軌道解析
細胞分化は非同期的であるため，ある時点のスナップショットはさまざまな分化時点の細胞を含む．**A**）左から順に，1方向，2方向分岐，循環軌道の模式図．**B**）RNA速度の推定例．矢印の方向が推測された細胞の運命方向を示す．文献23より引用．**C**）Parantirを用いた細胞運命方向の予測．（1）〜（7）であらわされた各時点における，A〜Cの3つの分岐方向への分岐確率を棒グラフで示している．細胞の色は分化ポテンシャルの漸次的な減少を示している．文献24より引用．

新しいツールに切り替えていくことはそれほど難しくない．非専門家にとってツールインストールの作業コストは無視できないが，本稿で紹介したツール群の一部について導入済みの開発環境を筆者がdockerイメージとして提供しているので（https://hub.docker.com/r/rnakato/singlecell_jupyter），本稿と併せて利用いただければ幸いである．

scRNA-seqは強力な手法であるが，得られる結果は正規化，特徴選択，次元削減など，いくつものデータ操作（すなわち仮定）のうえに成り立っていることに留意されたい．用いる手法によって結果は変わり，得られた結果の解釈は実験者に委ねられている．都合のよい解析（解釈）をしないよう常に心を戒め，得られた仮説は異なる実験によって検証するべきである．

今後の展開としてはいくつかの方向性が考えられる．1つはダイナミクス解析をさらに進めた先鋭的な研究，例えば遺伝子発現の確率的ゆらぎと細胞運命決定との関連解析などが考えられる．現時点では時間解像度の問題，すなわち時間軸に対して細胞数の密度が一様ではないため，試料調製プロトコールのさらなる改良が必要である．もう1つはパイプラインの全体最適化である．現在のパイプラインは各ステップにおける優れたツールの組合わせであり，全体としてのベストプラクティスはあまり評価されていない．個々のツールの性能は試料調製法を含めた他のステップに強く依存するため，組合わせた状態でのパフォーマンス評価が必要になるだろう[25]．3つ目は高速化である．観測可能な細胞数の大規模化に伴い，解析ツールには精度だけでなく計算効率も強く求められるようになってきており，計算の省メモリ化，GPUコンピューティングを含めた高速化が重要になる．最後に，他のアッセイへの展開・統合である．scRNA-seqで培われた方法論や知見をシングルセルエピゲノムや立体構造解析にうまく展開し，統合解析を推進することが何より重要になるだろう．

文献

1) Stuart T & Satija R：Nat Rev Genet, 20：257-272, 2019
2) Luecken MD & Theis FJ：Mol Syst Biol, 15：e8746, 2019
3) Stuart T, et al：Cell, 177：1888-1902.e21, 2019
4) Klein AM, et al：Cell, 161：1187-1201, 2015
5) Cole MB, et al：Cell Syst, 8：315-328.e8, 2019
6) Butler A, et al：Nat Biotechnol, 36：411-420, 2018
7) Haghverdi L, et al：Nat Biotechnol, 36：421-427, 2018
8) Azizi E, et al：Cell, 174：1293-1308.e36, 2018
9) van Dijk D, et al：Cell, 174：716-729.e27, 2018
10) van der Maaten, L & Hinton G：J Mach Learn Res, 9：2579-2605, 2008
11) Becht E, et al：Nat Biotechnol, 37：38-44, 2019
12) Haghverdi L, et al：Nat Methods, 13：845-848, 2016
13) Ovchinnikova S & Anders S：bioRxiv：doi: https://doi.org/10.1101/603589, 2019
14) Levine JH, et al：Cell, 162：184-197, 2015
15) Soneson C & Robinson MD：Nat Methods, 15：255-261, 2018
16) Tan Y & Cahan P：Cell Syst, 9：207-213.e2, 2019
17) Li H, et al：Nat Genet, 49：708-718, 2017
18) Hou R, et al：Bioinformatics：doi:10.1093/bioinformatics/btz292, 2019
19) Regev A, et al：Elife, 6：doi:10.7554/eLife.27041, 2017
20) Han X, et al：Cell, 172：1091-1107.e17, 2018
21) Trapnell C, et al：Nat Biotechnol, 32：381-386, 2014
22) Saelens W, et al：Nat Biotechnol, 37：547-554, 2019
23) La Manno G, et al：Nature, 560：494-498, 2018
24) Setty M, et al：Nat Biotechnol, 37：451-460, 2019
25) Tian L, et al：Nat Methods, 16：479-487, 2019

＜著者プロフィール＞

中戸隆一郎：2010年，京都大学大学院情報学研究科博士課程修了．同年4月より'19年3月まで，東京大学定量生命科学研究所（白髭研究室）の助教．次世代シークエンサーを用いたさまざまなゲノム解析の研究に従事し，新規手法の開発と情報解析による知見獲得を一貫して続けている．'19年より大規模生命情報解析研究分野を主宰（講師）．エピゲノムデータ，シングルセルデータを用いた情報解析を深く研究したい学生を大募集中である．

第1章　総論：プロジェクト・技術の動向

4. 世界と日本における Human Cell Atlas の構築

Jay W. Shin，Piero Carninci，安藤吉成

> ヒトの体は37兆個の細胞で構成されており，50種類以上の臓器システムが複雑な生命活動を維持している．しかし，細胞は体の基本単位であるにもかかわらず，どのような種類・状態の細胞が，組織や臓器を組成的・空間的に構築し，どのように機能しているのかに関して，ほとんどわかっていない．理研が主導するFANTOMコンソーシアムでは，さまざまな種類のヒト細胞の遺伝子発現プロファイルを作成してきたが，近年のゲノム解析技術の進歩により，人体の細胞プロファイリングを1細胞レベルの解像度で行うことが可能になった．本稿では，ヒトの体を構成するすべての細胞を網羅するカタログ作成のための国際研究コンソーシアムであるHuman Cell Atlas，および日本人に焦点を当てた国内の研究コンソーシアムであるSingle Cell Medical Networkの取り組みを紹介する．

はじめに

われわれは，国際研究コンソーシアムであるFANTOM（Functional Annotation of the Mammalian Genome）プロジェクトを主宰し，CAGE（Cap Analysis of Gene Expression）法を用いた400種類以上のヒト細胞の遺伝子発現プロファイリングにより，細胞の種類と状態を定義する遺伝子制御モジュールである，プロモーターとエンハンサーのアトラスを作成してきた．この包括的な遺伝子発現データベースから，ヒトゲノム上でコーディングおよびノンコーディングRNAは広範に転写されること，さらに遺伝子が活性化される機構とその領域を明らかにした[1]〜[3]．一方で，FANTOMデータは培養細胞や組織・臓器から採取した多数の細胞集団をまとめて分析した，個々の細胞集団の平均値であり，細胞集団中の細胞の不均一性は考慮されない（**図1**）．人体を構成する37兆個の個々の細胞について，発現する遺伝子およびそのプロモーターとエンハンサーのアトラスを作成することにより，ゲノム上の制御領域だけでなく，細胞の運命や遺伝病の病理を調節する遺伝子制御プログラムの解明も期待される．

[略語]
CAGE：Cap Analysis of Gene Expression
FANTOM：Functional Annotation of the Mammalian Genome
HCA：Human Cell Atlas
UMAP：Uniform Manifold Approximation and Projection

Global and Japan's effort to build the Human Cell Atlas
Jay W. Shin/Piero Carninci/Yoshinari Ando：RIKEN Center for Integrative Medical Sciences（理化学研究所生命医科学研究センター）

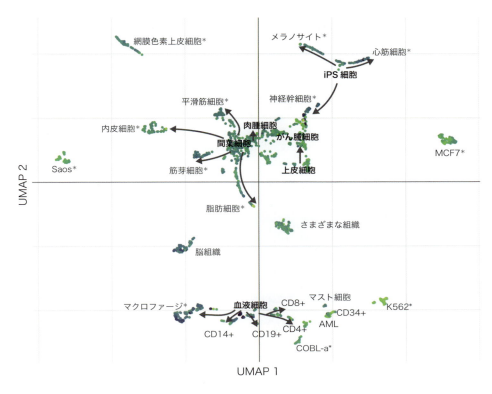

図1　FANTOM5のヒトプロモーターアトラスデータセットのUMAPプロット（Uniform Manifold Approximation and Projection：均一マニホールド近似投影）
FANTOM5データベースに登録されている細胞サンプル（1,829種類）を，定常状態（アスタリスクで示された細胞は時間経過データを含む）において発現変動の大きい2,000個のプロモーターの情報を用いて，UMAP次元圧縮法によるプロットを行った．色のグラデーションは，MYCプロモーターの発現レベルを示す（紫色〜黄色：0〜10 TPM）．太字はサンプルのクラスタリングに基づいた一般的な細胞の分類名を示し，矢印は分化の時間経過を擬似的に示す．

1　Human Cell Atlas（HCA）

近年の1細胞解析技術の進歩により，1万〜10万個の個々の細胞の，RNA転写産物，タンパク質，クロマチン状態のプロファイルをリーズナブルな価格で作成することが可能となった．また，得られた1細胞解析データをもとに，細胞系列の再構築が可能となり，異なる形状の細胞を互いに関連付けることができるようになった[4]．さらに，エンハンサーRNAを含むさまざまなRNAや複数のタンパク質を *in situ* で細胞上に可視化することができるようになり，それらの分子を組織切片（空間コンテキスト）上のそれぞれの位置にマッピングする空間的発現解析が可能となった[5)6]．これらの研究技術を組合わせ，個々の細胞における分子的・空間的特性のプロファイルをもとに，コンピューター解析を駆使して細胞の種類と状態を分類し，組織ごとの1細胞レベルの解像度の「細胞地図」を作成することができる．

これらの「細胞地図」は，細胞の運命や系統，細胞周期や過渡応答などの動的状態，細胞内および細胞間応答を形成する分子メカニズム，疾病研究および病理学のための基礎情報など，さまざまな分野の生物学的に重要な問題に対する答えを示すことができると期待される．実際に，いくつかの臓器や組織（脳[7)8]，腸[9]，肝臓[10)11]，網膜[12]，免疫系[13]など）において，新しい種類の細胞が発見されており，新たな知見は免疫系の未知の機能[14]や，腫瘍でのエコシステムのダイナミクス[15]に関する洞察をもたらしている．また，これらの成果は橋渡し研究として，すでに診断や臨床研究に影響を与えている．

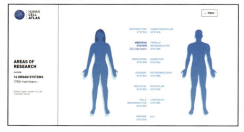

図2 Human Cell Atlas（HCA）コンソーシアム
HCAコンソーシアムは，1,615人のメンバーで構成される国際的な研究組織であり，大半はさまざまなヒト臓器システムの研究のために参加しているPI（研究代表者）およびポスドクである．日本からは理研を含む30の研究機関が参画している．Human Cell Atlasウェブサイト（https://www.humancellatlas.org/joinHCA）より引用．（2019年10月現在）

　それぞれの組織・臓器を構成する細胞に関する知見は集まりはじめているが，個々の細胞の機能が，組織，臓器全体でどのように関連づけられているかは，まだ包括的に捉えられていない．また驚くべきことに，形態的に同じ細胞であっても，細胞の機能および細胞間の相互作用は組織や臓器ごとに異なる場合もあり，ヒトの体がどのように健康状態を維持し，疾患時にどのように機能不全に陥るかについて理解するためには，ヒト全身の細胞地図をカタログ化した「細胞アトラス」が必要となる．健康なヒトにおいて，すべての細胞がどこでどのように機能しているかを示すリファレンスアトラスがあれば，患者の疾患組織と比較することにより，問題箇所の特定を容易に行うことができる．

　しかしながら，1細胞レベルの解像度でヒトの全細胞の「細胞アトラス」を作成することは，単独の研究室や研究所が取り組むプロジェクトとしてはあまりに大きすぎる．一方で，統合的な解析を行うためには，一貫性があり，高品質で，相互運用可能なサンプル調製および解析データが不可欠となる．また，細胞の種類の分類には，さまざまな分野の専門家の意見が必要となり，多くの研究者が利用する価値のあるデータを生成するためには，より多くの研究チームが統合的かつ体系的に協力する必要がある．

　この困難かつ野心的な課題に取り組むべく，2016年10月，日本を含む世界中の150人以上の著名な研究者がロンドンに集まり，ヒトの全細胞の地図を作成しカタログ化するための国際研究コンソーシアム「Human Cell Atlas（HCA）」を発足した[16)17)]．理研は，サンガー研究所（Wellcome Sanger Institute），ブロード研究所（Broad Institute），カロリンスカ研究所（Karolinska Institutet）とともにプロジェクトの中核機関と位置づけられている．現在（2019年10月），65カ国の1,000以上の大学・研究機関が参画しており（**図2**），HCAプロジェクトで生成されるデータは，生物学・医学の研究を促進するためのオープンアクセスリソースとして世界中に共有され，Principles of HCA（**表**）に従い，より詳細で価値のあるヒト細胞アトラスを段階的に協力して構築することをめざしている．

　HCAプロジェクトが開始されてから3年後となる2019年10月に，スペインのバルセロナにおいて，第

表 Principles of HCA

Transparency and open data sharing	データを収集後，できるだけ早くオープンアクセスデータとして，世界中で利用可能な形で公開する．
Data Quality	高品質のデータを生成し，オープンかつ広く共有されうる厳格な基準を確立し，定期的に更新する．
Flexibility	知的および技術的な柔軟性を維持し，新しいデータ，テクノロジー，知見に価値があれば，柔軟にHCAの枠組みに導入する．
Community	研究者による運営グループ（Organizing Committee）のもとで，世界中に開かれた共同コミュニティを構築し，イニシアチブはすべての参加者にオープンである．
Diversity, inclusion, and equity	組織サンプルの選択において，地理的，性別，年齢，民族の多様性を維持する．参加している研究者，機関，国の分布に関しても，同様の多様性を反映する．
Ethics and privacy	現時点における最高の倫理基準に従う．サンプル提供者から十分なインフォームドコンセントを取得し，その同意の条件を遵守し，必要最大限の範囲で提供者のプライバシーを確保する．
Technology development	新しい実験手法や技術を開発，展開，導入し，それらを他のコミュニティとも共有する．
Computational excellence	最新のアルゴリズムを活用して，新しい解析手法を開発し，スケーリングされたオープンソースソフトウェアとして，これらを共有する．

8回HCA General Meetingが開催された．HCAのオープンデータベース（HCA Data Coordination Platform）にはすでに，腸，肝臓，免疫，発生期の組織などの主要臓器組織の数百万個の細胞の1細胞解析データが登録されているが，この会議ではアトラスの最初のドラフト（Atlas 1.0）作成のためのロードマップが提示された．Atlas 1.0では，細胞の種類だけでなく状態も明確に定義し，地理的，性別，年齢，民族の多様性を念頭に置いたうえで，健康なドナーの主要臓器組織から採取されたサンプルを用いて，1細胞解析および空間的発現解析による，各構成細胞の分子的および空間的特性のプロファイリングを行うことを目的としている．そこで得られる特定の細胞の遺伝変異の情報や地域間の細胞のゲノムや発現するRNAの違いは，ヒトの疾病を解明・治療するうえで有用なリソースとなるはずである．

2 Single Cell Medical Network in Japan（SC Medical Network）

1）標準化による相乗効果

日本におけるHCAの活動の1つとして，Single Cell Medical Network in Japan（SC Medical Network）を立ち上げている（**図3**）．SC Medical Networkでは，理研や各大学でさまざまな組織・臓器の疾患研究を行う研究者が窓口となり，大学病院などの臨床医から患者の同意のもと，細胞サンプルの提供を受けている．データ解析は理研が中心となり，RNAの5′末端からのシークエンシング（5′RNA-seq）による1細胞解析[18]および空間的発現解析を行っている．この活動のために，すでにサンプルの採取方法や品質，データ解析方法，データ共有システムなどを標準化し，全国の臨床医および研究者との連携を促進するための枠組みを確立している．近年の1細胞解析技術の進歩により，コーディングRNAだけでなく，エンハンサーRNAを含むノンコーディングRNAの転写開始部位を正確にマッピングすることが可能となり，1細胞レベルの解像度で各遺伝子のプロモーターとエンハンサー領域を明らかにすることができる．SC Medical Networkの最初の取り組みとして，日本人の健康および疾患ドナーから提供される，比較的小規模の臓器組織のサンプルセットから，プロモーターやエンハンサーの情報を含むデータを収集・解析し，実用性の高いアトラスの作成をめざしている．

2）多様性と協力の重要性

SC Medical Networkで生成される，健康および疾患ドナーサンプルから得られたデータは，国内コンソーシアムのデータベースに統合するとともに，医療研究に利用できる形のデータにして，サンプル提供元の大学や病院にフィードバックし，個々の研究者または臨

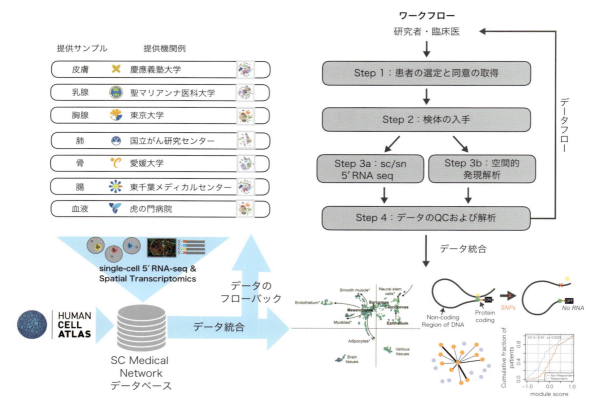

図3　日本におけるHCAの取り組み（Single Cell Medical Network in Japan）
患者の同意のうえで全国のさまざまな提供機関で採取されたサンプルは，5′RNA-seqによる1細胞解析もしくは空間発現解析を行う．解析データは，提供機関の研究者や臨床医に共有され，個々の研究計画に基づく研究に活用されるとともに，SC Medical Networkのデータベースに統合され，プロモーターとエンハンサーのアトラス，発現制御機構の解明，橋渡し研究や個別化医療，遺伝子ネットワーク，薬物応答分析などの研究につながることが期待される．

床医が主導する研究の促進をめざしている．また，HCAのオープンデータと組合わせた解析を行うことにより，海外の他の人種のデータとの比較ができ，地域特有の疾患の発症原因となる細胞の特定が期待され，さらには橋渡し研究や個別化医療のブレークスルーにつながることが期待される．健康なドナーサンプルから得られたデータに関しては，可能な限りオープンデータとしてHCAコミュニティと共有する予定である．

ヒト全体の細胞アトラスを作成するためには，より多様な組織サンプルが必要となる．生きているドナーから得られない臓器・組織サンプルに関しては，可能な限り死後に得られた標本サンプルも使用する．また，さらに入手困難な臓器・組織に関しては，iPS細胞由来の分化細胞集団やオルガノイドを用いての1細胞解析および空間的発現解析を行う．多種の貴重なドナーサンプルを用いるため，解析が困難な臓器・組織サンプルも存在する．世界中のHCAコミュニティによって構築されているサンプル調製法のデータベース（Protocols.io）を活用しながら，国内の専門の臨床医および研究者と協力し，臓器・組織ごとに標準化したサンプルの採取・調製法の確立を進めている．

3）SC Medical Networkにおけるワークフロー

①サンプルやデータの提供元である大学や病院，研究機関において，個々の研究者または臨床医が主導する研究計画に対する，所属機関ごとの研究倫理審査委員会の承認が必要となる．同時に，理研においてもサンプルやデータ受領のために倫理委員会の承認が必要となる．両者の承認が得られたのちに，サン

プルやデータの授受を行うための共同研究契約を締結する．

②サンプル提供元である大学や病院において，サンプルの採取・調製法の検討を行う．サンプルの採取時には，サンプル提供者から十分なインフォームドコンセントを取得し，その同意の条件を遵守する．調製後に，以降の解析を行ううえでのQC基準を満たしたサンプルに関して，次の段階に進む．

③5′ RNA-seqによる1細胞解析および空間的発現解析を行う．解析データは，医療研究に利用できる形でサンプルやデータの提供元と共有し，SC Medical Networkのデータベースに統合する．サンプルやデータの提供機関において了承が得られた健康なドナーサンプルのデータは，オープンデータとしてHCAコミュニティとも共有する．

④SC Medical Networkのデータベースに統合されたデータはコンソーシアム内で共有し，理研では共有データを用いて，プロモーターとエンハンサーに焦点を当てた統合的な解析を行う．また，HCAのオープンデータと組合わせた解析を行い，その解析結果もコンソーシアム内で共有する．

おわりに

われわれの体を構成する個々の細胞はほぼ同じゲノム配列をもっているが，細胞ごとに異なるコーディングおよびノンコーディングRNAが広範に転写され，機能的多様性を示す．したがって，遺伝的背景の情報（FANTOM）と細胞の多様性の情報（HCA）の間のクロストークは，細胞の種類と動的応答を定義するために不可欠である．SC Medical Networkによるプロモーターとエンハンサーに焦点を当てた1細胞解析をHCAのオープンデータと組合わせることにより，「Human Cell Atlas」は生物学と医学の両方の進歩を促す，包括的な「細胞の周期表」として重要な役割を果たすことが期待される．

文献

1) FANTOM Consortium and the RIKEN PMI and CLST (DGT), et al：Nature, 507：462-470, 2014
2) Andersson R, et al：Nature, 507：455-461, 2014
3) Hon CC, et al：Nature, 543：199-204, 2017
4) Stubbington MJT, et al：Science, 358：58-63, 2017
5) Ståhl PL, et al：Science, 353：78-82, 2016
6) Vickovic S, et al：Nat Methods, 16：987-990, 2019
7) Lake BB, et al：Science, 352：1586-1590, 2016
8) Hodge RD, et al：Nature, 573：61-68, 2019
9) Smillie CS, et al：Cell, 178：714-730.e22, 2019
10) Aizarani N, et al：Nature, 572：199-204, 2019
11) Popescu DM, et al：Nature：doi:10.1038/s41586-019-1652-y, 2019
12) Lukowski SW, et al：EMBO J, 38：e100811, 2019
13) Villani AC, et al：Science, 356：doi:10.1126/science.aah4573, 2017
14) Lönnberg T, et al：Sci Immunol, 2：doi:10.1126/sciimmunol.aal2192, 2017
15) Tirosh I, et al：Science, 352：189-196, 2016
16) Regev A, et al：Elife, 6：doi:10.7554/eLife.27041, 2017
17) Rozenblatt-Rosen O, et al：Nature, 550：451-453, 2017
18) Kouno T, et al：Nat Commun, 10：360, 2019
◇ Human Cell Atlas（HCA） https://www.humancellatlas.org/joinHCA
◇ HCAのオープンデータベース（HCA Data Coordination Platform） https://data.humancellatlas.org
◇ HCAコミュニティによるサンプル調製法のデータベース（Protocols.io） https://www.protocols.io/groups/hca

＜筆頭著者プロフィール＞
Jay W. Shin：1981年，韓国・ソウル生まれ，米国籍．スイス連邦工科大学チューリッヒ校で生命科学博士号を取得．2008年，理研国際特別研究員．理研オミックス基盤研究領域再生医療連携ユニット・ユニットリーダーなどを経て，'18年より理研生命医科学研究センター遺伝子制御回路研究チーム・チームリーダー．

第2章 シングルセル解析によるバイオロジー

Ⅰ. 発生・臓器・オルガノイド

1. 心筋シングルセル解析による病態解明から臨床応用

野村征太郎, 油谷浩幸

> シングルセル解析は細胞レベルの詳細な分子プロファイリングを可能にしたが,他の階層の情報と連結することで生命現象の理解をさらに深めてくれる.筆者らは,心筋細胞の形態情報・シングルセルRNA-seq・エピゲノム解析・心臓機能情報を統合することによって,心不全発症における心筋細胞の分子・形態・機能におけるリモデリング過程の詳細を解き明かすことに成功した.さらにこの手法を患者臨床検体に応用することで,心不全患者の予後や治療応答を予測できる分子病理解析技術を開発した.このように,シングルセル解析を中心としたデータ統合解析は今後の生命科学・医学研究において重要な位置を占めると考えられる.

はじめに

　心臓は常に血行力学的な負荷を受け,それに対応しながら全身の循環恒常性を保っている.高血圧や大動脈弁狭窄症になると心臓に極端な圧負荷が加わり,これに対して心臓は代償的に肥大して血液ポンプとしての機能を維持しようとする.しかし慢性的に圧負荷が心臓に加わると,心臓のポンプ機能は低下して心不全を呈するようになる.この過程において,心筋細胞はさまざまなシグナル経路を活性化させることが知られているが,それらがいかに心臓の肥大・不全にかかわっているか明らかでない.また,その心臓の肥大・不全という過程のなかで,心筋細胞は形態的に変化すると考えられているが,細胞の形態的な変化が分子レベルの変化とどのようにリンクしているか,さらにはそれがどのように機能的な変化(心臓の肥大から不全への移行)とリンクしているか,についての詳細なメカニズムは明らかでない.

[略語]
DCM: dilated cardiomyopathy
　(拡張型心筋症)
ERK1/2: extracellular signal-regulated kinase 1/2
LVAD: left ventricular assist device
　(左室補助人工心臓)
NRF1/2: nuclear respiratory factor 1/2
PARP: poly (ADP-ribose) polymerase
tSNE: t-distributed stochastic neighbor embedding
WGCNA: weighted gene co-expression network analysis (重み付け遺伝子共発現ネットワーク解析)

Single-cardiomyocyte analysis for pathogenesis understanding and clinical application
Seitaro Nomura[1] /Hiroyuki Aburatani[2]: Department of Cardiovascular Medicine, The University of Tokyo Hospital[1] / Genome Science Laboratory, Research Center for Advanced Science and Technology, The University of Tokyo[2] (東京大学医学部附属病院循環器内科[1] / 東京大学先端科学技術研究センターゲノムサイエンス分野[2])

細胞はその核内での遺伝子制御により生まれる産物であり，細胞の形態的・機能的特徴はその細胞の転写により制御されていると考えられる[1]．心臓への圧負荷により誘導される転写活性化を抑制することで，心臓の分子レベル・形態レベルのリモデリングを抑制できることが知られており[2]，転写は心臓の分子・形態のリモデリングを引き起こすと考えられる．これまで心筋細胞のシングルセルレベルの遺伝子発現解析により，老化に伴った転写不均一性の存在[3]，負荷による脱分化や細胞周期リエントリーの可能性[4]が示されており，遺伝子発現は細胞の機能情報を反映していると考えられるが，どの遺伝子プログラムが形態的リモデリングを制御し，心肥大から心不全といった機能的リモデリングを制御しているか，という本質的な問いに対する答はいまだない．心不全の病態生理や本質的な治療標的を同定するためには，細胞レベルで心筋細胞の特徴を詳細に理解する必要がある．またモデル動物とヒトとの相違について理解することで，心不全における疾患層別化に寄与する分子病態を特定することも可能となる．

最近筆者らは，心不全モデルマウスおよび心不全患者の心臓から単離した心筋細胞のシングルセル解析により，心筋細胞の形態・分子・機能の連関[5]，マウス・ヒトの遺伝子プログラムの相違[5]，さらには心不全の病態層別化を可能にするバイオマーカー[6]を明らかにした．本稿ではそれらを紹介するとともに，シングルセル研究の将来展望について概説する．

1 心筋シングルセル解析による心不全病態の徹底解明

1）圧負荷心不全モデルマウスの心筋シングルセルRNA-seqデータ取得

横行大動脈を縮窄することによって心臓に圧負荷を加えると，心肥大（術後1〜2週），心不全（術後4〜8週）を誘導することができる．われわれは，この圧負荷心不全モデルマウスを用いて，心筋細胞の形態的特徴・分子的特徴が心臓機能とどのように関連するかを明らかにすることをめざした．

心筋細胞の細胞レベルの分子情報を包括的に得るために，シングルセルRNA-seq解析を単離心筋に適用する基盤技術を構築した．近年，微小流路装置（Fluidigm社C1など）・ドロップレット作製装置（10x Genomics社Chromiumなど）・マイクロウェル（BD社Rhapsodyなど）などの市販機器を用いてシングルセルcDNAライブラリを作製することが容易になってきているが，心筋細胞は長径150 μm程度，短径50 μm程度と非常に大きいため，いずれのプラットフォームでも解析できない．そこで筆者らはマニュアルピックアップとSmart-seq2法[7]によるcDNAライブラリ作製技術を統合した心筋シングルセルRNA-seq解析技術を構築した．

筆者らは圧負荷心不全モデルの圧負荷3日後，1・2・4・8週後および偽手術後にランゲンドルフ灌流心実験法（摘出した心臓の大動脈にカニューレを挿入して冠動脈からコラゲナーゼを心臓全体に灌流する手法）にて心筋細胞を効率よく左心室自由壁から単離し，紡錘状の形態を保った生きた心筋細胞（N＝396）をマニュアルピックアップにて回収して，個々の心筋細胞のトランスクリプトームをSmart-seq2法により取得した．重み付け遺伝子共発現ネットワーク解析（weighted gene co-expression network analysis：WGCNA）[8]にて心筋細胞において共発現する55個の遺伝子ネットワークモジュールを同定し，機械学習アルゴリズムRandom Forests[9]により全55モジュールのうち心筋細胞の分類に大きく寄与する9モジュールを抽出した（図1A）．この9モジュールを用いて心筋細胞の階層的クラスタリングを行ったところ，心筋細胞を7つの細胞クラスターに分類できた．また次元圧縮アルゴリズムtSNE（t-distributed stochastic neighbor embedding）[10]を用いて二次元空間上に細胞を配置したところ，この7つの細胞クラスターはきれいに分離された（図1B）．偽手術後の心筋の多くはC6に含まれる一方で，圧負荷4・8週後の心筋の多くはC7に含まれ，C7は不全心筋細胞に特徴的なクラスターと考えられた．

2）心筋細胞肥大と関連する転写ネットワークの同定

圧負荷刺激により心筋細胞は肥大することが知られているが，その細胞肥大はどのような遺伝子発現制御と関係しているか明らかでない．そこで筆者らは，圧負荷1週後の心肥大期にマウスから心筋細胞を単離し，細胞サイズを測定した後にその細胞のシングルセル

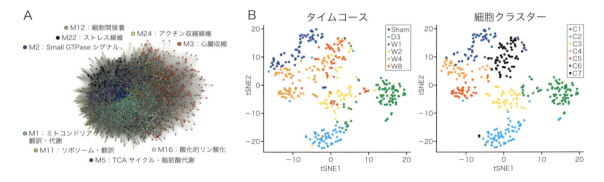

図1 圧負荷心不全モデルマウスの心筋シングルセルRNA-seq解析
A）重み付け遺伝子共発現ネットワーク解析およびRandom Forests解析により同定された心筋遺伝子共発現ネットワーク．点は遺伝子を示しており，点と点の間の距離は相関の強さを示している（距離が近いほど遺伝子間の相関係数が高い）．同じモジュールに所属する遺伝子は同じ色が付けられている．モジュールの名称は，モジュールに所属する遺伝子群のgene ontology解析により最も特徴的なGO termから名付けた．B）次元圧縮アルゴリズム tSNE解析により細胞関係性を二次元空間上に可視化．点は細胞をあらわしており，距離が近い細胞は似たトランスクリプトームをもっている．左は心筋細胞を単離したタイムポイントで，右はクラスタリング解析で分類された細胞クラスターで色付けしている．文献5より引用．

RNA-seq解析を行った．この細胞形態とトランスクリプトームの統合解析により，心筋細胞の肥大の程度はミトコンドリアのタンパク質合成（翻訳）・代謝を制御する遺伝子群の発現量と相関することを見出した（**図2A**）．また圧負荷1週後の肥大期の心筋細胞においてヒストンH3K27acのエピゲノム解析を行って上記の遺伝子群を制御する制御領域（エンハンサーやプロモーター）を検索したところ，extracellular signal-regulated kinase 1/2（ERK1/2）によりリン酸化されるETS domain-containing protein Elk-1，ミトコンドリア生合成を制御するnuclear respiratory factor 1/2（NRF1/2）の認識配列が濃縮していることがわかった（**図2B**）．すなわち圧負荷により活性化されるERK1/2・NRF1/2の転写ネットワークは心筋細胞の肥大とミトコンドリア生合成を同時に制御していることが明らかとなった．

3）胎児型遺伝子の再活性化は心臓中間層において早期に誘導される

心臓に圧負荷が加わると，心筋細胞において胎児型遺伝子が再活性化することが知られている[1]．しかしながら，心臓に存在するどの心筋が遺伝子発現胎児化を生じているか（空間的な不均一性）については明らかでない．そこで，筆者らは1分子RNA *in situ* hybridizationにより胎児型ミオシン（*Myh7*）遺伝子のmRNAを1分子レベルで捉えて，空間情報を保ったまま，1つの心筋細胞に含まれる*Myh7*遺伝子の発現量を解析した[11]（**図3A**）．すると，圧負荷後早期（1週後）に*Myh7*遺伝子を発現する細胞は心臓の内層や外層と比較して，中間層に多いことがわかった（**図3B**）．また心筋細胞のサイズと*Myh7*遺伝子の発現量をシングルセルレベルで比較したところ，*Myh7*遺伝子発現心筋細胞のサイズは小さく，心筋肥大を起こしていないことがわかった．実際にシングルセルRNA-seq解析により，*Myh7*遺伝子の発現量は[2]で示したミトコンドリア翻訳・代謝遺伝子と逆相関にあることを確認した．すなわち，筆者らは遺伝子発現胎児化と心筋肥大は逆相関することを明らかにした．

4）心筋リモデリングにおける系譜追跡解析（肥大心筋細胞からの細胞系譜）

続いてMonocle[12]を用いて系譜追跡解析を行ったところ，慢性的な圧負荷により肥大心筋細胞が代償性心筋細胞と不全心筋細胞へと分岐して心筋リモデリングが進むことを明らかにし（**図4A**），この代償性心筋細胞と不全心筋細胞を分ける遺伝子発現プロファイルを同定した（**図4B**）．代償性心筋細胞では圧負荷により上昇したミトコンドリア翻訳・代謝制御遺伝子群の発現レベルが保たれているにもかかわらず，不全心筋細胞ではこの遺伝子群の発現レベルが顕著に低下してお

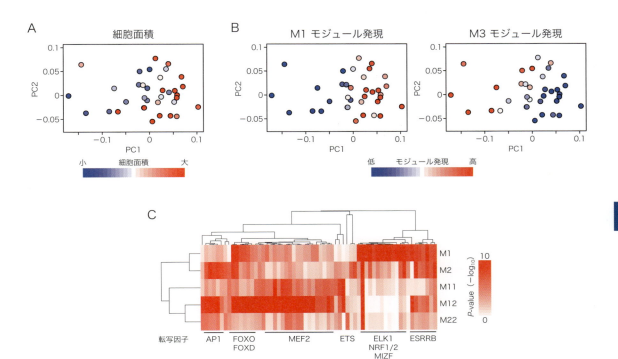

図2 心筋細胞肥大と関連する転写ネットワークの同定

A) 圧負荷1週後のマウスから単離した心筋細胞のシングルセルトランスクリプトームの主成分分析. 点は細胞を示しており, 細胞面積の程度で色付けされている. B) 主成分分析の図をモジュール発現の程度で可視化. Aで示す細胞面積とM1（ミトコンドリア翻訳・代謝遺伝子）発現が相関するのに対して, M3（心臓収縮遺伝子）発現は逆相関である. C) 圧負荷1週後のマウスの心筋細胞のH3K27ac ChIP-seq解析から同定した各モジュールの制御領域に濃縮する転写因子モチーフの階層的クラスタリング解析. 圧負荷により発現上昇するモジュールの制御転写因子のみ掲載. ELK1およびNRF1/2の認識配列はM1遺伝子制御領域に特異的に濃縮している. 文献5より引用.

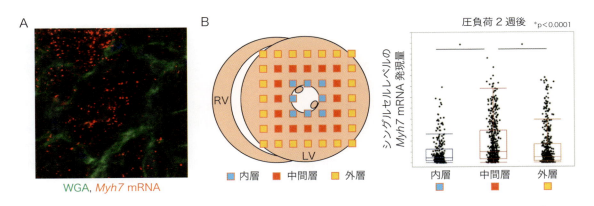

図3 心臓における空間的な遺伝子発現の不均一性

A) 1分子RNA *in situ* hybridizationによる空間情報を保持した状態でのシングルセル遺伝子発現解析. WGAは細胞膜を意味しており, この緑で囲まれた領域が1つの心筋細胞. 1分子の*Myh7*（胎児型ミオシン）mRNAが1つの赤いドットで示されている. WGAで囲まれた1つの心筋細胞の中の赤いドットを定量することで, シングルセルレベルの遺伝子発現解析が可能になる. B) 圧負荷2週後の心筋細胞におけるシングルセルレベルの*Myh7* mRNA発現量の比較. 内層・中間層・外層と分けて比較すると, 中間層において有意に多くの*Myh7*発現心筋細胞が存在していることがわかる. 文献11より引用.

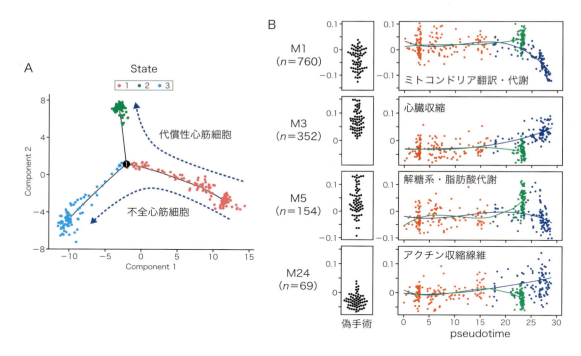

図4 心筋リモデリングにおける系譜追跡解析
A）圧負荷後の心筋細胞のトランスクリプトームデータを用いた系譜追跡解析．心筋細胞が3つの状態（State）に分かれており，State 1（肥大心筋細胞）からState 2（代償性心筋細胞）とState 3（不全心筋細胞）への分岐がある．B）肥大心筋細胞（赤）から代償性心筋細胞（緑）と不全心筋細胞（青）にかけて系譜追跡タイムコース（pseudotime）に沿ったモジュール発現ダイナミクス．偽手術後（黒）の発現レベルも左に示している．代償性心筋細胞と不全心筋細胞で発現が大きく異なる4つのモジュールの結果を示した．各モジュールに割り当てられた遺伝子数も示している．文献5より引用．

り，アクチン結合分子・収縮線維遺伝子群の発現レベルが上昇していた．

5）肥大心筋における不全心筋細胞誘導シグナルの同定

そこで代償性心筋細胞と不全心筋細胞の分岐にかかわる遺伝子群・シグナル経路を同定するために，分岐のタイミング（肥大期後半）に属する心筋細胞に特異的にみられる遺伝子ネットワークを抽出したところ，DNA損傷・p53シグナルに関連する遺伝子ネットワークが同定された（図5A）．p53シグナルの下流遺伝子であるCdkn1a（p21）遺伝子の発現を1分子RNA in situ hybridization法により詳細に解析し，肥大期後半に時期特異的にこの遺伝子を強発現する細胞が出現することを確認した（図5B）．また免疫染色によりp21陽性細胞はγ-H2A.X（DNA損傷マーカー）陽性細胞であることがわかり，DNA損傷応答に伴うp53シグナル活性化が圧負荷後の肥大期後半に時期特異的に現れ

ることを明らかにした（図5C）．

6）心筋特異的p53ノックアウトマウスの解析

そこで筆者らは心筋細胞特異的p53ノックアウトマウス（p53CKOマウス）を作製して圧負荷後の心機能解析を行ったところ，このマウスでは心肥大は呈するものの心不全を生じないことがわかった（図6A）．また圧負荷2週後（野生型では肥大から不全への移行期）にp53CKO・野生型マウスの心筋細胞を単離してシングルセルRNA-seq解析を行ったところ，野生型マウスの心筋細胞は肥大心筋細胞から代償性心筋細胞だけでなく不全心筋細胞へリモデリングを起こしている一方で，p53CKOマウスの心筋細胞は肥大心筋細胞の状態からほぼ代償性心筋細胞のみへ移行していた（図6B）．また圧負荷2週後において，ミトコンドリア翻訳・代謝制御遺伝子群の発現低下やアクチン結合分子・収縮線維遺伝子群の発現上昇といった不全心筋の特徴的な変化が野生型マウスの心筋細胞ではみられる

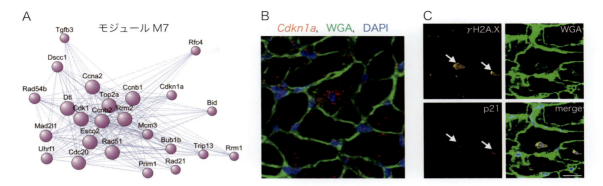

図5　肥大心筋における不全心筋細胞誘導シグナルの同定
A）圧負荷後期に時期特異的に活性化する遺伝子ネットワーク．p53シグナルに関連する遺伝子が濃縮している．B）1分子mRNA *in situ* hybridization解析による*Cdkn1a*（p21）強発現細胞の確認．C）免疫染色によるγH2A.Xとp21の共発現心筋細胞の確認．p21陽性心筋細胞のほぼすべてがγH2A.X陽性である．文献5より引用．

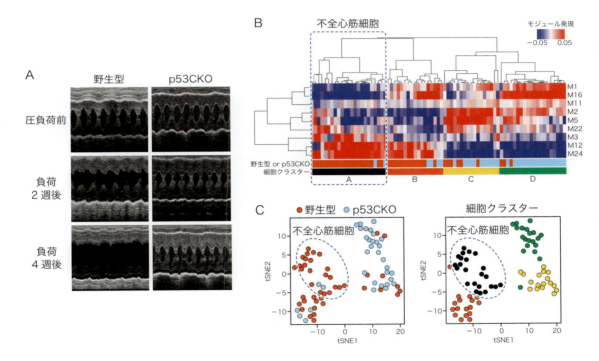

図6　心筋特異的p53ノックアウトマウスの解析
A）野生型マウスと心筋特異的p53KO（p53CKO）マウスの心臓超音波による心機能解析．B）圧負荷2週後の野生型・p53CKOマウスから単離した心筋シングルセルRNA-seqの階層的クラスタリング解析．野生型（赤）と比較してp53CKO（ターコイズ）の心筋細胞は不全心筋細胞（クラスターA）の割合がきわめて少ない．C）Bの心筋シングルセルRNA-seqのtSNE解析．左はマウスの種類で，右は細胞クラスターで色付けしている．文献5より引用．

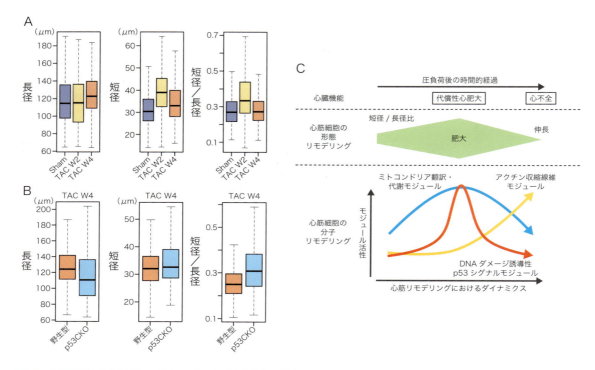

図7 圧負荷後の心筋リモデリングにおける形態・機能・分子レベルの関係性
A）心筋細胞の形態的特徴〔sham（偽手術）1,243細胞，TAC W2（圧負荷2週後）1,366細胞，TAC W4（圧負荷4週後）717細胞，それぞれ3匹のマウスから採取〕．圧負荷によりまず短径が増大するが，その後長径が増大する．
B）野生型とp53CKOマウスの圧負荷4週後における心筋細胞の形態的特徴（野生型1,761細胞，p53CKO 1,538細胞，それぞれ3匹のマウスから採取）．p53CKOマウスの心筋細胞では長径が短く肥大の形質を保っている．C）心筋リモデリングにおける形態・分子のダイナミクスの関係性．文献5より引用．

一方で，p53CKOマウスの心筋細胞ではみられなかった（**図6C**）．すなわち圧負荷後の肥大期後半に一過性にみられるp53シグナル活性化は不全心筋細胞誘導において必要である．圧負荷心不全モデルでは心肥大期には心筋細胞の短径が長くなり（肥大）心不全期には長径が長くなる（伸長）が，p53CKOマウスに圧負荷手術を施した後に単離した心筋細胞では野生型マウスの不全期心筋細胞でみられる心筋伸長が生じない．すなわちp53シグナル活性化は不全心筋細胞で特徴的な心筋伸長をも制御していることがわかる．

以上をまとめると，心筋細胞は圧負荷に応じて，分子・形態・機能，それぞれのレベルが連動してリモデリングを起こしている（**図7**）．圧負荷直後に生じるミトコンドリア翻訳・代謝遺伝子群の発現は細胞肥大と直接関係しており，それはERK1/2・NRF1/2シグナルの転写ネットワークにより制御されている．また肥大心筋細胞から代償性心筋細胞と不全心筋細胞への分岐の際に活性化するDNAダメージ・p53シグナルは肥大心筋細胞から不全心筋細胞へと分子・形態・機能において変化するうえで必要である．

7）シングルセル解析の臨床応用

続いて，これまで構築してきた心筋シングルセル解析技術を心不全患者の病態解析に応用した．筆者らは拡張型心筋症（dilated cardiomyopathy：DCM）患者が左室補助人工心臓（left ventricular assist device：LVAD）の植込み術を受ける際に得られる心臓組織から心筋細胞を単離してSmart-seq2法によるシングルセルRNA-seq解析を行った．WGCNA[8]により17の遺伝子モジュールを抽出し，Random Forests[9]により細胞分類に寄与する5つのモジュールを同定し，階層的クラスタリングにより心筋細胞は5つの細胞集

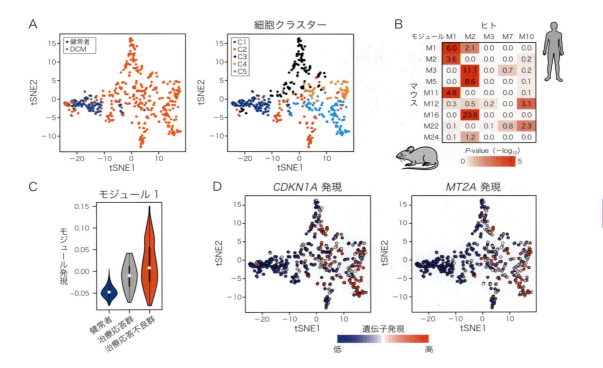

図8 シングルセル解析による心不全患者の分子病態解析
A）ヒト健常者とDCM患者の心筋シングルセルRNA-seqのtSNE解析．DCM患者の心筋細胞は転写不均一性が高い．左は健常者とDCMで，右はクラスターで色付けされている．B）ヒトとマウスの遺伝子モジュールのオーバーラップ．重複の程度をヒートマップで示している．C）モジュール1（M1）高発現細胞は，治療応答不良群の患者の心筋細胞においてのみ見られる．D）tSNEマップ上にCDKN1A遺伝子とMT2A遺伝子（metallothioneinファミリー）の発現レベルを掲載．文献5より引用．

団に分類された（**図8A**）．健常者の心筋細胞は1つのクラスターに濃縮している一方で，DCM患者の心筋細胞は複数のクラスターに分類され，DCM心筋細胞は転写不均一性が大きいことがわかった．

さらにマウスの解析で得られた遺伝子モジュールとヒトの解析で得られた遺伝子モジュールの間のオーバーラップを解析したところ，ヒトの解析で得られた5つのモジュールのうちM1（翻訳・細胞間接着・タンパク質分解・細胞周期・DNAダメージ応答遺伝子群）とM2（ミトコンドリア・心筋収縮遺伝子群）によってマウスにおけるモジュール遺伝子の大半が説明可能であることがわかった（**図8B**）．そこでDCM患者のLVAD植込み術後の心機能の改善の程度とM1/M2の心筋遺伝子発現プロファイルの関係性を解析したところ，M1/M2遺伝子発現が高い心筋細胞を有する患者ではLVAD植込み術後の心機能の改善がみられない一方，M1/M2

遺伝子発現が低い心筋細胞を有する患者は健常者と同様の遺伝子発現パターンであり心機能の改善を起こす可能性があることを見出した（**図8C**）．すなわち心筋遺伝子発現パターンにより心筋細胞の可逆性を評価できる可能性がある．またM1遺伝子群に含まれるDNA損傷応答遺伝子*CDKN1A*（p21）は酸化ストレス応答により発現上昇するmetallothioneinファミリーの遺伝子と相関が高く（**図8D**），M1遺伝子の発現上昇という心筋細胞の機能不可逆性は酸化ストレス応答・DNA損傷応答と関係することが示唆された．

8）DNA損傷応答による心不全患者の予後予測法の開発

そこで筆者らは，心筋DNA損傷により心不全患者の予後を予測できると仮説を立て，東京大学病院に2009年から2017年までDCMにより心不全として入院して心筋生検を受けた82例の患者のうち，生検時に

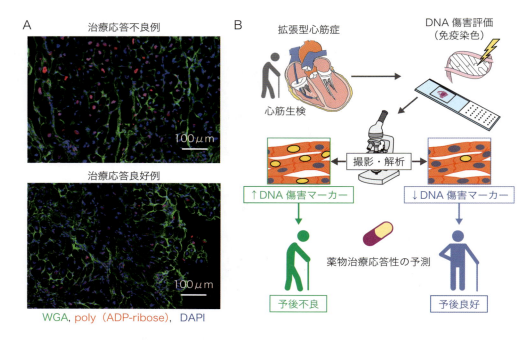

図9 心筋DNA損傷応答による心不全患者の予後・治療応答予測
A) poly (ADP-ribose) 免疫染色によるDNA損傷応答評価. DAPIと重なるpoly (ADP-ribose) がDNA損傷応答細胞核. B) 心筋DNA損傷応答による心不全患者の予後・治療応答予測法の概要. 文献6より引用.

すでに治療介入がなされていた24例を除いた58例を対象として，心臓組織のDNA損傷応答を免疫染色により評価し，治療応答性や予後との関係性を解析した[6]．DNAに切断が生じると，poly (ADP-ribose) polymerase (PARP) 分子がリクルートされて同部位のDNA・修復酵素などにpoly (ADP-ribose) 修飾を付加する．また同部位のヒストンはγ-H2A.Xというリン酸化ヒストンに置き換えられる．筆者らは，本免疫染色においてpoly (ADP-ribose) とγ-H2A.Xに対する抗体を用いてDNA損傷応答を評価した．すると，治療に対して効果がみられないDCM心不全患者では，治療前に行った生検検体における心筋DNA損傷の程度が有意に強いことが明らかとなった（**図9A**）．さらに解析を進めるなかで，poly (ADP-ribose) 陽性のDNA損傷核の存在割合が5.7%以上の患者をDNA損傷強陽性症例，5.7%未満の患者を弱陽性症例と分類することで，高い精度（感度77.8%・特異度88.7%）で，前者を治療応答不良・後者を治療応答良好と予測することが可能であることを明らかにした[6]（**図9B**）．これらの結果は，心不全患者の「治療応答性の事前予測」を判定するマーカーとして期待される．

2 心臓シングルセル解析の将来展望

ここまで筆者らの心筋シングルセル解析研究の実際と応用について紹介してきた．ここからは心臓疾患の解析に限らず，特に臓器シングルセル解析の今後の将来展望について記す．

1）空間情報を保持した網羅的な遺伝子発現解析

臓器において種々の細胞が綿密な空間的構造を構築して恒常性を保っている．このような空間的関係性を理解することは，病態理解に欠かせない．筆者らは，標的遺伝子を決めて空間的な発現解析[6]を行ったが，近年，発現する全遺伝子を対象とした空間的遺伝子発現解析を可能にする技術が2つ開発された．1つは組織切片上で全遺伝子のmRNAを標的としたプローブを連続的に当てていくseqFISH[13]という手法であり，もう1つはDrop-seq[14]において用いたオリゴヌクレオチドつきビーズを10μm間隔で敷き詰めたスライドの上に組織切片を乗せてmRNAをキャプチャする

Slide-seq[15]という手法である．今後，これらの手法を用いた空間的シングルセルトランスクリプトーム解析が一般化すると考えられる．

2）エピゲノムなど他階層のオミックスとのシングルセルレベルでの統合

脳のシングルセル全ゲノム解析により，前頭前皮質や海馬において老化に伴って蓄積するゲノム変異のパターンと神経変性疾患で生じるゲノム変異のパターンが異なることが明らかになり，疾患発症・老化におけるゲノム変異の意義が明らかになりつつある[16]．また近年，シングルセルから複数階層のオミックス情報を同時に取得する解析が構築された．例えば，ゲノムとトランスクリプトームを同時に取得する手法としてG＆T-seq[17]，SIDR[18]など，トランスクリプトームとエピゲノムを同時に取得する手法としてscNMT-seq[19]，sci-CAR[20]などが開発されている．また最近は，Drop-seqを統合することでハイスループットにゲノム・トランスクリプトームを解析できる技術も報告されている[21]．オミックス同時解析により，単一のシングルセルオミックス解析で同定された制御状態が他オミックスとどのように関連するか（どのgenotypeがどのトランスクリプトームと関係するかなど）を詳細に解析でき，細胞の分子制御構造の詳細な理解につながる．

3）ライブラリスケールのperturbationとシングルセルRNA-seqの統合解析

CRISPR/Cas9システムによるライブラリスケールの遺伝子改変システムとシングルセルRNA-seqを統合して，改変遺伝子と表現型（トランスクリプトーム）を連結するPerturb-seq[22]・CRISP-seq[22,23]・CROP-seq[24,25]といった手法が開発され，遺伝子改変の影響を網羅的に解析できるようになった．さらにこの手法では，複数の遺伝子改変の影響を単一個体で解析できるため，遺伝子改変の効果や関係性を詳細に解析できる利点がある．今後これらの手法は個体における遺伝子機能解析において強力なツールとなると考えられる．

4）シングルセル解析の臨床応用

シングルセル解析は少量検体でも解析可能であるため，臨床検体との相性がよい．がんなどの組織検体においてシングルセルレベルでゲノム変異とトランスクリプトーム変化を統合解析する研究が進んでおり[26]～[28]，患者ごとにがんの細胞進化過程を詳細に明らかにしている．筆者らも心不全患者の少量の心臓組織検体を用いて，治療応答性と関係する心筋遺伝子プログラムを同定している[5]．また臨床検体は容易に単一細胞に単離できないことが多く，保存可能な凍結組織から単離した細胞核を用いたsingle-nucleus RNA-seq技術も確立されており[29,30]，これによりsingle-cell RNA-seqと同様に細胞種分類・分子病態解析を行うことができる．

5）DNA系譜追跡との統合解析

Monocle[12]やVelocyto[31]などを用いて，シングルセルトランスクリプトームから細胞系譜・細胞進化を予測することは可能であるが，真に細胞がどのように変化したかを理解するには細胞のDNA系譜を追跡することが重要である．このような手法として，LoxP配列を連結したPolyLoxシステム[32]やCRISPR/Cas9によるrandom barcodingを用いた系譜追跡法[33]が発展してきた．最近ゼブラフィッシュの発生においてCRISPR/Cas9によるrandom barcodingとトランスクリプトーム同時解析の報告があり[34]，細胞のクローン追跡と細胞表現型（トランスクリプトーム）を同時に抽出できるようになり，組織再生における上皮間葉転換の分子機構が詳細に明らかとなった．

6）日進月歩のコンピューター解析技術

シングルセル解析において実験間のバッチ効果を取り除き生命現象の本質を浮き彫りにするアルゴリズムが開発されている[35]～[38]．また低発現の遺伝子に対して発現量をリカバーするMAGIC[39]やSAVER[40]などのアルゴリズムが開発され，発現量の低い転写因子の標的予測などを効率的に行えるようになった．このようなシングルセル解析を系統的に行うプラットフォームとして，Seurat[36]やScanpy[41]などが開発されている．さらにトランスクリプトームの次元削減手法として定番となってきたtSNEよりもさらに精度の高い細胞分類が可能となるUMAPというアルゴリズムが開発された[42]．最近10x Genomics社のChromiumシステムを用いたシングルセルエピゲノム（ATAC-seq），シングルセルコピー数多型解析（CNV解析）が可能となり，これらの解析技術が非常に身近になってきている．

おわりに

　本稿では，心不全における心筋リモデリング過程をシングルセル解析で理解して臨床応用することをめざした筆者らの研究を詳しく紹介するとともに，今後のシングルセル研究の方向性について概説した．筆者らの研究は，心肥大から心不全において形態的・機能的特徴を内包する心筋遺伝子プログラムを明らかにしただけでなく，個々の心不全患者の臨床像と連結した心臓分子病態の理解に直結しており，循環器疾患における精密医療の実現に大きく貢献するものと期待される．シングルセル解析は非常に多様な応用可能性を秘めた魅力的な研究手法であるが，検体準備・細胞単離（細胞核単離）・cDNAライブラリ作製・データ解析といった多方面にわたる十分なスキルが必要であり，疾患生物学・生命科学とデータサイエンスの融合がきわめて重要である．常に最先端の技術に視野を広げ，基礎・臨床の緊密な連携を構築することが，本質的な分子病態解明，治療法開発，精密医療の実現に重要と考える．

文献

1) Komuro I & Yazaki Y：Annu Rev Physiol, 55：55-75, 1993
2) Anand P, et al：Cell, 154：569-582, 2013
3) Bahar R, et al：Nature, 441：1011-1014, 2006
4) See K, et al：Nat Commun, 8：225, 2017
5) Nomura S, et al：Nat Commun, 9：4435, 2018
6) Ko T, et al：JACC Basic Transl Sci, 4：670-680, 2019
7) Picelli S, et al：Nat Protoc, 9：171-181, 2014
8) Langfelder P & Horvath S：BMC Bioinformatics, 9：559, 2008
9) Breiman L：Mach Learn, 45：5-32, 2001
10) van der Maaten L & Hinton G：J Mach Learn Res, 9：2579-2605, 2008
11) Satoh M, et al：J Mol Cell Cardiol, 128：77-89, 2019
12) Qiu X, et al：Nat Methods, 14：979-982, 2017
13) Eng CL, et al：Nature, 568：235-239, 2019
14) Macosko EZ, et al：Cell, 161：1202-1214, 2015
15) Rodriques SG, et al：Science, 363：1463-1467, 2019
16) Lodato MA, et al：Science, 359：555-559, 2018
17) Macaulay IC, et al：Nat Protoc, 11：2081-2103, 2016
18) Han KY, et al：Genome Res, 28：75-87, 2018
19) Clark SJ, et al：Nat Commun, 9：781, 2018
20) Cao J, et al：Science, 361：1380-1385, 2018
21) Nam AS, et al：Nature, 571：355-360, 2019
22) Dixit A, et al：Cell, 167：1853-1866.e17, 2016
23) Jaitin DA, et al：Cell, 167：1883-1896.e15, 2016
24) Giladi A, et al：Nat Cell Biol, 20：836-846, 2018
25) Datlinger P, et al：Nat Methods, 14：297-301, 2017
26) Neftel C, et al：Cell, 178：835-849.e21, 2019
27) Hovestadt V, et al：Nature, 572：74-79, 2019
28) Schirmer L, et al：Nature, 573：75-82, 2019
29) Lake BB, et al：Science, 352：1586-1590, 2016
30) Mathys H, et al：Nature, 570：332-337, 2019
31) La Manno G, et al：Nature, 560：494-498, 2018
32) Pei W, et al：Nature, 548：456-460, 2017
33) McKenna A, et al：Science, 353：aaf7907, 2016
34) Alemany A, et al：Nature, 556：108-112, 2018
35) Haghverdi L, et al：Nat Biotechnol, 36：421-427, 2018
36) Butler A, et al：Nat Biotechnol, 36：411-420, 2018
37) Welch JD, et al：Cell, 177：1873-1887.e17, 2019
38) Barkas N, et al：Nat Methods, 16：695-698, 2019
39) van Dijk D, et al：Cell, 174：716-729.e27, 2018
40) Huang M, et al：Nat Methods, 15：539-542, 2018
41) Wolf FA, et al：Genome Biol, 19：15, 2018
42) McInnes L, et al：arXiv:1802.03426v2, 2018

＜筆頭著者プロフィール＞
野村征太郎：2005年千葉大学医学部卒業．同年聖路加国際病院内科レジデント（'07年ベストレジデント受賞）．'07年聖路加国際病院内科専門研修医．'09年千葉大学循環器内科 大学院博士課程入学（小室一成教授研究室）．'10年東京大学先端科学技術研究センター協力研究員．'13年博士（医学）取得．同年東京大学循環器内科特任研究員．'16年東京大学循環器内科重症心不全治療開発講座特任助教，システム循環器学グループ研究責任者．心不全という複雑な病態を細胞レベルのオミックス解析技術を駆使して深く理解し，その成果を日常臨床に還元することをめざしています．今救うことのできない患者を救うために，よりよい医療を創るために，常識や既成概念にとらわれない本質的な科学研究を追求しています．国内外の臨床・基礎研究施設との共同研究を推進中．興味ある方はご連絡ください．
seitaro.n@gmail.com

第2章 シングルセル解析によるバイオロジー

Ⅰ. 発生・臓器・オルガノイド

2. 腸管上皮のシングルセル解析

利光孝太，佐藤俊朗

腸管上皮は体内で最も速くターンオーバーする組織であり，単一の組織幹細胞から絶えず多様な分化細胞が生み出される．オルガノイド培養は組織幹細胞の三次元培養により組織構造を再構築する手法であり，正常腸管上皮の in vitro モデルとして広く用いられてきた．近年，シングルセル解析とオルガノイド培養を巧みに用いた研究により，腸管上皮の恒常性を維持する多様な分化細胞のダイナミクスが明らかになりつつある．本稿では，組織とオルガノイド培養を相補的に用いて進められてきた腸管上皮のシングルセル解析について，最近の動向を中心に解説する．

はじめに

腸管上皮は消化吸収の場であると同時に，粘液分泌や消化管運動の内分泌制御，腸内環境と免疫系の橋渡しといった数多くの機能を担う．小腸上皮は管腔内に突出したひだ状の絨毛と粘膜内に窪んだ陰窩から構成される（図1A）．その表面積はテニスコート1面分に及び，効率的な栄養吸収が可能となっている．一方大腸上皮は主に水分吸収を担い，陰窩構造のみからなる．腸管上皮は体内で最もターンオーバーの速い組織であり，3〜5日でほぼすべての細胞が入れ替わる．

腸管上皮の多様な機能は，幹細胞から生み出される多様な分化細胞により実現される．Cre-loxPシステムを用いた遺伝学的細胞系譜解析[※1]により，腸管上皮のすべての分化細胞が陰窩底部の組織幹細胞[※2]に由来することが確かめられている[1]（図1B）．陰窩にて幹細胞から分化した細胞は絨毛に沿って運ばれ，最終的には先端部から脱離する．腸管上皮の恒常性は多様な分化細胞の相互作用と時空間的ダイナミクスにより実現され，それらを介在するシグナル分子はオルガノイド培養を用いた幹細胞ニッチ[※3]の再構築により明らかにされてきた[2)〜4)]．多様な分化細胞が単一の幹細胞から絶えず生み出され，その細胞系譜が実験的に確かめられているという特徴から，腸管上皮はシングルセル解析のベンチマークの1つとして用いられてきた．

腸管上皮のシングルセル解析では，組織幹細胞由来オルガノイドが頻繁に用いられる．オルガノイドは幹細胞の三次元培養により自律的に形成される臓器様の構造であり，正常組織の in vitro モデルとして用いら

[略語]
FGF-2：fibroblast growth factor-2
（線維芽細胞増殖因子2）
IGF-1：insulin-like growth factor-1
（インスリン様増殖因子1）

Single cell analysis of intestinal epithelium
Kohta Toshimitsu[1) 2)] /Toshiro Sato[1) 2)]：Department of Gastroenterology, Keio University School of Medicine[1)] /Department of Organoid Medicine, Keio University School of Medicine[2)]〔慶應義塾大学医学部消化器内科[1)] /慶應義塾大学医学部坂口光洋記念講座（オルガノイド医学）[2)]〕

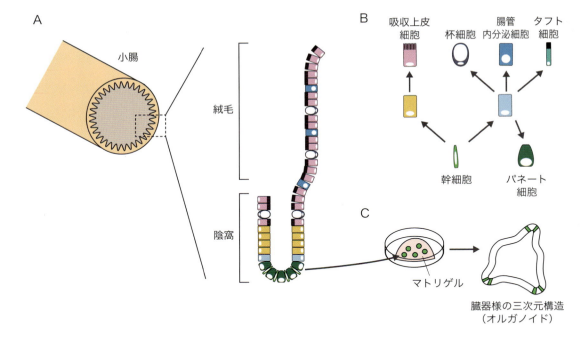

図1 腸管上皮の組織構造と腸管上皮オルガノイド
A）小腸上皮の組織構造．B）腸管上皮幹細胞の細胞系譜．C）オルガノイド培養．

れる（図1C）．シングルセル解析とオルガノイド培養という2つの技術は相性がよく，相互に補い合いながら発展していくことが期待される．本稿では，オルガノイド培養を駆使して推進されてきた腸管上皮のシングルセル解析の進展状況について，最新の研究を交えながら概説する．

1 シングルセル解析による腸管上皮細胞の多様性の解明

腸管上皮は早い時期からシングルセル遺伝子発現解析の対象とされてきた．2011年Dalerbaらによる53遺伝子を対象とした定量PCRにより，ヒト正常大腸上皮と大腸がんにおける遺伝子発現の多様性が記述された[5]．mRNAシークエンスによるゲノムワイドな発現解析は2015年Grünらによりはじめて行われた[6]．彼らは希少な細胞種を検出する手法であるRaceIDを提案し，マウス小腸上皮オルガノイド238細胞の解析により腸管内分泌細胞の分化マーカーを同定した．近年シングルセル解析のハイスループット化が進み，より大規模なデータが蓄積している．Yanらはマウス小腸上皮約1万細胞の発現解析を行い，異なるWntリガン

※1 遺伝学的細胞系譜解析
細胞を遺伝学的に標識し，子孫細胞を追跡する手法．代表的なものに，細胞種特異的にCreリコンビナーゼを発現させ，レポーター遺伝子上流に配置した停止コドンを相同組換えにより除去することで子孫細胞を可視化する手法がある．

※2 組織幹細胞
成体組織中に存在し，生涯にわたって分化細胞を供給する細胞．自己複製能と，組織を構成するすべての分化細胞を生み出す多分化能により定義される．

※3 幹細胞ニッチ
幹細胞を取り巻く微小環境．幹細胞に隣接する分化細胞により構成され，幹細胞の維持に必要なシグナル分子を提供する．幹細胞はニッチの外では維持されないため，組織中での数と配置が制限される．

ド存在下における腸管幹細胞の運命決定について解析した[7]．Haberらはマウス小腸上皮約5万細胞の発現解析により，腸管内分泌細胞やタフト細胞といった希少な分化細胞を詳細に解析した[8]．

近年，がんや炎症性腸疾患におけるシングルセル解析がさかんに行われ，特定の細胞種における疾患特異的な遺伝子発現が見出されている[9]～[12]．また，ヒト正常組織のシングルセル解析も，われわれを含む多くの研究グループにより報告されている[9]～[13]．興味深いことに，ヒト正常大腸上皮において，これまで特定の分化細胞として認識されていなかった新規細胞種の存在が明らかとなった[11]．この細胞は吸収上皮細胞に類似した形態を示すが，塩素イオンチャネルBEST4を発現し，遺伝子発現により他の分化細胞とは明確に区別される．この細胞の生理機能はいまだ不明であるが，プロトンチャネルOTOP2を発現し水素イオンの受動輸送能を示すことから，管腔内のpHを感知することが示唆されている．

2 マウス腸管上皮の時空間的ダイナミクスの解析

陰窩にて生み出された細胞の大部分は絨毛へと移動するが，一部の細胞は陰窩に留まる．パネート細胞は陰窩底部で幹細胞に隣接し，幹細胞の維持に必要なシグナル分子を供給する[14]．陰窩底部から数えて4番目に位置する内分泌系細胞の前駆細胞は1週間以上その場に留まり，組織傷害時に幹細胞へ脱分化する可塑性を備えている[15]．腸管上皮では，幹細胞の運命決定（～1日），分化細胞のターンオーバー（3～5日），隣接細胞間の相互作用（～10 μm），陰窩-絨毛軸に沿った細胞の移動（～1 mm）といった時間的・空間的スケールの異なる現象が観察され，それらすべての協奏的な働きにより恒常性が保たれている．腸管上皮の複雑なダイナミクスを理解するには，シングルセルレベルの遺伝子発現のスナップショットを，さまざまなスケールの時空間的情報と結びつけて解釈する必要がある．

1）StemIDによる幹細胞の系譜解析（図2①）

前述したGrünらによるマウス小腸上皮のシングルセル解析では，オルガノイドの解析に加え，マウス体内における幹細胞の系譜解析が行われた[6]．彼らはCre-loxPシステムにより幹細胞を標識し，その子孫細胞のシングルセル解析を行った．この方法は標識後の一定期間内に生み出された子孫細胞のみを収集できるため，幹細胞の細胞系譜を反映したデータが生成される．彼らは分化経路の形状から幹細胞を特定する手法であるStemIDを提案し，このデータに適用した[16]．StemIDにより推定された分化経路は幹細胞を中心として各分化細胞へと枝分かれする形状であり，実験的に知られている細胞系譜の構造と一致した．

2）ProximIDによる細胞間相互作用ネットワークの推定（図2②）

Boissetらは，細胞間相互作用を解析する手法としてProximIDを提案した[17]．彼らは組織を穏和な条件で分離することで2～3細胞からなる細胞塊を単離し，発現解析を行った．組織内で隣接する細胞同士は同一の細胞塊に含まれる頻度が高くなるため，この手法により細胞間相互作用のネットワークを推定できる．細胞塊に含まれる細胞種の特定は，同時に取得したシングルセルレベルの遺伝子発現をもとに行った．マウス小腸上皮の解析により，陰窩底部で隣接することが知られている幹細胞とパネート細胞の相互作用に加え，幹細胞と相互作用する腸管内分泌細胞のサブタイプが新たに同定された．

3）位置情報の復元による吸収上皮細胞の成熟過程の解析（図2③）

シングルセル解析では，細胞を分化の進行度の順に並び替える擬時間解析が行われる．腸管上皮のシングルセル解析において吸収上皮細胞の擬時間解析が行われてきたが[8][11][16]，陰窩-絨毛軸上の位置に応じた吸収上皮細胞の成熟過程は明らかになっていなかった．Moorらは，レーザーマイクロダイセクションにより絨毛を6領域に分割してバルクの発現解析を行い，シングルセル解析における位置情報の復元に用いた[18]．絨毛先端へ向かって移動する吸収上皮細胞はトランスポーター遺伝子の発現を変化させ，吸収する栄養物質をアミノ酸，糖，ペプチド，脂質の順に変化させることが明らかとなった．また，彼らは絨毛先端でプリン代謝に関連する遺伝子が発現することを見出した．同定されたプリン代謝遺伝子の1つはノックアウトにより腸炎が悪化することから[19]，絨毛先端の吸収上皮細

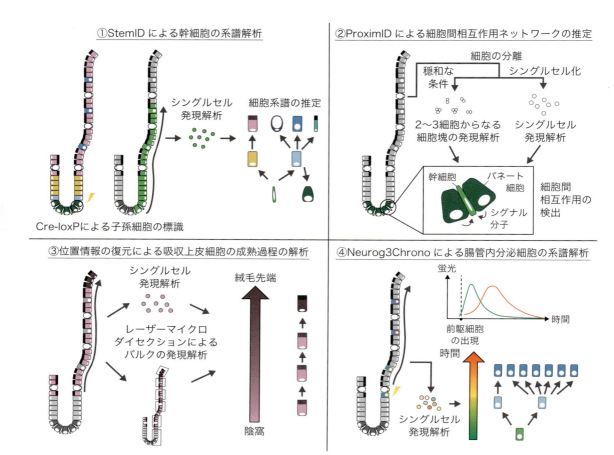

図2　マウス腸管上皮の時空間的ダイナミクスの解析

胞が免疫に関連した機能をもつことが示唆された．位置情報を用いたシングルセル解析により，陰窩−絨毛軸上を移動する吸収上皮細胞の成熟過程がはじめて明らかとなった．

4）Neurog3Chronoによる腸管内分泌細胞の系譜解析（図2④）

腸管内分泌細胞は1％未満しか存在しない希少な細胞であり，ホルモンの分泌を介して消化吸収や代謝の制御を行う．腸管内分泌細胞は分泌するホルモンの種類に基づき10種類以上のサブタイプに分類されてきたが[20]，近年シングルセル解析により単一の細胞が複数のホルモンを分泌する例が報告されてきた[6,8]．腸管内分泌細胞は肥満や糖尿病といった代謝性疾患の治療標的として重要であるが，その細胞系譜の解明は技術的に困難であった．擬時間解析では中間的な分化状態にある細胞の数を十分確保する必要があるため，希少な腸管内分泌細胞への適用は難しかった．また，Cre-loxPシステムを用いた相同組換えによる標識は確率的に起こるため，一過性に現れる前駆細胞を標的にできるほど緻密な制御はできなかった．Gehartらは，細胞分化後の時間を可視化する蛍光レポーターNeurog3Chronoを開発し，この問題を解決した[21]．Neurog3Chronoは，腸管内分泌細胞の前駆細胞マーカーであるNeurog3の発現と同時に緑色の蛍光を発し，その色が3〜4日をかけて赤へと変化するようデザインされている．彼らはこのレポーターを用いて多様な分化段階にある腸管内分泌細胞を回収しシングルセル解析を行うことで，腸管内分泌細胞の細胞系譜を明らかにした．各分岐点で運命決定にかかわる転写因子が多数同定され，その一部はオルガノイドを用いたノックアウ

ト実験により分化に必須であることが実証された．レポーター遺伝子を用いて現実の時間と遺伝子発現をシングルセルレベルで結びつけることで，腸管内分泌細胞の細胞系譜を描き出すことがはじめて可能となった．

3 オルガノイドを用いたシングルセル解析の利点と欠点

マウス小腸上皮のオルガノイドでは吸収上皮細胞，杯細胞，パネート細胞，腸管内分泌細胞といった主要な分化細胞が観察されるため，組織と並んで非常に早期からシングルセル解析の対象とされてきた．ここでは，オルガノイドを用いたシングルセル解析の特徴をあげ，組織と比較した場合の利点と欠点について議論する．

1）シグナル分子の添加による特定細胞種の分化誘導

腸管上皮の大部分は吸収上皮細胞により占められており，幹細胞や他の分化細胞はごく少数しか存在しない．多くの場合，幹細胞の細胞系譜を捉えるため陰窩分画の濃縮が行われるが，こうした処置を行ったとしても一部の分化細胞はごく少数しか検出されず，解析が難しい．

腸管上皮幹細胞の運命決定にかかわるシグナル分子は数多く知られており，それらをオルガノイドの培地に添加することで，特定の細胞種を分化誘導できる．吸収上皮細胞，杯細胞，パネート細胞，腸管内分泌細胞といった細胞種について分化誘導法が確立されている[4,22]．前述した Haber らの研究では，マウス小腸上皮の包括的な解析をめざして約5万細胞の解析が行われたが，きわめて希少な細胞種である microfold（M）細胞は検出されなかった[8]．M細胞は管腔内の抗原を取り込み免疫細胞に提示する機能をもち，パイエル板という限られた領域でしか観察されない．そこで彼らは，M細胞を誘導することが知られている Rank ligand[23] をオルガノイドの培地に添加し，M細胞のシングルセル解析を行った．たとえ希少な細胞であっても分化誘導により目的の細胞を得られるのは，オルガノイドの大きな利点である．

2）遺伝子改変の簡便さ

動物モデルにおける遺伝子改変は時間とコストがかかるうえ，胎生致死を回避しながら行う必要がある．またヒトにおける遺伝子改変実験は，培養細胞中でなければ行えない．オルガノイドでは遺伝子導入とゲノム編集のプロトコールが確立されており，短期間で遺伝子改変細胞を得ることができる[24]．

3）サンプル調製の簡便さ

迅速なサンプルの処理が要求されるシングルセル解析において，組織サンプルの扱いには注意が求められる．上皮細胞は隣接する上皮や間質と強固に接着しているため，単離が難しい．通常，キレート剤と酵素を用いた細胞接着の剥離が行われるが，強すぎる細胞剥離のストレスは解析結果にバイアスを生じる可能性がある．これまでに，細胞剥離によるストレスが特定の遺伝子発現を誘導すること[25]や，細胞剥離によるアポトーシスの誘導率が細胞種ごとに異なること[8]が報告されている．またヒトサンプルの場合，臨床現場で得られる組織サンプルを実験室まで運ぶ間に細胞にストレスが加わる恐れもある．オルガノイド培養に用いる三次元マトリクスは組織の間質に比べて容易に剥離できるため，細胞が受けるストレスは比較的小さいと考えられる．

4）間質細胞の有無

腸管組織には免疫細胞や線維芽細胞といった非上皮細胞が存在し，その混入が問題になる場合がある．キレート剤による上皮細胞の単離では腸管に豊富に存在する免疫細胞が混入するため，腸管組織を用いたシングルセル解析では表面抗原による上皮細胞の選択が行われる．一方，オルガノイドは純粋な上皮細胞の培養系であり，上皮細胞の単離操作は必要ない．しかしこの特徴は，免疫細胞や線維芽細胞，腸内細菌との相互作用を観察できないというオルガノイドの欠点でもある．

5）分化細胞の成熟度

腸管の分化細胞は陰窩-絨毛軸に沿って移動し，絨毛の環境因子にさらされることで成熟する．オルガノイド培養では幹細胞を維持するために陰窩の環境が再現されており，分化細胞が比較的未成熟な状態にある．分化細胞の成熟には陰窩-絨毛軸に沿ったシグナル分子の勾配が必要であり，均質な成分の培地で生育するオルガノイドでは再現が難しい．

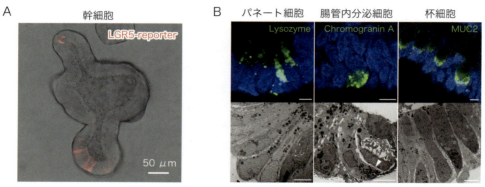

図3 IGF-1とFGF-2を用いた新規手法で培養されたヒト小腸上皮オルガノイド
A)LGR5レポーターを用いた幹細胞の可視化.B)分泌系細胞の蛍光免疫染色および透過型電子顕微鏡像.矢尻は分泌顆粒を示す.文献13より引用.

4 ヒト腸管上皮オルガノイドを用いたシングルセル解析

　マウス小腸上皮オルガノイドは組織中の分化細胞の多様性を再現するため,正常組織のモデルとしてシングルセル解析に用いられてきた.しかし,組織や生物種によってはオルガノイドの培養条件が最適化されておらず,幹細胞の分化がほとんどみられない場合もある.幹細胞の維持と分化誘導は相反する現象であり,単一の培養条件で達成するのは一般的に困難である.多くの場合,継代培養用の培地とは別に分化誘導培地が用意され,分化細胞の観察に用いられる.

　ヒト腸管上皮オルガノイドも例外ではなく,継代培養に用いられるp38MAPK阻害剤の作用により,杯細胞や腸管内分泌細胞といった分泌系細胞への分化が抑制されていた[2].単一の培養条件下で幹細胞の維持と分化細胞の多様性が両立されないことから,ヒト腸管上皮オルガノイドはシングルセル解析に用いられてこなかった.

　p38MAPK阻害剤に対応する生体内のシグナル分子は存在せず,ヒト腸管上皮オルガノイドの培養条件は生体内環境と乖離していると考えられた.われわれは,腸管線維芽細胞に発現するリガンド分子と腸管上皮に発現する受容体の遺伝子発現解析に基づき,ヒト体内の幹細胞ニッチを反映する新たな培養条件を探索した[13].発現解析により選択されたリガンド分子10種類のスクリーニングの結果,IGF-1とFGF-2の同時添加により,p38MAPK阻害剤フリーな条件下でオルガノイドが維持されることが見出された.IGF-1とFGF-2を用いた新規の手法では幹細胞と分泌系細胞が同時に観察され(図3A,B),またオルガノイド形成効率の高さから,CRISPR/Cas9によるゲノム編集の効率が向上した.

　われわれは,シングルセル解析によりヒト小腸上皮組織とオルガノイドの比較を行った(図4A).ヒト小腸上皮組織のシングルセル解析では,吸収上皮細胞,杯細胞,パネート細胞,M細胞,未分化な腸管内分泌細胞とタフト細胞が検出された.IGF-1とFGF-2により培養されたオルガノイドでもこれらの分化細胞が検出され,組織における分化細胞の多様性が保持されていることが確認された.一方,p38MAPK阻害剤により培養されたオルガノイドは,幹細胞と吸収上皮細胞からなる均質な細胞集団であった.IGF-1とFGF-2により培養されたオルガノイドでは腸管内分泌細胞が数多く検出され,NEUROG3陽性の前駆細胞,セロトニン合成酵素TPH1を発現するenterochromaffin(EC)細胞,グルカゴンを分泌するL細胞に分類された(図4B).また一部の腸管内分泌細胞は,齧歯類には存在しないヒト特有のホルモンであるモチリンの遺伝子を発現していた.幹細胞ニッチの解析に基づく培養条件の改良により,ヒト腸管オルガノイドでも幹細胞の維持と分化細胞の多様性の両立が可能となった.

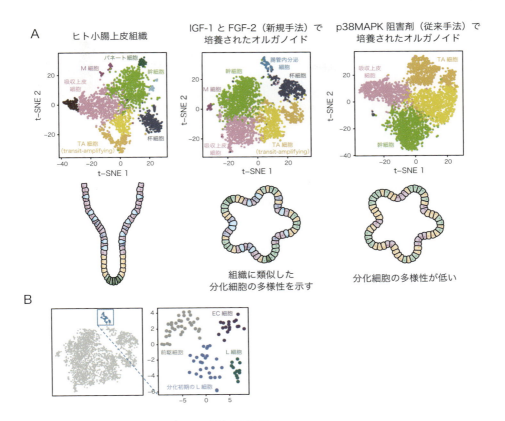

図4 t-SNEにより可視化されたシングルセル遺伝子発現
A）ヒト小腸上皮組織およびオルガノイド．B）IGF-1とFGF-2で培養されたヒト小腸上皮オルガノイド中の腸管内分泌細胞．文献13より引用．

おわりに

　腸管上皮では多様な分化細胞の複雑なダイナミクスが観察されるため，さまざまなシングルセル解析手法による解析が行われてきた．特定細胞種の分化誘導や遺伝子改変が容易であるという特徴から，オルガノイドは組織と相補的にシングルセル解析が進められてきた．現在のオルガノイド培養法では成熟した分化細胞や間質との相互作用が観察できず，これらを解決する新たな培養法が求められる．近年蓄積されている組織のシングルセル解析の結果は，生体内環境を模した培養法を開発するうえで有用なリファレンスとなるだろう．ヒト腸管幹細胞ニッチに基づく新たなオルガノイド培養法は組織における分化細胞の多様性を反映し，今後シングルセル解析での利用が期待される．ヒトを対象とした研究ではサンプル採取や介入実験が困難であり，オルガノイドを用いることではじめて可能になる解析も多い．患者由来オルガノイドの表現型解析やゲノム編集による疾患責任遺伝子の機能解析など，疾患研究におけるオルガノイドの応用は幅広い．オルガノイドとシングルセル解析を駆使した新たなアプローチによる疾患研究が期待される．

文献

1) Barker N, et al：Nature, 449：1003-1007, 2007
2) Sato T, et al：Gastroenterology, 141：1762-1772, 2011
3) Sato T, et al：Nature, 459：262-265, 2009
4) Yin X, et al：Nat Methods, 11：106-112, 2014
5) Dalerba P, et al：Nat Biotechnol, 29：1120-1127, 2011
6) Grün D, et al：Nature, 525：251-255, 2015
7) Yan KS, et al：Nature, 545：238-242, 2017
8) Haber AL, et al：Nature, 551：333-339, 2017
9) Kinchen J, et al：Cell, 175：372-386.e17, 2018
10) Li H, et al：Nat Genet, 49：708-718, 2017
11) Parikh K, et al：Nature, 567：49-55, 2019

12) Smillie CS, et al：Cell, 178：714-730.e22, 2019
13) Fujii M, et al：Cell Stem Cell, 23：787-793.e6, 2018
14) Sato T, et al：Nature, 469：415-418, 2011
15) van Es JH, et al：Nat Cell Biol, 14：1099-1104, 2012
16) Grün D, et al：Cell Stem Cell, 19：266-277, 2016
17) Boisset JC, et al：Nat Methods, 15：547-553, 2018
18) Moor AE, et al：Cell, 175：1156-1167.e15, 2018
19) Bynoe MS, et al：J Biomed Biotechnol, 2012：260983, 2012
20) Gribble FM & Reimann F：Annu Rev Physiol, 78：277-299, 2016
21) Gehart H, et al：Cell, 176：1158-1173.e16, 2019
22) Basak O, et al：Cell Stem Cell, 20：177-190.e4, 2017
23) de Lau W, et al：Mol Cell Biol, 32：3639-3647, 2012
24) Fujii M, et al：Nat Protoc, 10：1474-1485, 2015
25) van den Brink SC, et al：Nat Methods, 14：935-936, 2017

＜筆頭著者プロフィール＞
利光孝太：2015年慶應義塾大学薬学部薬科学科卒業後，慶應義塾大学大学院医学研究科へ進学．'17年に修士号を取得し，現在博士課程3年．日本学術振興会特別研究員（DC1）．オルガノイド培養のポテンシャルに魅力を感じ，研究をはじめた．オルガノイドを活用した，システム生物学的なアプローチによるがん研究に挑戦している．

第2章 シングルセル解析によるバイオロジー

I. 発生・臓器・オルガノイド

3. 肝臓オルガノイドのシングルセル解析

佐伯憲和，武部貴則

ヒト肝臓オルガノイドは，複雑かつ多様な細胞種を含む肝臓の構造と機能を再現するため，発生・再生現象や，それらの破綻に基づく病態の理解，さらには創薬・再生医療分野における重要なリソースとして期待されている．一方，ヒト肝臓やオルガノイドを対象としたシングルセル解析の普及により，1細胞レベルの発現情報の理解が進み，亜集団の情報をきわめて高い解像度で捉えることが可能となりつつある．本稿では，国際的に進展が進む肝臓を対象としたシングルセル解析の取り組みについて概説するとともに，それらを活用した肝臓オルガノイドのもつ細胞多様性に関する特性解析の最新動向を紹介する．

はじめに

肝臓は物質の代謝，解毒，免疫応答や胆汁の生成といった機能を担う体内最大の臓器である．これらの機能担保のためには，代謝を担う肝細胞や，胆汁の排泄経路を形成する胆管細胞などの上皮細胞，血管を構成する血管内皮細胞，肝特異的間葉系細胞である肝星細胞，肝臓特異的マクロファージであるクッパー細胞をはじめとした免疫担当細胞など，複数の細胞系譜の存在が必須である．このような多様な細胞集団の特性について，近年，急速な技術的進展を見せているシングルセル遺伝子発現解析が普及したことにより，1細胞レベルの解像度をもった個々の遺伝子発現情報のプロファイルが取得されつつある．これらの情報は従来の組織学的情報と統合され，カタログ化された肝臓由来細胞遺伝子発現アトラス（Human Liver Atlas）とし

[略語]
- **CCA**：canonical correlation analysis（正準相関分析）
- **ES 細胞**：embryonic stem cell（胚性幹細胞）
- **iPS 細胞**：induced pluripotent stem cell（人工多能性幹細胞）
- **LoT**：Liver organoid-based Toxicity screen
- **NASH**：nonalcoholic steatohepatitis（非アルコール性脂肪性肝炎）
- **SNN**：shared nearest neighbor
- **t-SNE**：t-distributed stochastic neighbor embedding（t分布型確率的近傍埋め込み法）
- **VEGF**：vascular endothelial growth factor（血管内皮増殖因子）
- **VEGFR**：VEGF receptor（VEGF受容体）

Single cell analysis of liver organoid
Norikazu Saiki[1]/Takanori Takebe[1]〜[4]：Division of Advance Multidisciplinary Research, Tokyo Medical and Dental University[1]/Department of Regenerative Medicine, Yokohama City University Graduate School of Medicine[2]/Center for Stem Cell and Organoid Medicine, Division of Gastroenterology, Hepatology and Nutrition & Developmental Biology, Cincinnati Children's Hospital Medical Center[3]/Department of Pediatrics, University of Cincinnati College of Medicine[4]
（東京医科歯科大学統合研究機構先端医歯工学創成研究部門[1]／横浜市立大学先端医科学研究センター[2]／シンシナティ小児病院消化器部門・発生生物学部門・幹細胞オルガノイド医学研究センター[3]／シンシナティ大学小児科[4]）

て誰もが利用できる[1)2)].

一方，ヒトの幹細胞からオルガノイドとよばれる組織・臓器に類似した立体構造体を試験管内で創出する技術が飛躍的な進歩を遂げている．オルガノイドは，生体組織中の微細構造のみならず，発生・再生・代謝・免疫・神経・内分泌などの複雑な生理機能を再現する有効なツールとして確立しつつある．本稿ではわれわれが取り組む肝臓の事例に関して，シングルセル解析の最新動向を紹介するとともに，Human Liver Atlasデータを用いた肝臓オルガノイドの構成・成熟・機能に対する解析アプローチを紹介する．さらに，今後のオルガノイド研究におけるシングルセル解析の立場と，もたらされる恩恵について議論したい．

1 Human Liver Atlasによる肝臓の全体像とheterogeneityの理解

肝臓の微小構造は中心静脈から放射状に広がるように敷き詰められた肝細胞によって構成され，zonationとよばれる空間配置の違いによって大きく3つに分類されてきた．例えば，門脈域に存在するZone 1肝細胞であれば尿素産生や糖新生が活発であるし，中心静脈近傍に位置するZone 3の肝細胞は薬物代謝や解糖系に関する機能がさかんである．このようなzonationには，門脈，類洞，中心静脈へと抜ける血流から供給される酸素や栄養の濃度勾配に加え，中心静脈が放出するWntなどシグナル因子の濃度勾配が関与することが知られている[3)4)]（図1A）．各zone特異的な発現遺伝子に関しては中心静脈側のGLUL，CYP2E1，門脈側のASS1，ASL，ALB，CYP2F2などが知られていたが[5)]，Itzkovitzらはマウス肝臓から単離した肝細胞に対してシングルセルRNAシークエンスを実施し，ゲノムワイドな発現情報を取得すると同時に，マウス肝臓組織の*in situ*ハイブリダイゼーションによって発現遺伝子の空間的配置を示した[6)]．各zoneのマーカー遺伝子（GLUL，CYP2E1，ASS1，ASL，ALB，CYP2F2）のsmFISHデータによって空間情報が付与されたscRNA-Seqデータを調べると，検出された遺伝子の約50％は各zone特異的に偏った発現パターンを示し，Wntシグナルや低酸素応答遺伝子などの発現分布がZone 3の情報と合致していた．加えて，HAMP，IGFBP2，CYP8B1，MUP3などの遺伝子は中間のzoneに発現量のピークを示す，共通した発現パターンを有していた．これらの遺伝子群に対する遺伝子オントロジー解析を行ったところ，有意な機能的アノテーションは付与されなかったものの，一部の特徴的な遺伝子が中間のzoneに局在した．例えば，CYP8B1は胆汁酸合成経路の中間に位置しており，代謝酵素の連鎖反応に適した発現分布を示すことが示唆された．今後，新たな肝臓内の機能的な空間配置メカニズムの解明につながる手掛かりとなることも期待される．

さらに近年，ヒト肝臓においてもシングルセルレベルの遺伝子発現プロファイリングが実施されている．Grün，Baumertらは9人のドナー由来の肝臓からシングルセルRNAシークエンスを実施し，約1万細胞のHuman Liver Atlasを作製した[1)]．興味深いことに，肝前駆細胞と胆管細胞双方のマーカー遺伝子であるEPCAMを発現するヘテロな細胞集団内では，TROP2の発現が弱い細胞が成熟肝細胞への分化バイアスを獲得することが示されており，シングルセル解析によってこれまで分類が困難であった亜集団の同定に成功している．一方，肝細胞以外の集団については，フローサイトメトリーなどで純化を行ったものを活用しており，分離作業に伴うアーティファクトの可能性も考慮の必要がある．

また，肝臓を構成する非実質細胞においてもシングルセルレベルのプロファイリングが進められている．血管系では，中心静脈・類洞・門脈など部位特異的な性質を有する血管内皮細胞のサブタイプが存在し[7)]（**図1A, B**），免疫担当細胞として，クッパー細胞以外にもT細胞，NK細胞，炎症性の単球，マクロファージなどが存在することが知られている[8)]．MacParlandらはヒト肝臓シングルセルRNAシークエンスデータから，これらの非実質細胞に対しても解析を行い，肝臓血管内皮細胞のサブタイプを規定するマーカーを同定し，MARCO陽性のマクロファージのサブタイプが肝臓内のクッパー細胞であることを突き止めた[2)]（**図1B**）．加えて本報告では，5人のドナー間での発現プロファイルの違いについても言及している．特に，肝細胞では由来するドナーに依存した集団に分離される傾向が強く，含まれている肝細胞zoneの割合にもばらつきがみられた．このことから，ヒトドナーのサンプリングバ

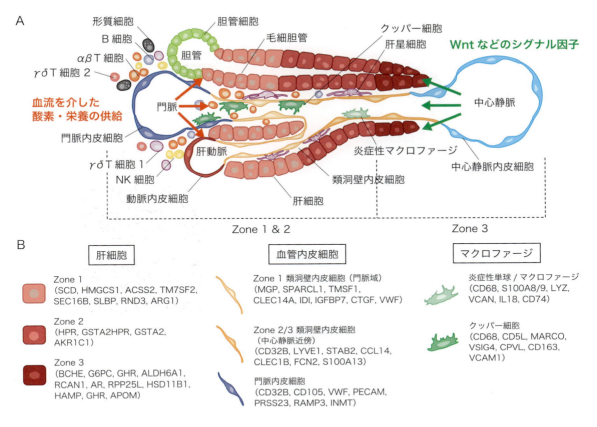

図1　肝臓構造と各種細胞配置
A）肝臓の階層構造とその形成に関与する刺激および，各区画の細胞種分布を示した模式図．B）シングルセルRNAシークエンスによって明らかになった，肝臓を構成する代表的な細胞集団のマーカー遺伝子．文献10より引用．

イアスなどについても慎重な議論が必要と思われる．

このように，近年急速に蓄積された肝臓におけるシングルセル遺伝子発現データによって，これまで記述されていなかった，あるいは，十分な情報が利用できなかった細胞亜集団を定義し，肝臓のheterogeneity（不均一性）に対する理解を進めることが可能となった．さらにごく最近，非アルコール性脂肪性肝炎（NASH）マウス肝臓の非実質細胞における解析から，血管障害に関与するリガンド-受容体ペアが報告されるなど，疾患背景を規定する因子の探求にも応用が期待される[9]．

1細胞レベルの遺伝子発現解析データの一部は，Human Liver Atlasとして広く公開されており，情報学的解析に精通していなくても比較的容易に扱うことが可能なWebブラウザベースの解析ツールも公開されている．こうしたリソースは，今後の生物学的仮説の

設定や，自身で取得したデータとの比較が可能である（http://shiny.baderlab.org/HumanLiverAtlas/）．

2 ヒト肝臓オルガノイドによる発生および疾患の包括的理解

現在，ヒトES（embryonic stem）細胞やiPS（induced pluripotent stem）細胞，そして生検などの際に採取可能な組織中に含まれる組織幹細胞やがん幹細胞から創出するオルガノイドを活用した研究が急速に進展している．ヒトオルガノイド技術により，これまで研究が難しかったヒト特異的な発生・再生プロセスや，疾患の発症機序にアプローチすることが可能となってきた[10]．例えば，われわれは，胎児期における肝臓の前駆組織である肝芽の発生過程に着目し，それらに重要な細胞間相互作用を試験管内で模倣すること

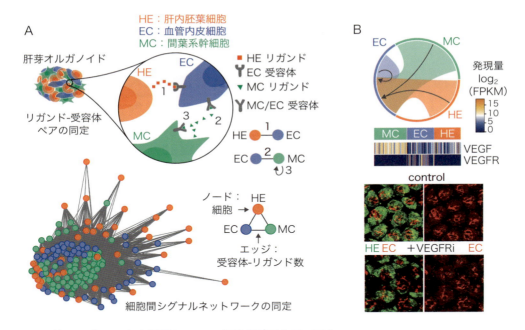

図2 ヒト肝芽オルガノイド形成過程における細胞間相互作用の同定
A）肝芽オルガノイド内部での細胞間情報伝達を示した模式図（上図）と，遺伝子発現プロファイルから同定された，受容体－リガンドを介した細胞間相互作用ネットワーク（下図）．B）肝内胚葉細胞（HE）および間葉系幹細胞（MC）から産出されたVEGFリガンドと，血管内皮細胞に発現する受容体，VEGFRを介した細胞間相互作用と各細胞の発現量（上図）．VEGFR阻害による肝芽オルガノイド分化障害の検証（下図）．VEGFRの阻害は，VEGFリガンドを発現する間葉系幹細胞が媒介する自己凝集には影響がみられなかったが，赤で標識されたVEGFRを発現する血管内皮細胞の分化は阻害され，肝芽内での血管構造形成に影響がみられた．文献12より引用．

によってヒト肝臓オルガノイド技術を開発した．すなわち，肝芽形成に必須な肝内胚葉細胞・血管内皮細胞・間葉系幹細胞をiPS細胞から誘導後，至適な環境で共培養することで，各細胞が自己凝集を経て三次元集合体を形成し，内部で再構成された細胞間相互作用を利用した自己組織化を経て，血管構造を有する肝芽様のオルガノイドが形成されることを見出した[11]．

一方，オルガノイド研究ではさまざまな細胞集団が相互作用する複雑系の解析が可能であるため，個々の細胞の挙動を捉えるシングルセル解析が有用である．実際，われわれのグループでも，血管系を有したオルガノイドモデルに用いることで，肝芽形成過程において細胞間で働くシグナルを，シングルセルRNAシークエンスによって得られた個々の細胞の遺伝子発現データから抽出したところ，血管新生や細胞外基質リモデリングなどに機能する細胞間シグナルネットワークの同定に成功した[12]（**図2A**）．実際，VEGF-VEGFRに関する機能喪失実験を行うことで，肝芽オルガノイドの分化阻害が生じることがわかった（**図2B**）．シングルセル技術をオルガノイドと組合わせることで，これまで解析することが難しかったヒトにおける臓器の発生や再生における多細胞間相互作用のダイナミクスを理解するための強力なツールとなることが示唆された．

さらにごく最近，炎症や線維化を再現可能なヒト肝臓オルガノイドを創出するため，ヒトiPS細胞から肝細胞や肝星細胞に加えて，クッパー細胞を同時に分化する手法を開発した[13]（**図3A**）．実際，シングルセルRNAシークエンス解析を実施したところ，肝上皮系に加えて，肝星細胞やクッパー細胞に類似した遺伝子発現プロファイルを有する細胞集団を含んでいることが明らかとなり，生体肝臓に類似した多様な細胞種を含むオルガノイドであることが示唆された（**図3B**）．さらにわれわれはこの肝臓オルガノイドと高速ライブイメージングを組合わせた薬物による肝毒性評価システム，Liver organoid-based Toxicity screen（LoT）の開発を進めている．LoTでは，すでに238種類の化

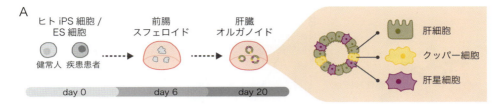
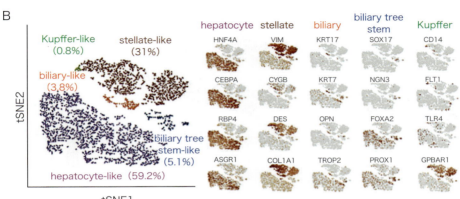

図3　ヒト肝臓オルガノイドのシングルセル解析
A）免疫担当細胞など多様な細胞種を含む肝臓オルガノイドの形成過程模式図．ヒトiPS細胞/ES細胞から前腸内胚葉を誘導し，マトリゲル中でスフェロイドを形成後，レチノイン酸を一過的に導入することで複数系譜の細胞を誘導しながらオルガノイドを形成させた．B）ヒト肝臓オルガノイドを構成する4,059細胞のt-distributed stochastic neighbor embedding（t-SNE）解析．5つの細胞集団に分類され（左図），それぞれ肝臓内のさまざまな細胞と類似する特異的なマーカー遺伝子セットを発現している（右図）．hepatocyte：肝細胞，stellate：肝星細胞，biliary：胆管系細胞，biliary tree stem：胆管系幹細胞，Kupffer：クッパー細胞．文献13より引用．

合物に対する，胆汁鬱滞性およびミトコンドリア障害性の肝毒性評価が実施されており，薬剤の毒性発現メカニズムをより精緻に解析するプラットフォームとなることが期待される．

3 ヒト肝臓オルガノイドとヒト肝臓のシングルセル統合解析

薬剤評価におけるさらなる意義の確定のために，現在，ヒト肝臓とオルガノイドにおけるシングルセル遺伝子発現比較を進めている．そこで本段落では，オルガノイドを構成する細胞集団の成熟度・機能を評価するために，リファレンスとする臓器のシングルセルデータと比較するための方法を紹介する．

まず，異なるソースのデータを統合して解析するためには，シングルセルデータの前処理，多変量解析，可視化等の統合解析環境であるSeurat v3が利用でき

る．Seurat v3では，次元圧縮手法であるCCA（canonical correlation analysis）を利用して異なるデータ間のbatch effect除去後データを正規化し，SNN（shared nearest neighbor）をベースとした教師なしクラスタリングによる細胞集団分類を実施する一連のアルゴリズムが実装されている[14]．このデータ統合解析手法は，腎臓オルガノイドと胎児腎臓データに対してすでに適用されており，オルガノイドに含まれる腎糸球体上皮細胞（ポドサイト）が初期の胎児腎臓ポドサイトと同等であること，マウスへのオルガノイド移植後の血管再灌流によって，ポドサイト成熟が促進されることを明らかにしている[15]．

そこで，われわれは新たに開発した肝臓オルガノイドを，シングルセルレベルで機能および成熟について評価するため，シングルセル遺伝子発現データをHuman Liver Atlasデータ[2]と統合し，解析を行った．まず，肝臓オルガノイドに含まれる5,177個の細胞は，

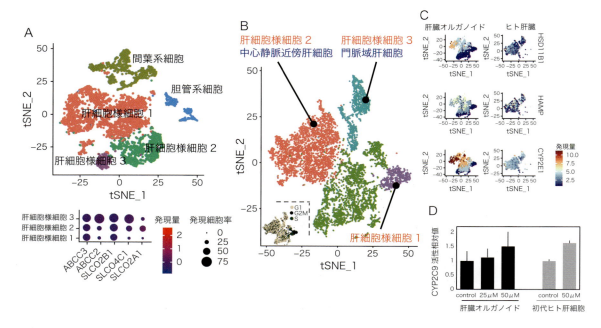

図4　ヒト肝臓オルガノイドとヒト生体肝臓シングルセルデータの統合解析
A）tSNE解析によるヒト肝臓オルガノイド内の肝細胞様細胞亜集団分類（上図）．各肝細胞様細胞集団のトランスポーター遺伝子発現（下図）．5つのトランスポーター遺伝子の発現に応じて，細胞集団が分類されている．B）ヒト肝臓オルガノイド由来肝細胞様細胞とヒト生体由来肝臓幹細胞を統合したシングルセル遺伝子発現データセットによるtSNE解析．2つの肝細胞様細胞集団は生体肝臓の各zoneに由来する肝細胞集団と類似した遺伝子発現プロファイルを有しており，類似しなかった肝細胞様細胞集団の多くはSまたはG2Mの細胞周期を示していた．C）Zone 3（中心静脈近傍）肝細胞マーカー遺伝子発現量を投影したtSNEプロット．D）CYP2C9活性解析．リファンピシンにより活性を誘導し，代謝能を定量した．

74.41％の実質細胞と25.59％の非実質細胞に分類された（**図4A**）．次に，実質細胞である肝細胞様細胞の集団を詳しく解析すると，胆汁酸トランスポーターの発現に応じた3つの集団に分類された．さらに，この集団分類をベースに各細胞データを肝臓シングルセルマップに投影すると，1つの肝細胞様細胞集団はG1期の細胞が少なく，多くが未成熟な遺伝子発現様式を呈した一方で，残り2つの集団の一部は，肝臓内の成熟肝細胞集団と比較的共通しており，オルガノイド内の肝細胞様細胞の一部は，成体肝臓と同等の成熟度にまで到達していることがわかった（**図4B**）．一方，liver zonationに関連する遺伝子群に着目して解析を進めると，中心静脈側と門脈側に明確に分けられた（**図4B，C**）．特に，中心静脈側のZone 3に存在する肝細胞は薬物の代謝や解毒にかかわるとされており，実際に肝臓オルガノイドは中心静脈側の肝細胞が発現する薬剤代謝酵素であるCYP2C9の高い活性を有することがわ

かっている（**図4D**）．

このように，成体肝臓をリファレンスとした統合シングルセル発現解析を行うことで，オルガノイド内に混在する未成熟・成熟細胞集団を見分けることが可能となり，薬剤代謝酵素やzonation関連遺伝子に着目した比較がオルガノイドの成熟度を評価するうえで有益であると考えられる．今後さらにオルガノイドを生体肝臓と近い機能まで向上させるうえで，この統合的プロファイル情報をもとにターゲットを探索し，オルガノイド創出系のリバース・エンジニアリングを行うことが可能になるものと期待される．

おわりに

シングルセル解析は，肝臓をはじめとしたさまざまな組織・臓器の複雑な細胞集団を明確にするのみならず，これまでの知見からは見落とされていた未知の亜

集団の存在を示唆しつつある．さらに，報告された大規模データの多くは自由にアクセス可能であるため，発生・再生・疾患・創薬研究分野などヒトの身体を理解するための基本情報として利用されることが期待される．一方で，ことヒト肝臓においては，ドナーからの検体におけるばらつき，酵素を用いた細胞分離操作や，フローサイトメトリーによる細胞分取に伴う侵襲が大きい点など，数多くのアーティファクトの存在可能性が指摘されている．今後，複数の研究グループによってくり返し確認が行われ，データの信頼度を担保していくことが必要と考えられている．

近年，複雑化しつつあるオルガノイド研究においても，成熟および機能評価を行うためのパラメータとして普及しつつあるが，ますます実際の臓器との統合比較が重要になるものと考えられる．さらに遺伝子発現情報に加え，ゲノム構造情報（ATAC-Seq）や細胞表面タンパク質情報（CITE-Seq）を統合する多層オミクス解析[14,16]や，空間局在のゲノムワイドなマッピング（spacial transcriptomics）[17]と遺伝子発現から時系列を再構成する解析アルゴリズム（RNA velocity）[18]を利用した時空間遺伝子発現解析などが，オルガノイドの複雑な構造と形成過程の全貌を理解するうえで今後の大きな潮流になると考えられる．

文献

1) Aizarani N, et al：Nature, 572：199-204, 2019
2) MacParland SA, et al：Nat Commun, 9：4383, 2018
3) Kietzmann T：Redox Biol, 11：622-630, 2017
4) Wang B, et al：Nature, 524：180-185, 2015
5) Braeuning A, et al：FEBS J, 273：5051-5061, 2006
6) Halpern KB, et al：Nature, 542：352-356, 2017
7) Strauss O, et al：Sci Rep, 7：44356, 2017
8) Robinson MW, et al：Cell Mol Immunol, 13：267-276, 2016
9) Xiong X, et al：Mol Cell, 75：644-660.e5, 2019
10) Takebe T & Wells JM：Science, 364：956-959, 2019
11) Takebe T, et al：Nature, 499：481-484, 2013
12) Camp JG, et al：Nature, 546：533-538, 2017
13) Ouchi R, et al：Cell Metab, 30：374-384.e6, 2019
14) Stuart T, et al：Cell, 177：1888-1902.e21, 2019
15) Tran T, et al：Dev Cell, 50：102-116.e6, 2019
16) Stoeckius M, et al：Nat Methods, 14：865-868, 2017
17) Ståhl PL, et al：Science, 353：78-82, 2016
18) La Manno G, et al：Nature, 560：494-498, 2018

<筆頭著者プロフィール>
佐伯憲和：2018年，京都大学大学院医学研究科医科学専攻博士課程を修了後，同年，京都大学iPS細胞研究所研究員，横浜市立大学大学院医学研究科特任助手を経て，'19年より，東京医科歯科大学統合研究機構プロジェクト助教．Takeda-CiRA joint program（T-CiRA）に参画し，理論・情報解析・実験それぞれの技術を多角的に利用して，創薬・個別化医療・移植治療に向けたオルガノイドプラットフォームの開発を進めている．

第2章 シングルセル解析によるバイオロジー

I．発生・臓器・オルガノイド

4. 単細胞レベルでの膵内分泌細胞の不均質性と機能解明

龍岡久登，坂本智子，渡辺　亮，稲垣暢也

これまでに，糖尿病の病態解明の鍵を握る膵β細胞の機能不全および量の低下に関するさまざまな研究がなされている．古典的には単離膵島を用いた研究が主流であったが，膵島内にはβ細胞のみならず，α細胞，PP細胞，δ細胞などの他の内分泌細胞が混在していること，膵β細胞自体にも異なる遺伝子発現を示す細胞亜集団が存在し，分化段階，インスリン分泌機能，増殖能などが異なることが明らかになるにつれ，一細胞レベルでの機能的解析，遺伝子発現解析，タンパク質発現解析などが必要不可欠となっている．われわれはddSEQ Single-Cell Isolatorシステム（Bio-Rad社）を使用した膵島のシングルセルトランスクリプトーム解析，組織透明化技術による膵島内三次元構造の解析など，一細胞レベルでの研究を進めており，その準備および概要について紹介する．

はじめに

糖尿病は生体内の血糖恒常性が破綻し，慢性の高血糖をきたす疾患である．その結果，種々の血管合併症や感染症などを引き起こし，最悪の場合死に至る．高血糖の原因として，内因性インスリン分泌の絶対的・相対的不足，作用不足（インスリン抵抗性）があげられる．インスリンは血糖降下作用をもつ唯一のホルモンであり，膵臓内の膵島に主に存在する膵β細胞から血糖上昇，食事摂取などに反応して分泌される．糖尿病ではこの膵β細胞の質的，量的な異常が重要な病因とされる．

1 膵島と膵β細胞の生物学

膵臓はそのほとんどが，消化酵素を産生・分泌する外分泌細胞から構成される．膵島（ランゲルハンス島，ラ氏島）はその中に島状に散在する細胞塊で，主に内

［略語］
CUBIC：clear, unobstructed brain/body imaging cocktails and computational analysis
GFP：green fluorescent protein
IRS-2：insulin receptor substrate-2
PP：pancreatic polypeptide

Researches for heterogeneity and function of pancreatic endocrine cells at single cell level
Hisato Tatsuoka[1] /Satoko Sakamoto[2] [3] /Akira Watanabe[2] [3] /Nobuya Inagaki[1]：Department of Diabetes, Endocrinology and Nutrition, Graduate School of Medicine, Kyoto University[1] /Graduate School of Medicine, Kyoto University[2] /Center for iPS Cell Research and Application, Kyoto University[3]（京都大学大学院医学研究科糖尿病・内分泌・栄養内科学[1] /京都大学大学院医学研究科[2] /京都大学iPS細胞研究所[3]）

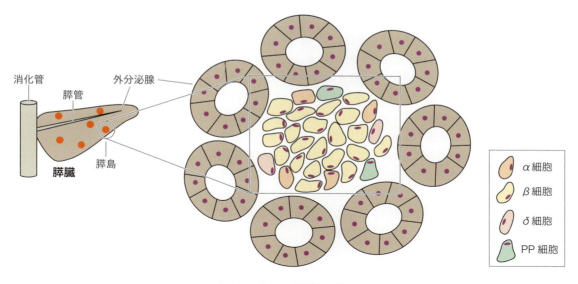

図1　膵島の解剖学的構造

分泌細胞からなる．その細胞数は膵臓全体の1％にも満たないが，種々のホルモンを分泌し，生体の恒常性維持に大きな役割を担っている．膵島にはインスリンを産生・分泌するβ細胞や，グルカゴンを分泌するα細胞，ソマトスタチンを産生するδ細胞，PP（pancreatic polypeptide）を産生するPP細胞など，複数の内分泌細胞が存在する（**図1**）．

先に述べたとおり，糖尿病において内因性インスリン分泌低下が重要な病因とされる．内因性インスリン量は，個々の膵β細胞から分泌されるインスリン量（＝膵β細胞機能）と，膵β細胞数（＝膵β細胞量）の積で規定される．膵β細胞機能と膵β細胞量双方の異常が糖尿病の病因として考えられ，古くから膵島を用いた生理学的および分子生物学的な研究が行われてきた．膵β細胞機能の研究では，K_{ATP}チャネルの発見[1]から電位依存性カルシウムチャネルによるカルシウム制御を通した古典的経路，および他の増幅経路などが明らかにされた[2]〜[4]．この結果，スルホニルウレア薬，インクレチン関連薬などの複数の薬剤が開発され，臨床使用されている．一方，膵β細胞量の制御については，肥満・インスリン抵抗性モデルである高脂肪食負荷モデルにおいて，インスリン需要を補償するために代償性に膵β細胞量が増加する[5]ことや，妊娠時に胎盤などの影響から起こるインスリン抵抗性に対して母体の膵β細胞量が増加する[6]ことなどが明らかにされた．前者は解糖系を触媒する酵素であるグルコキナーゼおよびインスリン受容体の下流シグナルであるIRS-2が関与し，また後者にはセロトニンがその制御に重要であることが示唆されている．しかしながら膵β細胞を対象とした多くの研究がなされているにもかかわらず，糖尿病の原因となる膵β細胞機能不全，膵β細胞量低下をきたすメカニズムについては依然不明な点が多い．

2 膵β細胞の不均質性

膵β細胞の機能の評価には，単離膵島を初代培養した後グルコース負荷を行う実験系が標準的に用いられる．このとき，一細胞レベルで細胞内カルシウム動態を観察すると，細胞ごとにその反応が異なることが知られている．このような膵β細胞のグルコース反応性の違いから，膵β細胞内にも一部の司令塔となる細胞が存在し，周囲の膵β細胞のインスリン分泌を統率している可能性が指摘されており[7]，膵β細胞の亜集団解析が糖尿病におけるインスリン分泌不全のメカニズム解明につながると期待されている．また，臨床で実際に使用されているインクレチン関連薬についても，薬剤に反応してインスリン分泌が増幅される膵β細胞と薬剤反応性の乏しい膵β細胞が存在することが知ら

れている．この反応性の違いには小胞体グルタミン酸トランスポーターが関連しているとの報告があり，臨床における治療反応の差を解明するという観点からも，膵β細胞の不均質性の解析が重要と考えられている[8]．さらに，細胞極性を制御するFlattop（*Cfap126*；cilia and flagella associated protein 126）を発現する膵β細胞はミトコンドリア代謝が亢進し，より分化したβ細胞であるとする報告も続き，これまでの「膵β細胞＝インスリン発現細胞」という概念から，膵β細胞内にもいくつかの分化段階が存在し，その分泌能および増殖能が異なるという仮説が提唱されている[9]．これらのことから，遺伝子発現やタンパク質発現を単一の膵β細胞レベルで解析することが糖尿病の病態解明に必要不可欠であると考えられている．

3 膵島を対象としたトランスクリプトーム解析

従来の膵島における網羅的遺伝子発現解析では，単離した膵島（バルク細胞）を解析対象としているため，得られる結果は非β細胞を含めた数万〜数十万細胞の遺伝子発現の平均となっていた．そこで，膵β細胞に注目した遺伝子発現解析を行うために，インスリン遺伝子のプロモーター下にGFPを発現するトランスジェニックマウス[10]の膵島からフローサイトメトリーでβ細胞を選択する手法が汎用されている．近年注目すべき研究として，*IgF1r*が加齢膵β細胞のマーカーの1つであり，膵β細胞内に不均質性が存在するという報告がされた[11]．ところが，膵β細胞内に前述のような機能的・分化的亜集団の存在が示唆されるにつれ，膵島内の存在比の低い細胞の遺伝子発現プロファイルや，膵β細胞の不均質性の検出を行うためには，従来のバルク解析では限界があると考えられるようになってきた．

細胞株，血液細胞などを中心としたシングルセルRNA-seq解析が実用化されてからしばらくして，ヒトおよび齧歯類の膵臓もしくは膵島を対象とした一細胞レベルでのトランスクリプトーム解析も可能になった[12)〜14)]．われわれも糖尿病の病態解明を行うために，従来の解析に加え，マウス単離膵島からのシングルセルRNA-seqの実験系を樹立した．正中切開にてマウス膵および十二指腸を露出させ，経膵管的にコラゲナーゼを注入，膵臓を切離した後，恒温槽にて37℃，30分間処理した．その後，ピペッティングで膵組織を破砕し，Histopaque（Merck）を用いた比重遠心法にて外分泌組織と膵島を分離した（**図2A**）．ここから直径約100μm程度の膵島を，マウス1匹あたり80〜150個程度回収した．続いて，37℃，30分間トリプシン処理を行い，ピペッティングで膵島シングルセル懸濁液を調製した．この時点で全自動セルカウンター（TC20, Bio-Rad社）を用いて細胞数および生細胞率の計測を行い，至適細胞濃度に調製すると同時に，目視によるシングルセル化の確認も行った．シングルセルの単離はddSEQ Single-Cell Isolatorシステム（Bio-Rad社）を用いた．膵島の単離，シングルセル懸濁液の調製，シングルセル単離までの工程をなるべくすみやかに正確に行い，生細胞率の高い細胞を用いることが安定した解析結果を得るために重要であったと感じている（**図2B**）．

大規模並列シークエンサーを用いてライブラリの塩基配列を決定した後，得られた配列を参照配列にマッピングし，各遺伝子にマップされるリード数から発現量を定量化した．続いて，Seurat[15] v3.1を用いてPCA，tSNEによる次元削減を行った（**図3A**）．膵島から回収した細胞は7つのクラスターに分類された．続いて，各クラスターを構成する細胞種を推定するために，各膵島内分泌細胞のマーカー遺伝子の発現を検討した（**図3B**）．図に示したようにβ細胞（*Ins1*陽性），α細胞（*Gcg*陽性）・PP細胞（*Ppy*陽性）・δ細胞（*Sst*陽性）などの非β内分泌細胞マーカーの発現が確認され，またβ細胞内にも亜集団が存在することが示唆された．現在，β細胞内で観察された亜集団の特性を解析すると同時に，さまざまな処理を加えたときに生じる構成細胞の変化についても解析を行っている．また，複数回に分けてサンプルを取得した際に生じるバッチエフェクトについての検証も進めている．加えて，糖尿病に関連したモデル動物の膵島を用いた解析も行っており，膵β細胞の不均質性，非β内分泌細胞と糖尿病の関連について研究を進めている．

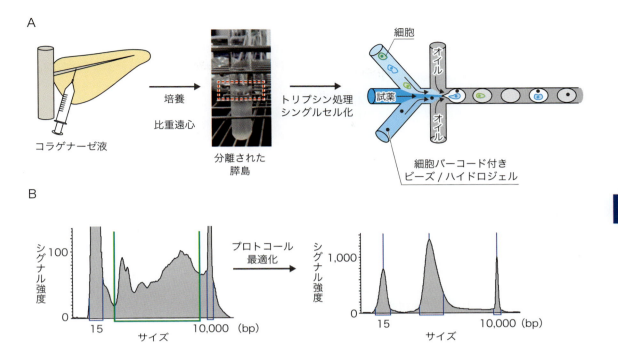

図2 膵島細胞のシングルセルRNA-seqの実際
A) 膵島単離およびシングルセル化の流れ．B) プロトコール最適化によるライブラリ改善（TapeStationによるquality control）．

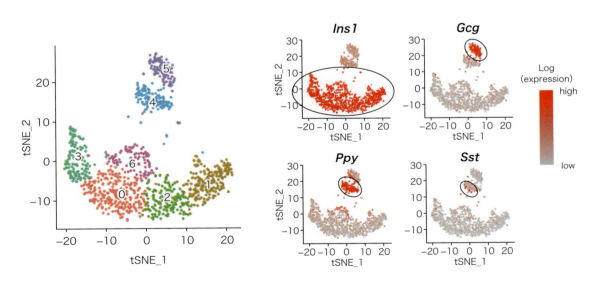

図3 膵島細胞のシングルセルRNA-seqのtSNEプロット

おわりに：今後の展望

　一細胞レベルでのトランスクリプトーム解析により，膵β細胞および他の膵島内分泌細胞の遺伝子発現をより詳細にとらえることができるようになった．今回得られた結果を用いて，膵β細胞の機能的不均質性を制御している因子や，β細胞以外の膵内分泌細胞の役割についての解明を試みている．並行して，注目する細胞集団に特異的に発現する遺伝子セットから，上流解析なども行っている．われわれの研究室では遺伝子発現解析以外にもシングルセルレベルで膵β細胞周期を標識・可視化できるFucci2aマウスを用いた研究，三次元的にシングルセルレベルでのタンパク質発現を解析できる組織透明化技術（clear, unobstructed brain/body imaging cocktails and computational analysis：CUBIC）[16]を膵臓に応用した研究なども行っている．透明化技術を用いることで膵臓内の膵島と構成β細胞の三次元的位置関係が明らかになり，膵島内における増殖β細胞の可視化にも成功した[17]．これらの手法を用いることで，従来の二次元の組織切片における定量性の問題を解決できるだけでなく，各種病態モデルにおける膵島構造，病態に関与するタンパク質発現の膵臓内・膵島内局在を解析できるのではないかと考えている．今後，ゲノム構造や，ゲノムおよびヒストンのエピゲノム修飾についても同時に解析可能になれば，膵β細胞の不均質性と糖尿病病理との関連についてより理解が深まることが期待される．

　本稿で紹介した研究は，矢部大介教授（現 岐阜大学大学院医学系研究科分子・構造学講座内分泌代謝病態学分野），小倉雅仁助教，臼井亮太特定助教，徳本信介大学院生および筆者らからなる研究チームにより行われたものであり，ここに感謝申し上げます．

文献

1) Inagaki N, et al：Science, 270：1166-1170, 1995
2) Takahashi T, et al：Sci Signal, 6：ra94, 2013
3) Liu Y, et al：FASEB J, 33：6239-6253, 2019
4) Usui R, et al：Sci Rep, 9：15562, 2019
5) Terauchi Y, et al：J Clin Invest, 117：246-257, 2007
6) Kim H, et al：Nat Med, 16：804-808, 2010
7) Johnston NR, et al：Cell Metab, 24：389-401, 2016
8) Gheni G, et al：Cell Rep, 9：661-673, 2014
9) Bader E, et al：Nature, 535：430-434, 2016
10) Hara M, et al：Am J Physiol Endocrinol Metab, 290：E1041-E1047, 2006
11) Aguayo-Mazzucato C, et al：Cell Metab, 25：898-910.e5, 2017
12) Segerstolpe Å, et al：Cell Metab, 24：593-607, 2016
13) Zeng C, et al：Cell Metab, 25：1160-1175.e11, 2017
14) Xin Y, et al：Diabetes, 67：1783-1794, 2018
15) Butler A, et al：Nat Biotechnol, 36：411-420, 2018
16) Susaki EA, et al：Cell, 157：726-739, 2014
17) Tokumoto S, et al：bioRxiv：doi: https://doi.org/10.1101/659904, 2019

＜筆頭著者プロフィール＞
龍岡久登：京都市生まれ．2007年に京都大学医学部を卒業後，7年の臨床医勤務を経て'14年より京都大学大学院医学研究科博士課程，'19年より京都大学大学院糖尿病・内分泌・栄養内科 特定助教．研究内容は膵β細胞の機能，分化，増殖．インフォマティクス解析をはじめるためにMacBook Proを購入．その面白さに感化され，研究者としてもtrans-differentiationをエンジョイしている．趣味は占い，ハープ演奏．

実験医学

生命を科学する 明日の医療を切り拓く

便利なWEB版購読プラン実施中！

最新の医学・生命科学のトピックから，研究生活をより豊かにする話題まで，確かな情報をお届けします

【月刊】毎月1日発行　B5判
定価（本体2,000円＋税）

【増刊】年8冊発行　B5判
定価（本体5,400円＋税）

定期購読の４つのメリット

1 注目の研究分野を幅広く網羅！
年間を通じて多彩なトピックを厳選してご紹介します

2 お買い忘れの心配がありません！
最新刊を発行次第いち早くお手元にお届けします

3 送料がかかりません！
国内送料は弊社が負担いたします

4 WEB版でいつでもお手元に
WEB版の購読プランでは，ブラウザからいつでも実験医学をご覧頂けます！

年間定期購読料　送料サービス

冊子のみ	通常号のみ	本体 24,000円＋税
	通常号＋増刊号	本体 67,200円＋税
冊子＋WEB版（通常号のみ）	通常号	本体 28,800円＋税
	通常号＋増刊号	本体 72,000円＋税

※ 海外からのご購読は送料実費となります
※ 価格は改定される場合があります
※ WEB版の閲覧期間は，冊子発行から2年間となります
※ 「実験医学 定期購読WEB版」は原則としてご契約いただいた羊土社会員の個人の方のみご利用いただけます

お申し込みは最寄りの書店，または小社営業部まで！

発行　羊土社
TEL 03(5282)1211
FAX 03(5282)1212
MAIL eigyo@yodosha.co.jp
WEB www.yodosha.co.jp/

第2章　シングルセル解析によるバイオロジー

Ⅰ．発生・臓器・オルガノイド

5. シングルセル解析で広がるヒト腎臓発生と病態の理解

辻本　啓，長船健二

> 腎臓分野でもすでにシングルセル解析の手法を用いた複数の報告がなされ，特にヒト胎児・成体腎臓を用いたシングルセル解析は腎臓発生，腎疾患，腎臓オルガノイド研究に多数の新しい知見をもたらしている．腎臓オルガノイドを用いた研究がこの5年余りで大きく進展したが，機能的なヒト腎組織を作製できるまでには至っていない．生体内の腎臓に近い組織をつくるためにはヒト腎臓発生・解剖学の知見が不可欠と考えられる．本稿では関連した最新の知見を概説するとともに著者らの成果も簡単に紹介する．

はじめに：シングルセル解析と腎臓学

　腎臓分野でもすでにシングルセル解析の手法を用いた複数の報告がなされており，本稿では特に腎臓発生，腎疾患，腎臓オルガノイド[※1]研究に注目して紹介する．ヒトの腎臓は，左右それぞれ約100万個のネフロンで構成される．ネフロンは，血液を濾過し原尿を産生する糸球体と，主に体液の電解質バランスを保つ尿細管がつながった腎臓の基本構造である．尿細管はさらに主に水バランスを保つ集合管へと連続し，原尿は尿となり尿管，膀胱へ運ばれる．腎臓の発生を概略すると，胎生初期組織である中間中胚葉に由来する尿管芽と後腎間葉の2種類の前駆細胞の相互作用を経て臓器が形成される．ヒトでは，まず妊娠4〜5週頃に尿管芽が中間中胚葉由来のネフロジェニックコードとよばれる中腎および後腎間葉前駆細胞領域に出芽し，後腎間葉を誘導する．逆に後腎間葉は尿管芽の分岐を促す．妊娠8〜9週頃に後腎間葉は凝集体をつくり，腎小胞（renal vesicle），C字体，S字体を経てネフロンを形成しはじめる（図1）．尿管芽は集合管と下部尿路に，後腎間葉はネフロンと間質へと最終分化する．

【略語】
GDNF：glial cell line-derived neurotrophic factor
NTRK2：neurotrophic tyrosine kinase receptor type2
tSNE：t-distributed stochastic neighbor embedding

※1　オルガノイド
幹細胞から作製される臓器・器官に似た立体的な組織様構造の総称．

Single cell transcriptome analysis in kidney development and disease
Hiraku Tsujimoto/Kenji Osafune：Dept. of Cell Growth and Differentiation, Center for iPS Cell Research and Application（CiRA）〔京都大学iPS細胞研究所（CiRA）増殖分化機構研究部門〕

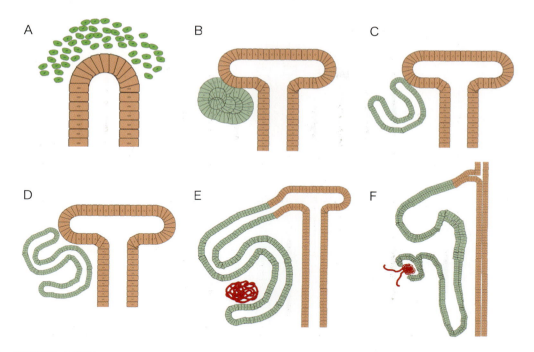

図1　腎臓発生の概略
A）尿管芽（橙色）がネフロン前駆細胞を含む後腎間葉（緑色）を誘導する．B）尿管芽は分岐し，ネフロン前駆細胞を腎小胞へと誘導する．C, D）ネフロン前駆細胞は上皮化しC字体，次にS字体を形成する．E）S字体は尿管芽と結合し，capillary loop期のネフロンを形成する．F）糸球体が形成され，近位尿細管，ヘンレのループ，遠位尿細管を加えたネフロン構造は尿管芽由来の集合管に連結する．

1 シングルセル解析による腎臓解剖・組織学

シングルセル解析では，当然ながら組織を単一細胞に解離して解析するため，細胞の組織学的な位置関係は損なわれる．そのため，既存の組織学的知見やレーザーダイセクションを用いた部位別のマイクロアレイの知見などを総動員して結果を解釈する．しかしながら，腎臓の1細胞単位での組織学は現在発展途上であるため，当然ながら既存の知見と相反するシングルセルトランスクリプトーム解析の結果が得られることがある．そのような場合，組織学的に再検証することが求められ，新たな解剖学的知見が得られることがある．一例として，Parkらは7匹の成体雄マウスの腎臓の57,979細胞をシングルセルトランスクリプトーム解析によりcharacterizationを行い，包括的なマウス腎臓の細胞アトラスを作成した[1]．その結果，腎集合管の主細胞と介在細胞の中間の性質を有する細胞が存在することをはじめて示した．さらに，同グループはその知見を主細胞の系譜タグ（AQP2^{Cre}mT/mG）と介在細胞の系譜タグ（Atp6^{Cre}mT/mG）を有するマウスを用いて免疫蛍光染色によるvalidationを行った．素晴らしいことに，同グループは上述のシングルセルトランスクリプトームデータを公開し，Webブラウザで各閲覧者の興味遺伝子の発現量をセグメントごとに閲覧できるプラットホーム（Kidney Single Cell Atlas）を提供している．このプラットホームを用いれば，スマートフォンからでも興味遺伝子を調べることができる．例えば，Parkらが示した新しい細胞種においての閲覧者の興味遺伝子（ここでは主細胞マーカーのKcnj11遺伝子と介在細胞マーカーのAtp6v1g3）の発現が，他の尿細管，糸球体などと比較してどの程度かを1細胞レベルで解析した例を示す（図2）．このような遺伝子発現公開データベースは，腎臓分野では発生期のGUDMAP[※2]などが有名である[2]．シングルセル解析のデータも研究室レベルでGEO[※3]のような遺伝子発

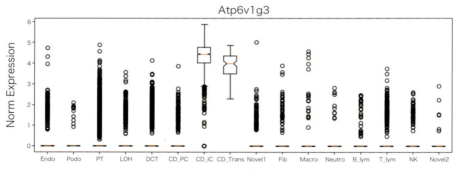
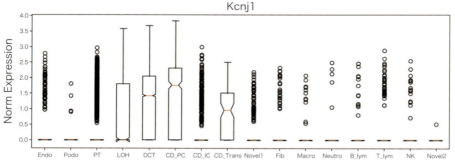

図2　Webブラウザで閲覧できるマウス腎臓のシングルセル解析データの例
The Susztaklab mouse kidney single cell atlas（http://susztaklab.com/sc）で腎集合管の主細胞マーカーのKcnj1遺伝子と介在細胞マーカーのAtp6v1g3の発現を調べると，このような箱ひげ図が出力される．同グループが発見した集合管の主細胞と介在細胞の中間にあたる細胞種は双方のマーカーの発現が比較的高い集団であることがわかる．Y軸（Norm Expression）は対数スケールの発現値を示す．Endoのクラスタのように発現値の検出がゼロの細胞が大多数のクラスタは，箱ひげ図の第1-3四分位を示す箱がゼロで潰れている．そのため，発現値が検出できた，ごく一部の細胞群が1.5倍IQRを超えた外れ値の点としてプロットされているが，大多数の細胞の発現値がゼロである点に注意が必要である．

現データベースへの登録に加え，独自で研究データを閲覧しやすいWebブラウザの形で公開するようになった（Leiden大学からのHuman fetal Kidney Atlasなど）．これを受けてか，2019年の春頃からGUDMAPへもシングルセルトランスクリプトームの解析結果が次々と追加されている．

> **※2　GUDMAP（The GenitoUrinary Development Molecular Anatomy Project）**
> 発生期の泌尿生殖器系のデータレポジトリで，画像データやマイクロアレイ，シングルセル解析のデータが公開されている．
>
> **※3　GEO（Gene Expression Omnibus）**
> 遺伝子発現データのレポジトリの1つであり，論文出版されたデータの多くが公開されている．

2 シングルセル解析による腎臓発生学

前述したように，現在複数のグループが主に妊娠第1～2期のヒト発生期腎臓のシングルセルトランスクリプトーム解析を報告している．腎臓の構成細胞は多種類にわたるため，多くのグループが数千単位の細胞を解析している．発生期腎臓の特徴として，表層でネフロン前駆細胞が上皮化し，尿管芽が次々と分岐することでまた表層へと上皮化層を形成する．そのため，層ごとにさまざまな分化段階の組織を含んでおり，解析においては，解析対象がさまざまな分化段階の細胞であることに留意する必要がある．したがって，複数時点のサンプルでなくとも腎前駆細胞が分化する過程をトランスクリプトームの類似性を既知の断片的な分化過程の知見に基づいた時間軸と関連づけることで，

一時点のサンプルから分化という方向性を有する擬時間軸を定義し，その時間軸に沿った変化として，未知の連続的な1細胞レベルの分化過程の記述を試みることができる．この特徴を利用した一例をあげると，Lindströmらの妊娠17週の発生期腎臓の皮質のみをシングルセル解析した報告がある[3]．これまで腎前駆細胞がS字体を形成する過程で，どの段階でS字体のどの部位に方向付けられるのかは不明であった．同グループは作成した多数の細胞ごとのトランスクリプショナルプロファイルから腎前駆細胞とさまざまな段階のS字体構成セグメントのクラスタを同定した．それらに対して擬時間系譜解析を行うことで，腎前駆細胞がS字体の構成セグメントにどのように方向付けられるかを遺伝子発現解析の視点から明らかにした[3]．

3 シングルセル解析による腎疾患の病態解明

上述のParkらの成体マウス腎臓のシングルセルトランスクリプトーム解析により，細胞種ごとのトランスクリプトームが得られた．同グループの論文の優れた点は，そのデータを用いてヒトの遺伝性腎疾患の本態に迫ろうとした点である[1]．同報告では，変異がそれぞれヒトの腎疾患に関連すると知られている遺伝子セットの発現パターンを今回のマウスにおける細胞種ごとのトランスクリプトームデータで調べることで，特定の細胞の機能を推測することができると考えた．また，同じ表現型を示す疾患は同じ細胞の機能不全によるものであると仮定した．解析の結果，ヒトにおいてのホモログが単一遺伝子由来のタンパク尿をきたす疾患と関連がある29個のマウス遺伝子のうち，21個の遺伝子は単一の細胞（糸球体のポドサイト）で特異的に発現していることを見出した．既報では近位尿細管や血管内皮細胞の異常も関連があるとする報告も存在するが，同報告の結果は単一遺伝子に起因する遺伝性腎疾患のタンパク尿の主たる原因はポドサイトの機能不全であることを明白に示している．別の例では，ヒトの尿細管性アシドーシスの表現型に関連があるとされる遺伝子のマウスホモログが腎集合管の介在細胞に特異的に発現していることを示した．この結果から，同報告では介在細胞の主たる役割は酸塩基のホメオスタシスをつかさどることであると考察している．このように，Parkらは疾患と関連があるとされる遺伝子が特定の細胞と関連付けられることを報告し，それらの疾患が特定の細胞を発端としている可能性を示した[1]．

4 腎臓オルガノイド研究への応用

腎臓オルガノイドは，腎臓様の組織ではあるが，現状では対向輸送を可能とする整然と配列した髄質尿細管，集合管など機能的に重要な構造を作製できるに至っていない．現状のアプローチで腎組織を構築可能であるが，その目標にあたって前駆細胞レベルで不足している細胞があるのか（オルガノイドに分化誘導する際に他の細胞を加える必要があるのか），あるいは，逆にほとんどの細胞は揃っているが，組織の構築が*in vitro*の環境のため不正確になり，構造ができていないのか（自己組織化の過程を改変する必要があるのか）という疑問は，おそらく腎臓オルガノイド領域の研究者の誰しもが抱いていると思われる．シングルセルトランスクリプトーム解析は，1細胞レベルで分化誘導や自己組織化の結果どこまで細胞分化が到達できているかを実際の組織に相当するヒト胎児臓器の構成細胞と比較して評価することができるため，腎臓のみならず他のオルガノイド領域でもさかんに実施されている．

分化誘導法開発のヒントとするアプローチも試みられている．著者らの研究室は，京都大学iPS細胞研究所の渡辺研究室と共同で，ヒトiPS細胞[※4]から尿管芽系譜への分化誘導の段階でシングルセルトランスクリプトーム解析を行った[4]（図3）．異なる次元圧縮法である主成分分析（principal component analysis：PCA）およびtSNE解析によって，分化誘導日に従い細胞のトランスクリプショナルプロファイルの類似性をもとに細胞の多様性の可視化を試みたが，明確な結果は得られなかった．そこで，分化状態に着目して擬時間を仮定した解析手法を使用することとした結果，細胞のトランスクリプトームの変化を分化の擬時間軸

> **※4　iPS細胞**
> 人工多能性幹細胞（induced pluripotent stem cell）．体細胞に少数の遺伝子を導入することで樹立される，ほぼ無限に増殖する能力とさまざまな臓器の細胞に分化する能力を有する多能性幹細胞．

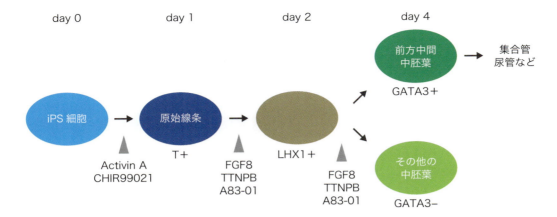

図3 ヒトiPS細胞から尿管芽系譜の前駆細胞である前方中間中胚葉への分化誘導の模式図
文献4より改変して転載.

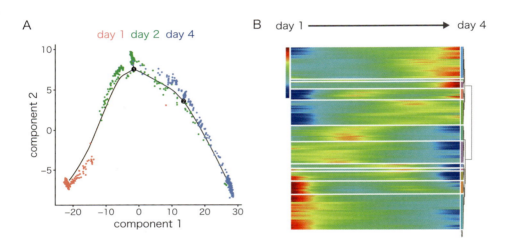

図4 ヒトiPS細胞から尿管芽系譜への分化誘導におけるシングルセルトランスクリプトーム解析
A）分化状態に着目して擬時間を仮定した解析手法で，細胞のトランスクリプトームの類似性をもとにした分化の擬時間軸に基づき細胞を並び替えた．その結果，おおむね分化誘導日に従ったサンプルの並び替えが行われたが，一部オーバーラップする集団も観察された．これは分化誘導日に基づいてサンプルの性質を評価するのではなく，1細胞ごとのトランスクリプショナルプロファイルに基づいた細胞の分化状態で解析が可能になったことを示しており，さらに，その分化方向は1つであることが示唆された．B）擬似時系列上で類似した発現変動パターンを示す遺伝子群をクラスタリングした．初期に発現が高い遺伝子群，後半で発現が上昇する遺伝子群，一過性に発現が上昇する遺伝子群などが可視化された．赤は発現が高く，青は発現が低いことを示す．文献4より改変して転載.

に沿って細胞を並びかえることで可視化に成功した[4]（**図4**）．さらに，著者らは分化過程で発現が亢進する遺伝子群のなかに，尿管芽形成を促す因子があると仮定し，分化促進因子の探索を行った．分化誘導の目的細胞の系譜マーカーと相関し，かつ局在が細胞外であることが知られている因子を解析したところ，グリア細胞株由来神経栄養因子（glial cell line-derived neurotrophic factor：GDNF）が候補となった．そして，GDNFを分化誘導培地に添加することで目的細胞の分化誘導効率を3倍以上に増やすことができた[4]（**図5**）．ヒトiPS細胞分化系における1細胞ごとの分化状態に着目したシングルセル解析によりサンプル採取日に基づいた解析ではわからなかった因子を同定し，特定の細胞集団の分化誘導に成功した例である[4,5]．

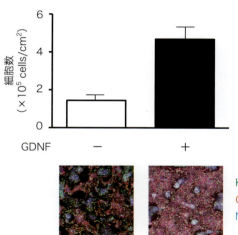

図5　ヒトiPS細胞から前方中間中胚葉への改良分化誘導法の開発
解析で得られた栄養因子GDNFを分化誘導培地に添加することでGATA3⁺の目的細胞の分化誘導効率を3倍以上に増やすことができた．文献4より転載．

他の応用例として，腎臓オルガノイドの分化誘導におけるオフターゲット細胞を減らすという目的のアプローチでシングルセル解析の結果から新規誘導法を開発した報告もある．Wuらは腎臓オルガノイドをシングルセル解析し，オルガノイド誘導において不要と考えられる神経細胞のクラスタに脳由来神経栄養因子（brain-derived neurotrophic factor：BDNF）受容体であるNTRK2が特異的に発現していることを見出した[6]．BDNFは神経細胞の生存，成長，分化を促進することが知られており，分化誘導時にNTRK2を阻害する抗生物質であるK252aを添加することで，腎臓オルガノイドに意図せず含まれる神経細胞を減らすことができたと報告している．

マウスに移植したヒト腎臓オルガノイドは*in vitro*のオルガノイドと比較して，糸球体が血管化され，より成熟していることがいくつかの報告から予想されていたが，主に*in vitro*の腎臓オルガノイドにおけるポドサイトの成熟度をシングルセルトランスクリプトーム解析で検討し，ヒト胎児と比較して未成熟な点と同等までできている点をトランスクリプショナルに評価した報告もある．Tranらはまずヒト発生期腎臓のシングルセルトランスクリプトーム解析でネフロン前駆細胞とポドサイトのクラスタに着目することで，ネフロン前駆細胞からポドサイトへの分化系譜解析を行った[7]．次に，ポドサイトを早期と後期に分け，擬時間解析により分化度合いに伴って変化する158の早期ポドサイトのマーカー遺伝子と104の後期ポドサイトのマーカー遺伝子を同定した．それらのvalidationにはHuman Protein Atlas[※5]のヒト成体腎臓のデータと，ポドサイトマーカーであるMafbレポーターマウスの胎生13.5日腎臓とマウス成体腎臓のポドサイトの遺伝子発現プロファイルがマイクロアレイデータとして公開されているものを利用した．これらの遺伝子セットの発現を*in vitro*の早期と後期のヒト腎臓オルガノイドを用いたシングルセル解析のポドサイトクラスターにおいて，同グループの培養法が同様のトランスクリプショナルな変化を*in vitro*で再現できていることを示した．しかしながら，上述の遺伝子セットに含まれるOLFM3やGFRA3などの早期ポドサイトのマーカー遺伝子が後期の腎臓オルガノイドでも発現し続けていた．また，上述の後期ポドサイトのマーカー遺伝子の一部が発現していなかったが，免疫不全マウスに腎臓オルガノイドを移植し，血流のある条件下に置いたところ，*in vitro*培養系では発現していなかったCOL4A3の発現が現れたと報告している[7]．

5　1細胞・1分子レベルでの画像解析技術

1細胞レベルでの1分子の局在を明らかにするイメージング技術の発展もめざましいものがある．文字通り1細胞レベルで抗体やmRNAプローブの1分子の局在をイメージングする方法であり，興味部位における発現量の定量比較評価が1細胞レベルで行え，従来の蛍光強度を用いた比較よりロバストなものとなると考えられる．腎臓分野のシングルセル解析の論文に絞ると，single molecule FISH（smFISH）の技術がシングルセルトランスクリプトーム解析で新規に同定されたマーカー遺伝子のvalidationに用いられている．Hochaneらは，既報の2つのヒト胎児腎臓を用いたシングルセルトランスクリプトーム解析の報告でOLFM3がポド

> **※5　Human Protein Atlas**
> ヒトのタンパク質発現情報のデータベース．

サイト前駆細胞のマーカー候補とする報告を受けて，同グループのシングルセルトランスクリプトーム解析データを用いてvalidationを行った[8]．さらに，smFISHでS字体期，capillary loop期，糸球体形成後のポドサイトとなる領域のOLFM3発現量の比較定量を行った．結果はシングルセル解析データと一致して，S字体期からcapillary loop期のポドサイト前駆細胞に特異的に発現し，糸球体形成後は発現が低下しており，シングルセルトランスクリプトーム解析の結果の信頼性が示された[8]．

6 ヒト中絶胎児腎臓を用いた研究にかかわる倫理的課題

上述のように，ヒト中絶胎児由来の発生期腎臓をシングルセル解析した研究が主要学術雑誌に多く掲載されている．ヒト腎臓オルガノイド研究においてもその知見と比較することがヒト発生とオルガノイド研究をつなげ，より正確な疾患や発生のモデル構築の助けとなると考えられる．国内においては，入手が困難であるため，多くのグループが海外からサンプルを購入，または公開されているオミックスデータを利用しているのが現状である．米国でも特に中絶胎児を用いた研究の規制も検討されており，今後さらにヒト発生期腎臓のデータは貴重となる可能性が高い．

おわりに：まとめと展望

本稿では，シングルセル解析がもたらした腎臓発生，腎疾患，腎臓オルガノイド研究についての最新の知見を紹介した．今回紹介した研究だけでも，超並列シークエンサーによって得られたそのデータ量は膨大なものである．大量のデータをうまく活用することで，腎臓の疾患および発生のメカニズムに関する研究がさらに加速し，その知見や技術が一日も早く患者さんのもとに届くことを期待しつつ，結びの言葉としたい．

シングルセル解析のご指導をいただいております京都大学iPS細胞研究所（CiRA）渡辺研究室の坂本智子先生，岡田千尋先生，樺井良太朗先生，渡辺亮先生，CiRA長船研究室の前伸一先生に深謝いたします．著者らの研究は，日本医療研究開発機構（AMED）の再生医療実現拠点ネットワークプログラム「iPS細胞研究中核拠点」，「技術開発個別課題」，「疾患特異的iPS細胞の利活用促進・難病研究加速プログラム」および難治性疾患実用化研究事業により，助成を受けたものである．

文献

1) Park J, et al：Science, 360：758-763, 2018
2) Harding SD, et al：Development, 138：2845-2853, 2011
3) Lindström NO, et al：Dev Cell, 45：651-660.e4, 2018
4) 坂本智子，他：日本薬理学雑誌，153：61-66，2019
5) Mae SI, et al：Biochem Biophys Res Commun, 495：954-961, 2018
6) Wu H, et al：Cell Stem Cell, 23：869-881.e8, 2018
7) Tran T, et al：Dev Cell, 50：102-116.e6, 2019
8) Hochane M, et al：PLoS Biol, 17：e3000152, 2019

＜筆頭著者プロフィール＞
辻本　啓：2013年滋賀医科大学医学部卒業．'15年兵庫県立尼崎総合医療センター腎臓内科レジデント．'16年より京都大学iPS細胞研究所（長船研究室）博士課程に在籍．研究テーマ：iPS細胞を用いた三次元の腎臓組織の作製．本邦に33万人以上存在する末期腎不全の患者さんに役立つような研究ができるように日々試行錯誤しています．

第2章 シングルセル解析によるバイオロジー

Ⅰ．発生・臓器・オルガノイド

6. シングルセルRNA-seqを用いた肺線維症の解析
―データベースを用いた具体的な解析方法の紹介

金墻周平，後藤慎平

肺は多くの細胞種から構成された複雑な臓器であり，各細胞集団と病態との関連を網羅的に解析する技術として1細胞（シングルセル）レベルの網羅的解析が期待されている．実際，発生学から患者検体を用いた病態研究まで，幅広くシングルセルRNA-seqが行われ，データが蓄積しつつある．これらのデータを把握して自分たちの追求したい方向性が独創性あるものか知ることも重要となっている．本稿では，シングルセルRNA-seqで明らかとなった肺発生のしくみと特発性肺線維症患者肺の知見を例に，公共データベースの解析方法を紹介する．

はじめに

肺には，細気管支と肺胞という特徴的な構造が存在し，それぞれの構造を維持するために多様な細胞が存在する（図1）．細気管支には，粘液を産生する粘液産生細胞，異物を排除する繊毛細胞，分泌細胞であるクララ細胞，さらには，基底細胞，神経内分泌細胞が存在し，これらの細胞の働きによって，ウイルス除去などの生体防御機能を発揮する．また，肺胞には，肺胞機能維持にかかわるⅡ型肺胞上皮細胞（AT2細胞），酸素-二酸化炭素交換に関与するⅠ型肺胞上皮細胞（AT1細胞）が存在する．また，肺においては上皮細胞以外にも線維芽細胞，血管内皮細胞，周皮細胞（ペリサイト），マクロファージなどの血球系細胞が存在し，これらの細胞が協調することによって肺の恒常性が保たれる．このように肺は，多様な細胞が存在する複雑な臓器であり，培養できない細胞も存在するため，シングルセルレベルでの解析技術は非常に有用である．特に呼吸器分野では，肺細胞の発生過程の解明や，ある特殊な細胞集団を同定するためにシングルセルRNA-seqが活用され，その後呼吸器疾患肺でのシングルセルRNA-seqがさかんに行われるようになった．本稿では，シングルセルRNA-seqを活用した肺細胞の発生学的知見と，肺線維症患者の解析について最近の知見を紹介する．また最後に，シングルセルRNA-seqの実際の解析方法について触れさせていただく．

[略語]
IPF：idiopathic pulmonary fibrosis
　　　（特発性肺線維症）
PDGFR：platelet-derived growth factor receptor（血小板由来成長因子受容体）

1 呼吸器細胞におけるシングルセルRNA-seq解析

呼吸器細胞におけるシングルセルRNA-seq解析は，

Single-cell RNA-seq analysis of idiopathic pulmonary fibrosis
Shuhei Kanagaki/Shimpei Gotoh：Department of Drug Discovery for Lung Diseases, Graduate School of Medicine, Kyoto University（京都大学大学院医学研究科呼吸器疾患創薬講座）

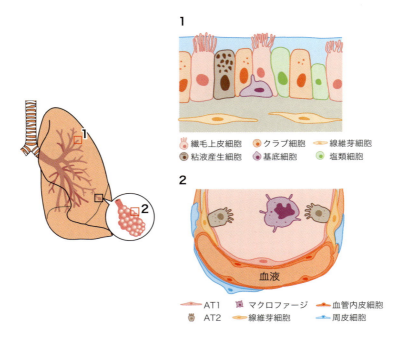

図1　肺の主な構成細胞

2014年Treutleinらが，マウスの胎仔肺の上皮細胞を対象に解析を行い，AT2細胞とAT1細胞の細胞分化系譜が示されたのがはじまりであり[1]，肺発生の分野では，その後2019年にGuoらが，生後1日のマウス肺を解析し，線維芽細胞が4つの集団に分かれる不均一な集団であること，内皮細胞がリンパ管内皮細胞と血管内皮細胞の2つにクラスター分類されることを見出している[2]．

肺構成細胞の同定をめざした研究は，①細気管支を対象とした研究と②肺胞を対象とした研究の2つに分かれる．細気管支を対象としたシングルセル研究では，気道平滑筋細胞のシングルセルRNA-seqの解析から，leucine-rich repeat-containing G-protein coupled receptor 6（Lgr6）陽性気道平滑筋細胞が，気道上皮細胞の分化に重要であることを示された[3]．さらに気道上皮細胞のシングルセルRNA-seq解析から，気道の流体制御にかかわる新規の細胞群として塩類細胞（ionocyte）が同定され，加えて粘液産生細胞のなかに性質が異なった集団が存在することも示された[4]．肺胞を対象としたシングルセル解析では，マウスの間質細胞でのシングルセルRNA-seq解析から，肺胞を維持するplatelet-derived growth factor receptor α（PDGFRα）/axis inhibition protein 2（Axin2）陽性の間質細胞集団が同定され，PDGFRα-Axin2陽性細胞がAT2細胞の機能維持に重要な役割をもつことが示された[5]．加えてAT2細胞のシングルセルRNA-seq解析からは，Axin2陽性AT2細胞が，インフルエンザによる肺障害からの再生に重要であることが示された[6]．

このようにシングルセル技術を用いることで，細胞集団の不均一性が明らかになっている．加えて，今まで表面抗原がないために解析が困難であった細胞群の網羅的解析も同時に可能となり，各細胞集団のマーカー遺伝子が同定されている．今後公表されたシングルセルデータを活用した研究の発展により，各細胞集団の理解がより進むと思われる．

2 肺線維症におけるシングルセルRNA-seq解析

特発性肺線維症（idiopathic pulmonary fibrosis：IPF）は，慢性かつ進行性の経過をたどり，線維化が進行して蜂巣肺形成を起こす原因不明の肺線維症であり，正常部位と疾患部位が混在する病態を示すため，

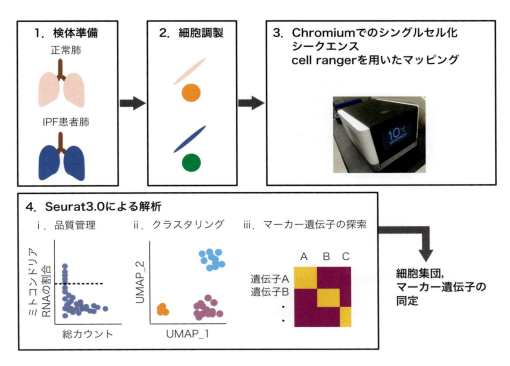

図2　Chromiumシステムを用いたシングルセルRNA-seqの解析スキーム

不均一性が高い細胞群が存在することが知られている．肺線維症において，AT2細胞は異常分化していることが，IPF患者を用いたシングルセルRNA-seqから明らかにされた[7]．さらに，肺胞マクロファージにおいても，肺線維症患者群でしか認められない集団が，IPFや膠原病に伴う肺線維症患者肺の解析から明らかにされている[8]．また，線維芽細胞に関しては，線維化マウスの解析から，線維症時に上昇する細胞集団が同定された[9]．このように臨床検体を用いた研究から，IPF患者で変動する細胞集団や，その細胞集団の性質が明らかにされつつある．

3　Seurat 3.0を用いたシングルセルRNA-seq解析の実例

このように肺分野では多くのシングルセルデータが日々蓄積されており，シングルセルRNA-seqを行うとともに，公開されたデータベースを活用することが重要となっている．呼吸器分野でも，シングルセルRNA-seqの広がりとともに，データベースの拡充も進んでいるが[10]，すべてのデータがデータベース化されるわけではないため，シングルセルRNA-seqデータを自ら解析，活用することが非常に重要である．実際，われわれのグループでも，iPS由来AT2細胞のシングルセルRNA-seqを行った際，成人のAT2細胞のシングルセルRNA-seqのデータベースと比較することで，iPS由来AT2細胞が成人のAT2細胞に比較的類似することを示すことができた[11]．そこで，ここからは公共データベースの解析方法を具体的に紹介していく．

図2の1～3までは完了しているデータを利用して，図2の4の部分をSeurat 3.0（以下Seurat）を用いて解析する方法を示す．Seuratは論文でよく使われるツールの1つであり，シングルセルRNA-seqデータの品質管理，クラスタリング，クラスター特異的遺伝子の抽出が解析可能であり，チュートリアル（https://satijalab.org/seurat/）が非常に充実している．2019年には，短時間で次元削減の解析が行えるUMAPが搭載されるなど，頻繁に改良，改善が行われている[12]．

今回使用するGSE122960は，Chromiumシステムでシングルセル化後，シークエンスしたサンプルをcell

rangerでマッピングした後のデータであり，過敏性肺炎患者，強皮症関連肺炎患者，IPF患者の肺とドナー肺のデータが格納されている．このうちドナー肺のデータを，無料解析言語であるR（https://www.r-project.org/）とSeuratを用いてクラスタリングする．なお今回紹介する方法は，データベースのファイル形式がh5であれば，ファイル名を変えるだけで他のデータでも解析可能である．

今回の解析は，Windows（プロセッサ：Core i7-7700, 64 bit, メモリ：32GB, ストレージ：1TB），Windows（プロセッサ：Core i7-6700, 64 bit, メモリ：8GB, ストレージ：1TB）であれば解析可能であり，以下の要領で解析した．

1）Step1. 環境準備/データ準備（R, RStudio, Anacondaのダウンロード）

①URL（https://cran.r-project.org/）からWindows用のRをダウンロードする．
②URL（https://www.rstudio.com/products/rstudio/download/#download）から無料の各Windowsに適したRStudioをダウンロードする．
③URL（https://www.anaconda.com/distribution/）からWindows用のAnacondaをダウンロードする．
④Anacondaを起動し，［pip install umap-learn］と打ち込む（半角スペースの入力が必要であり，以下ではスペースは□で示す）．クラスタリングの際に必要になるUMAPがダウンロードされる．
⑤Anacondaを閉じる．

2）Step2. データダウンロード

①URL（https://www.ncbi.nlm.nih.gov/geo/query/acc.cgi?acc=GSE122960）のdownload familyのsupplementary fileの（http）をクリックし，データをダウンロードする．
②Lhaplusなどの解凍ソフトで，GSE122960_RAW.tarを解凍する．
③解凍したフォルダをドキュメントに移動させる．

3）Step3. Seuratへのデータ格納

①RStudioを起動する．エラー回避のため，RStudioは全画面で操作する．
②図3-1のa部分に，

```
install.packages("Seurat")
install.packages("hdf5r")
```

とコマンドを入力し，エンターキーを押し，Seuratプログラムをダウンロードする．なおコマンドはすべて図3-1のa部分に打ち込む．
③図3-1のb-1でFilesタブをクリックし，bの部分に表示されるGSE122960_RAWをクリックし，b-2のMoreをクリックし，set as working directoryをクリックする．その後b-3のPlotsタブをクリックする．
④以下コマンドを入力し，donorという記号にシングルセルRNA-seqのデータを格納する．

```
library(Seurat)
library(cowplot)
library(dplyr)
donor.data □<-□Read10X_h5("GSM3489182_Donor_01_filtered_gene_bc_matrices_h5.h5")
donor□<-□CreateSeuratObject(counts□=□donor.data, project□=□"donor",□min.cells□=□5)
donor$stim□<-□"donor"
```

4）Step4. 品質管理

①以下のコマンドによりクオリティチェックを行う．なお，今回は一般的なミトコンドリアRNA割合が5％以下，特定領域にマッピングされたRNAの数が200以上2,500以下の細胞を抽出した．

```
donor[["percent.mt"]]□<-□PercentageFeatureSet(donor,□pattern□=□"^MT-")
VlnPlot(donor,□features□=□c("nFeature_RNA",□"nCount_RNA",□"percent.mt"),□ncol□=□3)
plot1□<-□FeatureScatter(donor,□feature1□=□"nCount_RNA",□feature2□=□"percent.mt")
plot2□<-□FeatureScatter(donor,□feature1□=□"nCount_RNA",□feature2□=□"nFeature_RNA")
CombinePlots(plots□=□list(plot1,□plot2))
donor□<-□subset(donor,□subset□=□nFeature_RNA□>□200□&□nFeature_RNA□<□2500□&□percent.mt□<□5)
```

②正規化とこの後の解析に使用する細胞間で変動が大きい遺伝子2,000個を抽出し，変動が多い遺伝子を描写する．

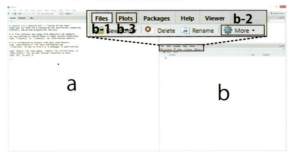

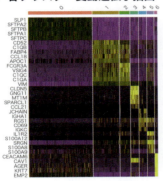
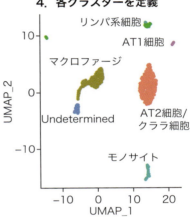

図3 解析の流れと代表的な結果

```
donor <- NormalizeData(donor, normalization.
method = "LogNormalize", scale.factor = 10000)
donor <- FindVariableFeatures(donor, selection.
method = "vst", nfeatures = 2000)
top10 <- head(VariableFeatures(donor), 10)
plot1 <- VariableFeaturePlot(donor)
plot2 <- LabelPoints(plot = plot1, points = 
top10, repel = TRUE)
CombinePlots(plots = list(plot1, plot2))
```

5）Step5. 次元削減（図3-2）

①PCAにて次元削減を行い，UMAPの次元削減に用いる次元数（遺伝子セット）を決める．

```
all.genes <- rownames(donor)
donor <- ScaleData(donor, features = all.genes)
donor <- RunPCA(donor, features = Variable
Features(object = donor))
DimPlot(donor, reduction = "pca")
ElbowPlot(donor)
```

②ElbowPlotがほぼ平坦になる条件であるdim7としてUMAPを作成する（図3-2）．

```
donor <- FindNeighbors(donor, dims = 1:7)
donor <- FindClusters(donor, resolution = 0.5)
donor <- RunUMAP(donor, dims = 1:7)
DimPlot(donor, reduction = "umap")
```

6）Step6. クラスター同定（図3-3, 4）

各クラスターを同定するため，各クラスターで変動した遺伝子を抽出（図3-3）し，各クラスター名を定

義する．今回は細胞のマーカーとして，AT2細胞はSFTPC，AT1細胞はAGER，クララ細胞はSCGB3A2，マクロファージはCD68，モノサイトはFCN1，リンパ系細胞はVWFを使用した（図3-4）．

```
donor.markers <- FindAllMarkers(donor, only.
pos = TRUE, min.pct = 0.25, logfc.threshold
 = 0.25)
donor.markers %>% group_by(cluster) %>% top_
n(n = 2, wt = avg_logFC)
top10 <- donor.markers %>% group_by(cluster) 
%>% top_n(n = 15, wt = avg_logFC)
DoHeatmap(donor, features = top10$gene) + 
NoLegend()
new.cluster.ids <- c("Ⅱ型肺胞上皮細胞/クララ細胞
","マクロファージ","マクロファージ","リンパ系細胞
","モノサイト","Undetermined","Ⅰ型肺胞上皮細胞")
names(new.cluster.ids) <- levels(donor)
donor <- RenameIdents(donor, new.cluster.ids)
DimPlot(donor, reduction = "umap", label = 
TRUE, pt.size = 0.2) + NoLegend()
```

以上の操作により，ドナー肺に含まれる各集団が同定できたので，この後は，各クラスターで変動する遺伝子を抽出したり，抽出した遺伝子をパスウェイ解析することで，各細胞群の特徴を評価することができる．今回のプログラムについては，はじめての人が試しに動かせるようになることに目的をおいているため，詳しい原理やその他のオプションについてはSeuratのサイトで確認していただきたい．

4 解析時の注意点およびその後の解析について

今回Seuratを用いた解析の具体例を示したが，解析時のパラメーターによって結果が大きく変化する点があるので，筆者の経験も踏まえ記載する．まず品質管理については，今回は一般的な値を用いて解析を行ったが，ミトコンドリア量が多いサンプルの場合は，ミトコンドリア割合の条件を緩くするなど検討が必要となる．また細胞周期によってクラスターが分かれてしまう場合は，Seuratで細胞周期を補正できるので必要に応じて利用するとよい．次元削減後に使用する遺伝子セットを指定するdimとクラスターの分解能を決めるresolutionは任意の値を設定できるが，複数dimの値と分解能を試し，同様のクラスターが形成されるかを確認することが望ましい．また解析対象とする細胞数が多い場合は解析に時間がかかるため，処理速度の速いパソコンが必要となる．

シングルセルRNA-seqのデータを扱うときに，自分たちが想定していたクラスターが認められないことがある．例えば，今回の解析結果で，繊毛/基底細胞が認められないパターンであるが，このようになる原因については，①細胞集団が希少な集団のため，サンプルとしてクラスターを形成できなかった，②細胞中に検出できたmRNAが少なかったために，分類できなかった，の2パターンがある．今回の解析の場合は，サンプル数を増やすこと（図4）で新たに繊毛/基底細胞のクラスターが出現するため，細胞集団が少なかったものと想定される．1細胞中で検出できたmRNAが少なかったため分類ができないことは，Chromiumで類似性が高い細胞を解析したときに発生することがあり，われわれもChromiumでは検出できなかった細胞群がFluidigm C1では検出できたということを経験している．このように使用するデータベースが自分の目的に合わないデータであることもあるので，留意しながら解析する必要がある．

Seuratで得られたデータをそのまま利用して，シングルセルRNA-seqの詳細解析で使用される擬似時間解析も可能である．擬似時間解析ではどのように細胞の状態が変化したかを遺伝子の類似性から知ることができ，代表的なプログラムとしては，Monocle2やCell Treeが知られている．Seuratのデータは，Monocle2と互換性があり，そのまま解析が可能であるため，必要に応じて使用するとよい．また，シングルセルRNA-seqには細胞の位置情報が含まれないため，RNAの発現細胞の位置情報を確認するために免疫染色やRNA *in situ* hybridizationが行われており，位置情報とシングルセルRNA-seqの結果を対応させる試みが行われつつある．

5 発展例

最後に今回のデータベースを使って，IPF患者で出

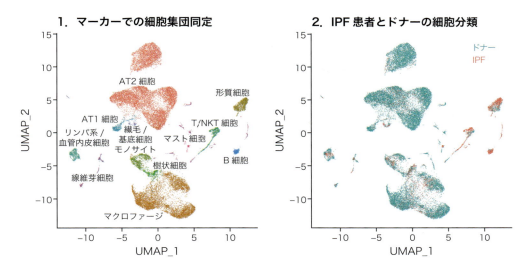

図4　特発性肺線維症とドナー肺の比較結果

現する細胞クラスターの同定をするという発展例について紹介する．プログラムの詳細は省くが，Seuratで，ドナー8例とIPF患者4例のシングルセルRNA-seqを解析した結果を図4に示す．図4-1のようにすべてのデータをまとめて，クラスタリングし，上記で紹介したマーカー群で，各クラスターの細胞集団を定義した．各クラスターに含まれる細胞がドナーかIPF患者かを視覚的に示したのが図4-2であり，特定の細胞集団のうちIPF患者で上がっている遺伝子を抽出することもできる．図4-2の結果からは，B細胞，形質細胞，基底細胞が増加する可能性が想定される．実際に，基底細胞については，論文中でも数が増えるという記載があり，解析は妥当と考えられる．一方で，B細胞や形質細胞については記載がなく，今回認められたB細胞や形質細胞の増加が，IPFにかかわる可能性があるかもしれない．ただ，これらの細胞群が本当にIPFで上昇しているか，これらの細胞群がIPFの発症にかかわっているかは今後解析が必要である．

おわりに

本稿では，肺線維症患者のシングルセルRNA-seqのデータをもとにデータベースの活用方法を中心に紹介した．今回紹介はしなかったが，Seuratでは，Chromiumで取得したデータとFluidigm C1で取得したデータを統合して解析することが可能であり，より多く公共データを融合させ解析できるようになった．また，近年シングルセルを対象としたオミックス解析が発展し，その解析方法も整備されつつある．解析技術としては，位置情報を保持したまま1細胞のRNAをある程度網羅的に解析する技術[13]や，1細胞で完全長のトータルRNAの検出を可能にした方法[14]が報告され，これらの技術に注目が集まっている．また，次世代シークエンサーの性能向上によるRNA-seqのリード数の増加にあわせ，ChromiumのシングルセルRNA-seqの試薬も刷新され，1細胞あたりのリード数も増加し，今まで分類されなかった細胞群の同定が可能となった．さらに，ChromiumにシングルセルATAC-seqが搭載され，これにあわせ2019年4月にSeuratで，シングルセルATAC-seqとシングルセルRNA-seqを統合して解析することが可能になった．これにより，エピジェネティクスによる新規細胞集団の同定や，シングルセルRNA-seqではRNA発現が少ないために解析が難しかった細胞群の解析に注目が集まっている．IPFなどの肺疾患ではエピジェネティックな変化が関与していることが報告されており，シングルセルATAC-seqとシングルセルRNA-seqを用いた研究により，新たな細胞集団の同定や病気のメカニズムの解明が進むことで，新たな治療方法が提唱されることを期待している．

文献

1) Treutlein B, et al：Nature, 509：371-375, 2014
2) Guo M, et al：Nat Commun, 10：37, 2019
3) Lee JH, et al：Cell, 170：1149-1163.e12, 2017
4) Montoro DT, et al：Nature, 560：319-324, 2018
5) Zepp JA, et al：Cell, 170：1134-1148.e10, 2017
6) Nabhan AN, et al：Science, 359：1118-1123, 2018
7) Xu Y, et al：JCI Insight, 1：e90558, 2016
8) Reyfman PA, et al：Am J Respir Crit Care Med, 199：1517-1536, 2019
9) Xie T, et al：Cell Rep, 22：3625-3640, 2018
10) https://research.cchmc.org/pbge/lunggens/mainportal.html
11) Yamamoto Y, et al：Nat Methods, 14：1097-1106, 2017
12) Stuart T, et al：Cell, 177：1888-1902.e21, 2019
13) Wang X, et al：Science, 361：doi:10.1126/science.aat5691, 2018
14) Hayashi T, et al：Nat Commun, 9：619, 2018

＜著者プロフィール＞

金墻周平：2011年慶應義塾大学生命情報学科卒業．'13年慶應義塾大学大学院理工学研究科修士課程修了．同年杏林製薬入社，'17年京都大学呼吸器疾患創薬講座．iPS細胞とシングルセル技術の研究を通じて，創薬につなげたいと思っています．

後藤慎平：2004年京都大学医学部卒業．'15年博士号取得．'17年より現所属．呼吸器の臨床と研究の橋渡しをしたいと考えています．

ゲノミクス受託のリーディングカンパニー

10x GENOMICS

シングルセル受託解析
国内ラボ初、出張対応

国内ラボ初の10x Genomics®シングルセル解析受託ベンダーとして、ライブラリ調製、シークエンシングから解析まで一貫した受託サービスをご提供。CITE-Seq、死細胞除去にも対応、業界最速クラスの納期でお届けします。

ハイスループット
1ウェルあたり
最大10,000細胞

選べるご利用方法
凍結送付
生細胞持ち込み
出張実施

アプリケーション
遺伝子発現
レパトア解析
コピー数多型
ATAC
Linked-Reads

One-Stop Shopゲノミクス受託サービスにお任せ！

 人工遺伝子合成、変異導入　　サブクローニング
　　　　アミノ酸ライブラリ作成　　　プラスミドプレップ

　　　　サンガーシーケンス解析　　　分子生物学サービス

 次世代シークエンシング　　GLP準拠、CLIA（米国本社）

抗体開発、ゲノム編集のための包括的なフローもご提供しています。

お見積もりは簡単・便利なオンライン注文システム（CLIMS）をご利用ください。
ご登録は当社トップページから。

日本ジーンウィズ株式会社
〒333-0844 埼玉県川口市上青木3-12-18
埼玉県産業技術総合センター 508号室

電話： 048-483-4980
電子メール： NGS.Japan@genewiz.com
ウェブサイト： https://www.genewiz.com/ja-JP

©2019 GENEWIZ Inc. 本サービスは研究用のみに使用できます。診断目的に使用することはできません。

NGS004AD-R0-1910TC

第2章 シングルセル解析によるバイオロジー

Ⅱ. 免疫・がん

7. シングルセルレベルでのT細胞受容体・B細胞受容体解析

冨樫庸介

不均一な集団である免疫細胞の解析は，1細胞レベルでCD4やCD8といったlineageマーカーや既知のPD-1などに対するモノクローナル抗体を利用してフローサイトメトリーといった機器でなされてきた．しかしながら，抗体や色素に依存してしまうため，既知の分子でかつ抗体が存在するものに限られ，解析できるマーカー数にも限界がある．T細胞やB細胞は多様な抗原を認識するために遺伝子再構成や体細胞超突然変異という機構でその受容体の多様性を獲得している．一方で，その多様性がゆえにT細胞受容体（T cell receptor：TCR）やB細胞受容体（B cell receptor：BCR）の解析を正確に行うことは難しく，従来は存在する限られたモノクローナル抗体を利用してフローサイトメトリーで解析する方法や，塊（バルク）の検体をシークエンスして受容体のレパートリー（レパトア）から頻度や多様性で論じる方法しかなかった．これらの方法では多様な受容体のα/β鎖や重/軽鎖を正確にペアで解析することや，どういったTCRやBCRをもつ細胞がどのような表現型を呈しているのか？といったことを正確に解析することは難しかった．ところが，最近の技術革新によってシングルセルシークエンスが可能となり，遺伝子発現だけでなくTCRやBCRも1細胞ずつ解析できるようになった．網羅的な遺伝子発現と一緒に解析することによってクローンごとの表現型も詳細に明らかにできるようになっている．将来的にはさまざまな疾患での病態解明や個別化療法・バイオマーカー開発といった「個別化免疫医療」につながる可能性がある．

はじめに

免疫細胞は不均一な集団であり，塊（バルク）の平均値で見た「分子Aの発現が高い」ではeffector T細胞や制御性T細胞，骨髄系細胞などもすべてまとめて解析して「発現が高い」としてしまっているため，精密な解析とは言い難い．特に微小なフラクションの発現は他の集団に隠れてしまい無視されてしまう．こういった問題を解決する技術としてシングルセルレベルでの解析が行われ，従来から利用されているフローサイトメトリーだけでなく，シングルセルレベルで網羅的遺伝子発現までもが解析できるシングルセルシークエンスが注目されている[1]～[3]．1細胞ずつの遺伝子発現データを得るだけではなく，最近ではT細胞受容体

TCR and BCR analyses by single-cell level
Yosuke Togashi：Chiba Cancer Center Research Institute／Division of Cancer Immunology, Research Institute/Exploratory Oncology Research & Clinical Trial Center, National Cancer Center（千葉県がんセンター研究所／国立がん研究センター研究所腫瘍免疫研究分野／先端医療開発センター免疫TR分野）

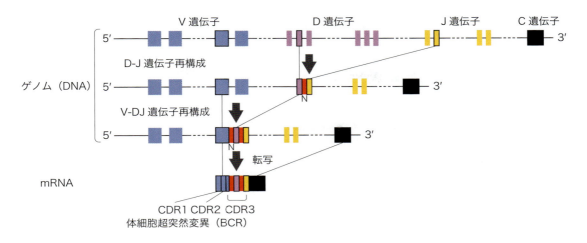

図1　V(D)J遺伝子再構成

(T cell receptor：TCR) やB細胞受容体 (B cell receptor：BCR) をハイスループットにシングルセルシークエンスできるようになっている[1)～4)]．本稿ではこの技術について腫瘍免疫の分野を例にとっていくつかのデータを交えながら，有用性・将来性について紹介したい．

1 TCR・BCRの概要（図1）[5)]

獲得免疫を司るT細胞とB細胞は抗原を認識する受容体であるTCRとBCRをそれぞれ発現している．T細胞は主要組織適合遺伝子複合体 (major histocompatibility complex：MHC) 上に提示されている抗原をTCRが特異的に認識することで細胞が活性化し，病原体や腫瘍細胞を攻撃する．BCRもしくはその分泌型である抗体はウイルスなどの抗原と特異的に結合することで，中和作用やオプソニン作用が発揮される．TCRやBCRは多様な抗原と反応できるように，遺伝子再構成や体細胞超突然変異という機構によって，それぞれ10^{18}，10^{14}種類に及ぶ多様性を獲得している[5)]．

これらの受容体はヘテロダイマーを形成しており，T細胞はα/β鎖もしくはγ/δ鎖，B細胞は重/軽鎖から成り立っている．TCRおよびBCR遺伝子はV (variable)，D (diversity)，J (joining)，C (constant) 遺伝子から成り立つ．未成熟のT細胞およびB細胞はゲノム上に多種類のV, D, J遺伝子断片を所有しているが，分化，成熟の過程でそれぞれ1つずつ選ばれるV(D)J遺伝子再構成を経て多様性を獲得する（図1）．D遺伝子はTCR β鎖とδ鎖，BCR重鎖に存在し，他はV遺伝子とJ遺伝子のみが再構成する．V, D, Jの組合わせはランダムでありクローンごとに異なり，さらにその過程でV-D間およびD-J間 (N領域) にランダムに塩基の挿入や欠失が起こることで多様性を高めている．この部分はMHCから提示される抗原と結合する相補性決定領域3 (complementarity determining region 3：CDR3) とよばれている．TCR遺伝子はV(D)J遺伝子再構成後に変化することはないが，BCR遺伝子は再構成後にもさらに多様性を獲得する機構を有している．抗原と直接結合する領域としてCDR3以外にもV遺伝子の中央部分に含まれるCDR1とCDR2が存在し，この領域にはBCR遺伝子に限り変異が入りやすく (体細胞超突然変異)，IgMからIgGへのクラススイッチ後の親和性成熟にはこの機構がかかわり効率的な抗体産生に寄与している[5)]．

［略語］
BCR：B cell receptor（B細胞受容体）
CDR3：complementarity determining region 3
　　　（相補性決定領域3）
MHC：major histocompatibility complex
　　　（主要組織適合遺伝子複合体）
TCR：T cell receptor（T細胞受容体）

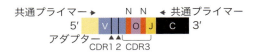
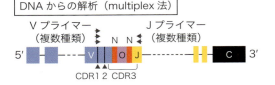

図2 TCR・BCR遺伝子のPCRでの増幅方法

2 従来のTCR・BCRの解析方法（図2）

タンパク質レベルでモノクローナル抗体を用いてフローサイトメトリーで解析するような方法から，TCR・BCR遺伝子を特異的にPCRで増幅してサンガーシークエンスする方法，さらに次世代シークエンサーを用いた方法へと技術革新を遂げてきた．フローサイトメトリーでは存在するモノクローナル抗体でしか解析できず，特に多様なCDR3領域などを正確に解析することは不可能であった．シークエンスするためにPCRで増幅する場合，3′末端のC遺伝子は定常領域であるが，5′末端に位置するV遺伝子が多様性に富むためプライマーを設計することが困難であるという問題点があった．そこでmRNAを利用して5′末端にアダプターを付加して，アダプターに対する共通プライマーとC遺伝子に設定した共通プライマーを用いて遺伝子を増幅するようなadaptor-ligation法や5′RACE法が用いられている．しかしRNAは分解されやすいという問題点や細胞ごとに受容体発現が異なるという問題点が生じてしまう．また，特異的なプライマーを多数つくれば増幅が可能という考え方からmultiplex法で増幅することもできる．この方法だと安定したゲノムDNAを対象としてできるためFFPE検体でも可能であるが，プライマー間の増幅効率の相違の問題や，離れているC遺伝子はPCR増幅できないという問題，BCRの場合のV遺伝子内の体細胞超突然変異によるプライマーミスマッチの問題などが生じる可能性がある．

こういった従来の方法はバルクで解析するため，レパトアとしての結果しか得られず，実際にどのクローンがどういった表現型の細胞になっているのか？といったことを明らかにすることは不可能であった．CD4陽性T細胞やCD8陽性T細胞といった細胞分画ごとの受容体配列を解析するためにはセルソーターを用いて細胞分画をソートしてからシークエンスするような方法がとられてきたが，この方法では既知の表面マーカーやMHCマルチマーでしかソートできず，FOXP3陽性というような転写因子によるソートや，フォーカスしていない分子の状況は解析できない．また微小なフラクションの場合にはソートによる細胞ロスがあるため，十分量のサンプルが得られず解析困難な場合もある．さらにα/β鎖，重/軽鎖ペアでの解析も難しく正確なクローンの情報は得られない．

3 シングルセルTCR・BCRシークエンス

以上の問題点を解決するためにシングルセルシークエンスが登場してきた．1細胞ずつ単離をしてTCR・BCR領域をPCRで増幅しシークエンスするような方法に加えて[6)7)]，最近ではシングルセルレベルの網羅的遺伝子発現解析と組合わせてTCR・BCRシークエンスを行うような方法も登場している[8)〜11)]．全長をシークエンスする方法でTCR・BCR配列も解析でき，また1細胞ずつユニーク配列でバーコーディングをしてシークエンスすることでシークエンスコストを下げノイズを大幅に低減させハイスループットに行う方法も応用されている．ドロップレットシステムで一度に最大10万細胞近くまで解析できるハイスループットな方法では，RNAからユニーク配列のバーコーディングを行い，5′末端にアダプターを付けて，そこに対するプライマーとC遺伝子に設計したプライマーとでPCRで増幅してバーコードとともにシークエンスする方法で行っている．1細胞ずつの網羅的遺伝子発現解析も同時に行うことが可能で，大量の細胞についてクローンごとの表現型がわかるような時代になっている．

4 シングルセルTCRシークエンスの腫瘍免疫研究への応用

　免疫チェックポイント阻害剤を代表とするがん免疫療法がさまざまながん種で効果が証明されたが，全く無効で免疫療法特有の副作用だけが出てしまうような症例や，年単位で再発のない完治したかのような症例も存在し，その詳細な機序は明らかではなく効果予測バイオマーカーや，より効果を高める治療方法の開発が求められている[12)13)]．そこで，がん患者における抗腫瘍免疫応答の本態を明らかにする研究がさかんに進められており，末梢血だけでなく直接腫瘍と対峙している腫瘍浸潤リンパ球の解析が特に注目されている．TCRレパトアを抗PD-1抗体投与患者の腫瘍組織で解析したところ，有効群では特定のTCRがエクスパンドしている傾向が強かったことが報告されている[14)]．実際にTCRがエクスパンドしてPD-1といった疲弊分子を発現しているT細胞が腫瘍細胞に対して反応することも報告されている[15)]．筆者も腫瘍組織のTCRレパトアの多様性と腫瘍浸潤CD8陽性T細胞のeffector memory分画やPD-1発現が逆相関していることを見出している（投稿中）．シングルセルシークエンスで網羅的遺伝子発現とTCR配列を腫瘍浸潤T細胞で同時に解析した研究では，腫瘍局所でTCRがエクスパンドしているようなT細胞集団はやはりPD-1といった疲弊マーカーが発現しているが，疲弊マーカーが低発現だが細胞傷害性にかかわる遺伝子が高発現しているようなT細胞の集団はTCRがほとんどエクスパンドしていないことが報告されている[16)]．したがってこれらのデータから腫瘍局所でPD-1といった疲弊分子を発現してエクスパンドしているようなT細胞クローンこそが腫瘍を直接攻撃しており，抗PD-1抗体がそういったT細胞を活性化して効果を発揮していると考えられている．

　一方で，効果予測バイオマーカーの1つとして腫瘍体細胞変異数が報告されている[17)]．すなわち，免疫系に異物と認識され強い免疫応答を起こすことができるような体細胞変異に由来するネオ抗原が重要で，免疫チェックポイント阻害剤は腫瘍局所に浸潤しているネオ抗原に特異的に反応するようなネオ抗原特異的T細胞を活性化させることで治療効果を発揮していると考えられている．今までの報告からも腫瘍浸潤PD-1陽性T細胞がそういったネオ抗原特異的T細胞であることが想定されているが，PD-1陽性でもネオ抗原に反応しないT細胞も浸潤しており，CD39といった分子がより特異的であることがマスサイトメトリーの解析から報告されている[18)]．シングルセルシークエンスでの検証でも，疲弊分子の発現が高いT細胞がやはりTCRとしてもエクスパンドし，CD39やCD103といった分子の発現も高く，腫瘍組織との反応も認められることが報告されている[19)]．したがってこういったエクスパンドして疲弊分子の発現が高い集団をより詳細に解析することが，新たな治療標的や効果予測バイオマーカーの同定につながる可能性がある．筆者も抗PD-1抗体治療が著効した患者と耐性の患者由来腫瘍浸潤T細胞をシングルセルシークエンスし網羅的遺伝子発現とTCR配列のデータを得て，T細胞クローンの観点から解析している．著効例ではT細胞クローンがエクスパンドしているなかでも疲弊分子を発現しているようなT細胞クローン集団が存在する一方で，既報とは少し異なりエクスパンドしていても疲弊分子を発現していないT細胞クローンも存在していた．同時に腫瘍由来の細胞株を作製できたため，これらT細胞クローンのTCR配列をα/β鎖ペアで同定したうえでT細胞に導入し，腫瘍細胞株との反応性を確認したところ，疲弊分子を発現してエクスパンドしていたT細胞クローンは腫瘍細胞株と反応したが，エクスパンドしているものの疲弊分子を発現していないようなT細胞クローンは腫瘍細胞株とは全く反応しなかった．さらに反応した集団からPD-1やCD39といった分子以上に特異的な分子をいくつか同定している．また末梢血で同じT細胞クローンを追跡したところ，驚くべきことにきわめて少数しか存在していなかった．一方で耐性患者の腫瘍浸潤T細胞ではエクスパンドしているT細胞クローンはあまり疲弊分子を発現しておらず，そういったクローンは末梢血でも同様にエクスパンドしており，腫瘍細胞株とも反応性は認めなかった．現在，同定した新たな分子について機能解析などを行っているところであり，新たな治療標的や効果予測バイオマーカーの可能性を期待している．

　ごく最近，抗PD-1抗体治療前後でのシングルセルシークエンスから網羅的遺伝子発現とTCR配列を解析

した研究が報告された[20]．疲弊分子を発現している CD39陽性CD8陽性T細胞を腫瘍に対して攻撃しているT細胞として注目し，そのT細胞クローンが治療前後では大多数で異なっており，かつ治療後のクローンの多くが治療前の腫瘍には浸潤していないことから，T細胞クローンの変化を論じている[20]．また疲弊したT細胞のなかでもTCF1陽性の場合には抗PD-1抗体により増殖する能力を維持しており，抗PD-1抗体の治療効果と関係することが過去に報告されているが[21][22]，この研究ではTCF1陽性T細胞のクローンの方が治療後には増殖はしていたものの，治療後の疲弊マーカー高発現CD39陽性クローンの10％だけしか治療前のTCF1陽性T細胞クローン由来でなかったという議論のある結果であり，今後さらなる検証が必要であろう[20]．

5 将来展望

シングルセルシークエンスでは細胞数を増やせば増やすほど1細胞あたりのデータの質は落ちてしまい，例えばCD4陽性T細胞をシークエンスしたはずなのにCD4遺伝子リード数が0ということも起こってしまう．そこでより正確に解析するために代表的なマーカーについては抗体にユニーク配列のオリゴヌクレオチドをラベルして同時にシークエンスしてタンパク質発現を解析するような方法を用いている場合もある[23][24]．同様に抗原特異的なT細胞を同定するMHCマルチマーにユニーク配列のオリゴヌクレオチドをラベルしてシークエンスをして，抗原特異的T細胞を同時に同定することができる．この方法にTCRシークエンスを組合わせることで抗原特異的なTCR配列を同定できる．例えばネオ抗原特異的T細胞のTCRを個々に同定できれば免疫チェックポイント阻害剤が無効な症例に対しての究極の細胞療法になる可能性がある．

現状のシングルセルシークエンスの方法では組織をバラバラにしてしまうため位置情報が失われる．そこでスライドにユニーク配列のオリゴヌクレオチドバーコードを貼り付けて位置情報を配列に紐付けて，シングルセルレベルに近いようなシークエンスを行う方法が取り組まれている[25][26]．現状TCR・BCR配列のシークエンスをこの方法に組合わせた報告は存在しないが，今後は位置情報も紐付いたクローンに関する情報にアプローチできるようになることを期待している．

おわりに

2016年のScience誌に掲載された悪性黒色腫のシングルセルシークエンスの論文に驚愕させられたことがつい先日のように感じるが[16]，この数年でシングルセルシークエンスの論文が多数報告され，TCR・BCRシークエンスを組合わせた報告も最近増えてきている．今までは多様性やレパトアしか解析できなかったTCR・BCRが1細胞ずつの配列と同時に表現型までわかるようになった．個々の患者での病因・病態にかかわるようなTCR・BCR配列を明らかにすることができれば，MHC（HLA）情報/抗原・それに対する受容体配列というようなことがデータベース化でき，それらを治療やバイオマーカーへ応用できるようになると，まさに「個別化免疫医療」の時代がやってくると考えている．

シークエンス・解析でいつも協力いただいている東京大学の鈴木穣先生，鈴木絢子先生，KOTAIバイオテクノロジーズの山下先生，東北大学加齢医学研究所の小笠原先生，臨床検体を提供いただいている国立がん研究センター東病院消化管内科の川添先生，設楽先生，土井先生，小澤さん，山梨大学医学部附属病院皮膚科の猪爪先生，解析・研究を担当している国立がん研究センター免疫TR分野の入江先生，大学院生・技官の皆様，PIの西川先生，そして何より臨床検体解析に同意・協力してくださった患者様・ご家族様にこの場を借りて深謝申し上げます．本稿のシングルセルシークエンスの研究はAMED次世代がん医療創生研究事業の研究資金のもとで行われた研究で，あわせて深謝申し上げます．

文献

1) Papalexi E & Satija R : Nat Rev Immunol, 18 : 35-45, 2018
2) Stuart T & Satija R : Nat Rev Genet, 20 : 257-272, 2019
3) 冨樫庸介，西川博嘉：実験医学，37：2461-2468, 2019
4) Minervina A, et al : Transpl Int : doi:10.1111/tri.13475, 2019
5) 「Janeway's Immunobiology 9th edition」（Murphy K & Weaver C），Garland Science, 2017
6) Shitaoka K, et al : Cancer Immunol Res, 6 : 378-388, 2018
7) Kobayashi E, et al : Nat Med, 19 : 1542-1546, 2013
8) Neal JT, et al : Cell, 175 : 1972-1988.e16, 2018

9) Stubbington MJT, et al：Nat Methods, 13：329-332, 2016
10) Redmond D, et al：Genome Med, 8：80, 2016
11) Afik S, et al：Nucleic Acids Res, 45：e148, 2017
12) Topalian SL, et al：N Engl J Med, 366：2443-2454, 2012
13) Brahmer JR, et al：N Engl J Med, 366：2455-2465, 2012
14) Tumeh PC, et al：Nature, 515：568-571, 2014
15) Gros A, et al：J Clin Invest, 124：2246-2259, 2014
16) Tirosh I, et al：Science, 352：189-196, 2016
17) Rizvi NA, et al：Science, 348：124-128, 2015
18) Simoni Y, et al：Nature, 557：575-579, 2018
19) Li H, et al：Cell, 176：775-789.e18, 2019
20) Yost KE, et al：Nat Med, 25：1251-1259, 2019
21) Sade-Feldman M, et al：Cell, 176：404, 2019
22) Siddiqui I, et al：Immunity, 50：195-211.e10, 2019
23) Peterson VM, et al：Nat Biotechnol, 35：936-939, 2017
24) Stoeckius M, et al：Nat Methods, 14：865-868, 2017
25) Berglund E, et al：Nat Commun, 9：2419, 2018
26) Ståhl PL, et al：Science, 353：78-82, 2016

＜著者プロフィール＞
冨樫庸介：2006年京都大学医学部医学科卒業，呼吸器内科医として肺がんの分子標的薬開発を目の当たりにし，臨床検体の解析，translational research（TR）が重要だと思い，'12年〜'15年近畿大学大学院医学研究科に進学し医学博士を取得した（西尾和人教授）．在学中に免疫チェックポイント阻害剤のデータが報告され，「これはがん免疫について勉強しなくては…」と強く思い'16年〜'19年国立がん研究センターで学び，'19年9月より現所属で独立に至る．'14年日本学術振興会特別研究員（DC2），'17年日本学術振興会特別研究員（PD）を取得．臨床検体が一番ヒトの病気の真実に近いと思い研究に取り組み，そこから基礎的な検証ができ，また臨床に還元できるようなTR/reverse TRができる研究室をめざしている．

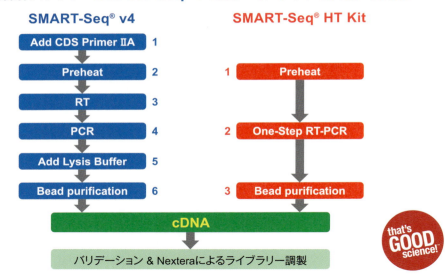

第2章 シングルセル解析によるバイオロジー

Ⅱ．免疫・がん

8. T細胞におけるシングルセル解析

安水良明，中村やまみ，大倉永也

T細胞，B細胞，マクロファージ等，数多くの細胞群から構成される免疫系は，細胞状態，環境，細胞外刺激により，複雑でダイナミックな変化を示す．これら免疫担当細胞の多様性は，細胞膜表面抗原タンパク質をモニターするフローサイトメトリーを用いて長らく研究が行われてきたが，本技術の限界も見えはじめている．一方近年，フローサイトメトリーを超える解像度，情報量を取得できるシングルセルRNA-seqが開発され，これまでアクセスできなかった細胞内変化，転写因子ネットワークを1細胞レベルで追うことで，免疫系の複雑性に迫ることが可能になってきた．本稿では，T細胞中の1分画であり，抑制性免疫制御の要である制御性T細胞のシングルセル解析を実例として，本技術の有用性，技術的障害，解析フローについて紹介する．

はじめに

　T細胞は1968年にJ. F. Millerらによって発見されて以来，獲得免疫系のキープレーヤーとしてさまざまな機能を担っていることが解明されてきた．発見当初，T細胞を含む免疫システムは単純なものであると想定されてきたが，免疫学研究の進歩とともに，免疫システムの複雑性が明らかになっていき，T細胞の認識する抗原の多様性，エフェクターT細胞の多様性，さらには，活性化状態・休止状態といった細胞状態の違い，組織や環境からの影響等，さまざまな要素がかかわっていることがわかってきた．例えば，腫瘍内のT細胞は，通常のT細胞とは異なる性質を示したり，新生児・大人・健常人・自己免疫疾患患者それぞれでT細胞の発現プロファイルが大きく異なることも明らかになってきた[1,2]．しかし一方で免疫の複雑性・多様性を前に，フローサイトメトリーを中心とする既存の解析技術では，解像度の限界も見えはじめている．このような状況のなか，近年複雑な細胞システムの解明に期待されているのが，本書のテーマである次世代シークエンサーを用いたシングルセル解析である．本稿では，T細胞におけるシングルセル研究における現状を，当研究室の知見を踏まえて取り上げる．

1 T細胞におけるシングルセル研究の動向

　T細胞におけるシングルセル解析の論文数を調べてみると，2010年を境に急増していることがわかる．ちなみに，2000年付近においてシングルセルというワー

[略語]
Tconv：conventional T cells（通常のT細胞）
TCR：T cell receptor（T細胞受容体）
Treg：regulatory T cells（制御性T細胞）

Single cell analysis of T cells
Yoshiaki Yasumizu/Yamami Nakamura/Naganari Ohkura：Experimental Immunology, Immunology Frontier Research Center, Osaka University（大阪大学免疫学フロンティア研究センター実験免疫学）

ドは主にフローサイトメトリーを指しており，言葉の再定義が起こっているようである．対象サンプルに関しても，初期はヒト末梢血での解析がほとんどであったのに対し，最近では，腫瘍，胸腺，皮膚，乳腺，関節，脂肪組織，脳脊髄液など多岐にわたる．そして，それぞれの場所において異なる様相を呈することがわかってきた．例えば，皮膚や大腸に存在している制御性T細胞（Treg）は，リンパ組織のTregに比べ，T細胞活性化にかかわる分子の発現が亢進する一方，リンパ組織Treg特異的な分子の発現は抑制されている[3]．表面マーカーの変化は従来のフローサイトメトリー技術で追跡可能だが，細胞内変化，特異的遺伝子発現は，シングルセルRNA解析によりはじめて明らかになってきた．

2 シングルセル解析で考慮すべきT細胞の性質

昨今の技術の発展により，シングルセル解析は自動・ハイスループット化し，1万個以上もの細胞を扱うプラットフォームも標準化してきた．しかし一方で，T細胞をシングルセル解析する場合，大きく2つの障害があり，データ精度・解像度の低下の原因となったり，ハイスループット化の妨げになっている．1つはmRNA含有量の少なさで，もう1つは細胞溶解の困難さである．

mRNA含有量からみてみよう．もともとT細胞のmRNA含有量の少なさはよく知られており，がん細胞等と比較した場合，1/10～1/1,000程度になる．非活性化状態であるナイーブT細胞ではさらに少なく，あるシングルセルプラットフォームではナイーブT細胞をネガティブコントロールとして使用しているほどである（DNAからの望ましくない増幅が起きていないか等をチェックできる）．T細胞の活性化と非活性化状態を比較した通常のRNA-seqでは，活性化により上昇する遺伝子群と抑制される遺伝子群がほぼ等しく観察される例をよく見かける（**図1A**）．しかし，これはデータ補正の影響であり，実際のmRNA量で比較すると，活性化により10倍程度の上昇が認められる．mRNA含有量の少なさに対する単純な解決法は，細胞集団をいったん培養系で活性化させたのちシングルセルプラットフォームに投入する方法であり，実際，多くのラボがこのような手法をとっている．しかし，前述のとおりT細胞は活性化により表現型を大きく変化させるため，非活性化状態でのT細胞解析は多様性を知るうえで必須である．これを達成するには，極微量のRNAを損失なく回収し，高効率で逆転写し，バイアスを抑制しながら増幅する技術が必要である．当研究室では，SMART-Seq v4（タカラバイオ社），RamDA[4]，Quartz[5]などの高効率逆転写法を用いることでこの問題を克服している．

2つめの問題点は細胞溶解の困難さである．ほとんどのシングルセルプラットフォームでは，細胞溶解後のバッファー置換を行わず，そのまま逆転写反応を行う．このフローを達成するため細胞溶解液は逆転写反応への影響が少ない1％NP40等の温和な条件を用いている．しかし，T細胞は細胞質がほとんど存在せず，凝縮した形態をとるため，1％NP40では十分に溶解せず，RNA回収量が激減する．そこで当研究室では，細胞をいったんグアニジン塩系の溶解液で完全に溶解後，細胞1つ1つから核酸分離用磁気ビーズを用いてRNAを精製し，界面活性剤を含まないバッファーに置換して逆転写反応を行っている．この効果は絶大で，一般的なシングルセルプラットフォームでは，検出遺伝子数が1,000前後であるのに対し，バッファー交換を行った場合では，検出遺伝子数は5,000を超える．両者の遺伝子発現データを高変動遺伝子群でクラスタリングした図を示す（**図1B**）．RNA精製を行うことにより，検出感度が上昇し，細胞間のばらつきも抑制され，通常のT細胞とTreg細胞との違いが明確に捉えられているのがわかる．免疫学の分野ではすでにフローサイトメトリーというシングルセル解析装置がほぼ100％普及しており，大量の細胞のパターン分離，クラスタリング，マーカータンパク質検出などはすでに可能である．そのうえで，シングルセルRNA-seqを行うメリットは，フローサイトメトリーを超える解像度，情報量を取得できる点にある．逆に言えば，低解像度でばらつきの大きいシングルセルRNA-seqならば，フローサイトメトリーで十分である．

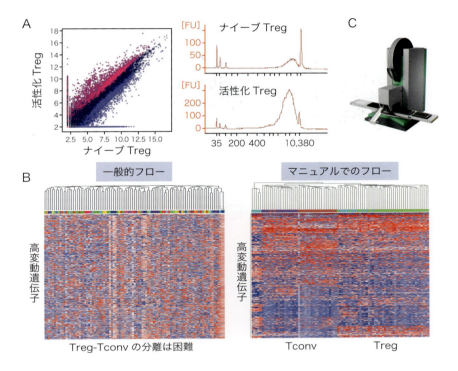

図1　T細胞でのシングルセル解析
A）活性化TregとナイーブTreg細胞との差．RNA-seq，および同一細胞数からのcDNA合成量の比較．B）一般的なシングルセル解析フローと，バッファー置換を行うマニュアルフローとの比較．高変動遺伝子群に絞りクラスタリングを行った．C）Mosquitoシステム．マニュアルでのシングルセル解析に用いる．mosquito® instrument images provided courtesy of TTP Labtech.

3　シングルセル解析自動化へのアプローチ

T細胞シングルセルRNA解析では，一つひとつの細胞を別々にRNA精製し，バッファー置換後，逆転写を行うアプローチが有効である．しかし，本方法は操作手順が多く，手作業での実施では1日に96穴プレート1枚を処理するのが限界である．昨今のマイクロ流体デバイスを用いた解析では，数千〜数万細胞が1処理で可能であるのに対し，あまりに少ない数である．そこで，当研究室では処理細胞数の増加と作業負担の軽減のため，自動分注装置Mosquito（図1C）を導入し，工程の自動化を行っている．Mosquitoは，もともとはタンパク質結晶化条件のスクリーニング用に開発された機械だが，微量で正確な高速分注が可能であるため，NGSの現場に徐々に導入されつつある．本機は384穴プレートに対し16チャネルのマルチディスペンシングシステムを備え，プログラムの設計が簡単で自由度も高いため，汎用性が高い．また，384穴プレートを使用することで，96穴プレートに比較し同じ液量でもより効率よく反応が進むことも確認している．現在，当研究室ではRhapsody（BD社）等の汎用機を用いたシングルセル解析でラフに解析した後，特定細胞群に対してMosquitoを用いたマニュアルシングルセル解析を行う，2ステップのフローを標準としている．現在，シングルセル解析は流体デバイスを用いた大規模かつ浅い解析と，少数での深い解析の二極に分かれている．前者は全体の頻度を反映した解析ができる一方，遺伝子発現の解像度が粗く，生物学的な変化とノイズとの区別が困難である場合がある．後者は遺伝子発現自体の解像度は高いが，一度に解析できる細胞数が限られ，細胞集団のバイアスがかかってしまう．両者は諸刃の剣であり，実験計画の段階で慎重に考慮する必要がある．また，Teichmannらは，Chromium（10x Genomics

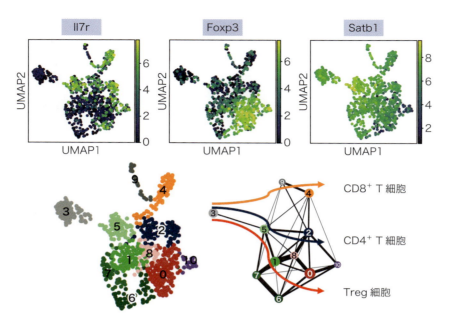

図2 胸腺T細胞分化のシングルセル解析
胸腺細胞群に対するマニュアルでのシングルセル解析結果を示す．上段は各細胞における発現を，下段はLeidenによるグループ化と，分化経路の推定を示す．

社）とSMART-Seq2のデータを統合して用いることで両者の欠点を補完するアプローチも試みている[6]．

4 T細胞シングルセルデータの解析

昨今のシングルセル研究におけるバイオインフォマティクス技術の発展もめざましく，この数年で大きく状況が変化した．例えば，次世代シークエンサーの出力からRNAの定量を行うには，これまではゲノムマッピングを行い，エキソン領域にマップされたリードをカウントするという流れであった．しかし，kallisto[7]やsalmon[8] の登場により，ゲノムマッピングを行わず，直接転写産物を定量するという，高速かつ高精度な手法が開発された．この技術は，大量の配列データを処理しなければならないシングルセル解析に大きな恩恵を与えている．また，下流解析に関しても数年前まではさまざまなソフトウェアが乱立していたが，最近では基本的解析はSeurat[9]，scanpy[10]，Monocle[11]といった主要なソフトウェアが地位を確立し，もはや選択に困ることは少なくなった．しかし一方で，シングルセル解析を用いた論文も急増しており，安直に細胞集団をクラスタリングし，マーカー遺伝子を定義するだけの時代は終焉したといえる．

5 胸腺におけるT細胞分化

シングルセル解析の強みの1つが細胞分化の捕捉である．従来の多細胞を対象とした手法では細胞分化は離散的観測が限界であったが，シングルセル解析では細胞分化をほぼ連続的に観測することが可能である．そこでわれわれは，当研究室のメインテーマの1つであるTregの胸腺における分化を解明するべく，シングルセルRNA解析を行った．今回は，SMART-Seq v4をマニュアルで行い，T細胞の前駆細胞である胸腺ダブルポジティブ細胞から，分化後のTreg分画までの細胞群を対象とし解析した．その結果，胸腺内で複数のT細胞分化経路が存在することがわかった（**図2**）．さらに，Tregの機能形成において鍵とされている転写因子Foxp3の発現は，Treg分化の最終段階にならないと誘導されず，分化初期では異なった転写因子群が活性化していることがわかってきた．分化過程のクラスターやマーカー遺伝子の決定に加え，二次解析として，遺

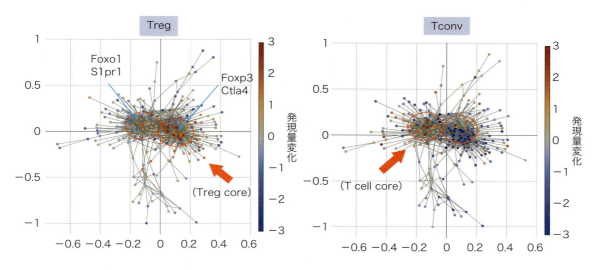

図3　シングルセルデータからの遺伝子ネットワークの推定
Tregおよび通常のT細胞（Tconv）のシングルセルデータから，内包する遺伝子ネットワークを推定した．各ドットは，転写調節因子を示す．

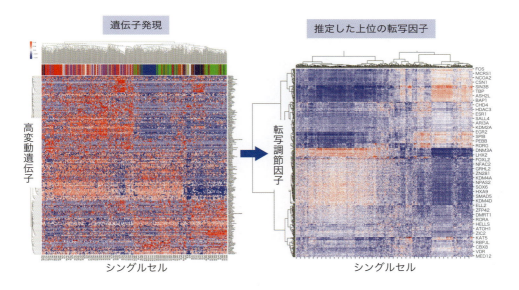

図4　シングルセルデータからの上位転写因子活性化の推定
TregおよびTconv細胞のシングルセルデータから，wPGSA[12]を用いて上位に位置する転写因子の活性化を推定した．

伝子制御ネットワーク（gene regulatory network）から分化の中心で機能している遺伝子の推定や（図3），データベース化された転写調節因子とそのターゲット遺伝子との関係性に基づき，観察された遺伝子発現の上位に位置する活性化転写因子の推定（wPGSA[12]）（図4）などを行った．T細胞は骨髄，胸腺，末梢において特異的な分化を経験する．それぞれの分子メカニズムの解明において，シングルセルRNA解析は大きな威力を発揮すると考えられる．

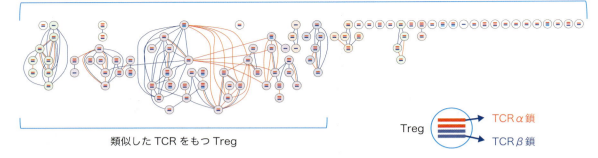

図5 シングルセルデータからのTCR解析
がん組織に浸潤したTreg細胞のシングルセルデータから，TraCeRを用いてTCR α鎖とβ鎖の同定を行った．がん組織では，特定の抗原を認識するTregの遊走およびクローン増殖が認められる．

6 シングルセルデータからのT細胞受容体解析

T細胞に発現しているT細胞受容体（TCR）は抗原提示細胞上の特異的な主要組織適合抗原・ペプチド複合体（pMHC）を認識する．このTCRの特異的な認識機構はV(D)J領域の遺伝子再構成によって創出されており，その多様性は$5×10^{21}$にも及ぶといわれている[13]．そのため，同一のTCR配列をもつT細胞は，同じ祖先となるT細胞から増殖した，いわゆるクローンとして捉えることができ，TCRの多様性を捉えることで，炎症に関与した増殖や遊走，特異的抗原の存在等について考察することができる．これまで，通常のRNA-seqデータを用いてTCRプロファイリングを行う，MiXCR，VDJtoolsといった優れたツールが開発されていたが，この方法ではサンプルにおけるTCR配列の頻度を求めるにとどまっていた．そこでシングルセルデータを利用して，各T細胞のもつTCRレパトアとRNA発現量を統合することを可能にしたのが，Stubbingtonらによって開発されたTraCeRである[14]．TraCeRはSMART-Seq2をはじめとした全長RNA-seqを行うプロトコールに対して，各細胞のα鎖，β鎖およびCDR3領域の配列とその発現量を計算することができ，さらにその結果をもとに，T細胞クローンのネットワークを描出することができる（図5）．当研究室では，T細胞クローンのネットワーク描出，TCRと遺伝子発現との統合解析に加え，ダブレットフィルターとしても用いている．すなわち，TraCeRにより，3種類以上のα鎖もしくはβ鎖が検出された場合，同一ウェル内に2個以上の細胞がソートされていた可能性が高いとして，以降の解析から除外している．2018年には，B細胞受容体（BCR）に対して同様の処理を行うBraCeR[15]もリリースされた．TraCeRを用いることで，どのT細胞分画において，どのクローンが増殖しているのか，またそのクローンはどの組織まで浸潤しているのかなど，これまでの技術では解明できなかったT細胞の複雑なシステムに迫ることが可能になった．

おわりに

上記で取り上げたように，近年のシングルセル解析の発展によりT細胞研究は飛躍的に進歩した．

T細胞の成立や機能には，間質細胞や血管内皮細胞，抗原提示細胞といった他の細胞との相互作用が重要であることがわかってきている．細胞間相互作用の観察は非常に難しい課題であったが，幸いなことに近年シングルセル解析を用いてreceptor–ligandネットワークを描出するscTensor[16]やcellphoneDB[6]といった強力なツールが開発されている．さらに，顕微鏡を用いて*in situ*でRNAを観察する，smFISHやSTARmap[17]などの計測技術が発展し，遺伝子発現と空間情報を統合することも可能になってきた．加えて，疾患の解明のためにもシングルセル解析は強力なツールとして認知されてきている．特に，偏りのない細胞集団に対するシングルセルRNA-seqなどは，遺伝子

発現と細胞頻度を同時に定量できるため，臨床サンプルの保管方法としても非常に有用である．多施設で集められた患者由来のシングルセルデータをメタ解析し，創薬や治療に応用する潮流は今後ますますさかんになるであろう．

文献

1) Olin A, et al：Cell, 174：1277-1292.e14, 2018
2) Wing K & Sakaguchi S：Nat Immunol, 11：7-13, 2010
3) Miragaia RJ, et al：Immunity, 50：493-504.e7, 2019
4) Hayashi T, et al：Nat Commun, 9：619, 2018
5) Sasagawa Y, et al：Genome Biol, 19：29, 2018
6) Vento-Tormo R, et al：Nature, 563：347-353, 2018
7) Bray NL, et al：Nat Biotechnol, 34：525-527, 2016
8) Patro R, et al：Nat Methods, 14：417-419, 2017
9) Stuart T, et al：Cell, 177：1888-1902.e21, 2019
10) Wolf FA, et al：Genome Biol, 19：15, 2018
11) Cao J, et al：Nature, 566：496-502, 2019
12) Kawakami E, et al：Nucleic Acids Res, 44：5010-5021, 2016
13) Roth DB, et al：Cell, 70：983-991, 1992
14) Stubbington MJT, et al：Nat Methods, 13：329-332, 2016
15) Lindeman I, et al：Nat Methods, 15：563-565, 2018
16) Tsuyuzaki K, et al：bioRxiv：doi: https://doi.org/10.1101/566182, 2019
17) Wang X, et al：Science, 361：doi:10.1126/science.aat5691, 2018

＜筆頭著者プロフィール＞

安水良明：2019年大阪大学医学部医学科卒業，MD研究者育成プログラム修了．同年大阪大学免疫学フロンティア研究センター実験免疫学教室招へい研究員，国家公務員共済組合連合会大手前病院初期研修医．学部内にもデータサイエンスのコミュニティをと，阪医Python会を立ち上げ，鋭意活動中．

第2章 シングルセル解析によるバイオロジー

Ⅱ．免疫・がん

9. レンバチニブと抗PD-1抗体の併用による腫瘍免疫調節作用の解析

木村剛之，加藤　悠，船橋泰博

近年，がん治療において，免疫チェックポイント阻害剤は顕著な抗腫瘍効果を発揮し脚光を浴びている．一方，単剤での抗腫瘍効果は多くのがんで限定的であり，他抗がん剤との併用試験や耐性研究がさかんに行われている．一細胞レベルで生物学的な現象を追求するシングルセル解析は解析技術の発展・簡易化により，創薬や薬剤作用機序の解析においても応用されはじめている．本稿では，日本発の抗がん剤であるレンバチニブと免疫チェックポイント阻害剤のがん免疫細胞への作用解析を例として，創薬現場の橋渡し研究におけるシングルセル解析の応用と展望を紹介する．

はじめに

レンバチニブメシル酸塩（レンバチニブ）は腫瘍血管新生ならびにがんの増殖・転移に重要な受容体型チロシンキナーゼであるVEGF受容体（VEGFR1-3）およびFGF受容体（FGFR1-4），PDGF受容体α，KIT，RETに対し，強力かつ選択的阻害作用を有する，経口投与可能なマルチキナーゼ阻害剤である．非臨床薬理試験においてレンバチニブはVEGFやFGFによって誘導される腫瘍血管新生を阻害することでさまざまながん種に対して抗腫瘍効果を発揮することがわかっている[1]．レンバチニブはエーザイの筑波研究所にて非臨床研究を，国内外にて臨床試験を推進し，2015年に甲状腺がんに係る適応で米国，日本，欧州などで承認された．また，腎細胞がん（二次治療）に対するエベロリムスとの併用療法に係る適応で米国，欧州，アジアなどで承認を取得し，その後，肝細胞がんに係る適応で米国，日本，欧州，中国，アジアなどで承認を取得

［略語］

CTLA-4：cytotoxic T-lymphocyte antigen-4
（細胞傷害性Tリンパ球抗原4）
FGF：fibroblast growth factor
（線維芽細胞増殖因子）
PD-1：programmed cell death-1
（プログラム細胞死1）
PDGF：platelet derived growth factor
（血小板由来増殖因子）

PD-L1：programmed cell death-ligand 1
（プログラム細胞死リガンド1）
TAM：tumor associated macrophage
（腫瘍関連マクロファージ）
TIL：tumor infiltrating lymphocyte
（腫瘍浸潤リンパ球）
VEGF：vascular endothelial growth factor
（血管内皮細胞増殖因子）

Investigation of immunomodulatory activity of lenvatinib in combination with anti-PD-1 antibody
Takayuki Kimura/Yu Kato/Yasuhiro Funahashi：Oncology Business Group, Eisai Co., Ltd.（エーザイ株式会社オンコロジービジネスグループ）

した．現在，免疫チェックポイント阻害剤抗PD-1抗体との併用における安全性および有効性を評価する臨床試験が腎細胞がん，子宮内膜がん，肝細胞がんなど複数の固形がんを対象に進行中である．本稿では，レンバチニブの腫瘍免疫調節作用および抗PD-1抗体との併用療法の作用機序解析を例に，創薬におけるシングルセル解析の橋渡し研究への応用について紹介する．

1 血管新生阻害によるがん免疫療法

　免疫チェックポイント阻害剤は，がんに対する免疫応答を抑制するCTLA4・PD-1・PD-L1などの免疫チェックポイント因子に対する阻害剤であり，メラノーマや非小細胞肺がんをはじめ複数のがん種において承認を取得している[2]〜[4]．一方で，非ホジキンリンパ腫など一部を除く多くのがん種において奏効率は3割程度であり，すべてのがん患者において顕著な抗腫瘍効果は認められないことが，免疫チェックポイント阻害剤の課題となっている[5]．そのため免疫チェックポイント阻害剤同士の併用をはじめ[6]，免疫チェックポイント阻害剤と腫瘍免疫に作用する薬剤あるいは血管新生阻害剤などとの併用臨床試験が進行している[7]．

　腫瘍血管は異常な血管であり腫瘍微小環境において血管機能は低下している．その結果，低酸素状態の誘導・腫瘍間質圧の上昇・血液還流の低下が起こり，免疫エフェクター細胞の腫瘍微小環境への浸潤が阻害され，腫瘍血管の亢進はがんの免疫回避機構を活性化すると考えられている[8]．また，腫瘍血管新生において最も重要な血管新生因子であるVEGFは血管内皮細胞に作用して血管新生を促進するだけでなく，自然免疫細胞ならびに獲得免疫細胞の機能を調節し，免疫抑制に働くことが明らかにされつつある[9]．現在までに10を超える血管新生阻害剤が承認されているが，2019年，そのなかの1つであるアキシチニブと抗PD-1抗体ペムブロリズマブまたは抗PD-L1抗体アベルマブとの併用療法が，血管新生阻害剤と免疫チェックポイント阻害剤との併用療法としてはじめて，進行腎細胞がんの一次治療として米国食品医薬品局（FDA）から承認され[10][11]，免疫チェックポイント阻害剤と血管新生阻害剤の併用に関心が集まりつつある．

　レンバチニブとペムブロリズマブの併用療法としては，2019年10月現在，安全性および有効性の確認を目的とする第Ib/II相試験，ならびに6がん種における治療歴に応じた10の適応取得を目的とした臨床試験が進行中である．2019年9月，高頻度マイクロサテライト不安定性を有さない，またはDNAミスマッチ修復機構欠損を有さない進行性子宮内膜がんにおける適応について，FDAが主導する「プロジェクトOrbis」のもとで審査され，米国，オーストラリア，カナダの3カ国で承認を取得した．また現在までに，進行性または転移性腎細胞がん（2018年1月）・局所治療に適さない切除不能な進行性肝細胞がんの一次治療（2019年7月）の2がん種の適応において，FDAよりブレイクスルーセラピーの指定も受けている．

　血管新生阻害剤と免疫チェックポイント阻害剤の併用によりがん免疫療法を改善するためには，腫瘍免疫に対して抑制性の腫瘍微小環境を改善し，がん免疫増強に貢献する腫瘍微小環境をつくり出すことが重要である（図1）[7][12][13]．よって血管新生阻害剤と免疫チェックポイント阻害剤の最適な併用療法を開発するために，非臨床研究において腫瘍血管とがん免疫のクロストーク，血管新生阻害剤が腫瘍免疫を活性化する詳細な作用機序，血管新生阻害によるがん免疫増強に貢献する免疫細胞の同定などの解析を行い，それら知見を臨床開発研究で活用する橋渡し研究が必要である．

2 レンバチニブの腫瘍免疫調節作用

　上述のようにVEGFは血管新生を促進する一方，腫瘍局所に浸潤する免疫細胞に対して抑制性に作用することが報告されている[9]．レンバチニブの保持するVEGFRシグナル阻害作用は血管新生阻害作用に加えて，免疫調節作用をもつ可能性も示唆されるため，非臨床研究においてレンバチニブの腫瘍免疫調節作用を検証した．本研究では，マウス同系腫瘍移植モデルとして，Hepa1-6マウス肝臓がん移植モデルおよびCT26マウス大腸がん移植モデルを用いて諸々検討している[14][15]．

　まず，胸腺欠損による成熟T細胞不全モデルであるヌードマウス腫瘍移植モデルと，正常免疫を保有するマウス同系腫瘍移植モデルにおいて，レンバチニブの抗腫瘍効果を比較検討した．その結果，ヌードマウス

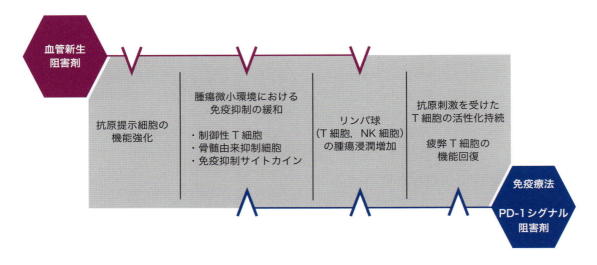

図1 血管新生阻害剤と免疫チェックポイント阻害剤の相乗効果
血管新生阻害剤は腫瘍免疫に対して抑制性の腫瘍微小環境を改善し，また樹状細胞などの抗原提示細胞の機能を高める．抗PD-1抗体はリンパ球の腫瘍浸潤を促し，T細胞の活性化に働き，また抑制性免疫細胞の機能を減弱させる．両薬剤は異なる作用機序により相乗的に腫瘍免疫環境を改善する．文献7, 12, 13をもとに作成．

腫瘍移植モデルと比較して，マウス同系腫瘍移植モデルにおいて，レンバチニブのより強力な抗腫瘍効果が見出された．このことはT細胞による免疫応答が備わった腫瘍環境においてレンバチニブの抗腫瘍効果は増強されることを示している．次に獲得免疫で働くT細胞のなかでも，がん免疫の主たるプレーヤーである細胞傷害性CD8陽性T細胞が，レンバチニブの抗腫瘍効果に寄与することを確認するため，抗CD8阻害抗体を用いてCD8陽性T細胞を除去し，レンバチニブの抗腫瘍効果を評価したところ顕著な効果の減弱が確認された．この結果から，レンバチニブは獲得免疫環境下，特に細胞傷害性T細胞が存在する環境において，より強い抗腫瘍効果を発揮することが示されている．

これらの結果は，細胞傷害性T細胞を賦活化する作用をもつ抗PD-1抗体との併用効果を期待させるものであり，次に上述のマウス同系腫瘍移植モデルにおいてレンバチニブと抗PD-1抗体との併用による抗腫瘍効果検討試験を実施した．レンバチニブおよび抗PD-1抗体の各単剤において薬剤未投与コントロール群に比べて統計学的に有意な腫瘍増殖抑制作用が認められているが，併用投与においては各単剤よりもさらに強い抗腫瘍効果が認められた．特にHepa1-6同系腫瘍移植モデルにおいては，併用投与により，複数のマウスにおいて各単剤では観察されない腫瘍縮小が認められ，一部のマウスでは腫瘍消失も確認された（**図2**）．これらの非臨床薬理試験結果は，レンバチニブと抗PD-1抗体の併用療法の有用性を示唆するものであり，ヒト臨床試験における併用療法研究の妥当性を証明する結果であった[14]．

次にレンバチニブと抗PD-1抗体の併用療法による強力な抗腫瘍効果を生み出す作用機序を解明するため，CT26同系腫瘍移植モデルにおいて遺伝子発現プロファイル（トランスクリプトーム）解析を実施した．レンバチニブ，抗PD-1抗体およびその併用投与後の腫瘍においてRNAシークエンス解析（RNA-Seq）を実施し，これらデータを用いてネットワーク解析の一手法であるWeighted Gene Co-expression Network Analysis（WGCNA）[16]を実施した．本解析から，レンバチニブが基点となり抗PD-1抗体との併用抗腫瘍効果増強に関与する経路のうちの1つとして，I型インターフェロン（IFN）経路が明らかな統計学的有意差をもって見出された．I型IFN経路が活性化することは，T細胞・NK細胞においてII型IFNであるIFN-γ産生を促進するとともに，樹状細胞の抗原提示能を増強させ，細胞傷害性T細胞の活性化を促進する作用が誘導されると推察される[17]．CT26同系腫瘍移植モ

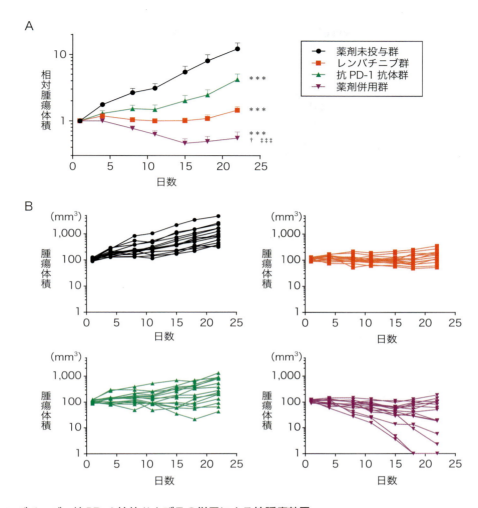

図2　レンバチニブ，抗PD-1抗体およびその併用による抗腫瘍効果

Hepa1-6マウス肝臓がん移植モデルにおける抗腫瘍効果．**A**）群ごとの相対的な腫瘍体積推移．***$P<0.001$ vs 薬剤未投与群；†$P<0.05$ vs レンバチニブ群；‡‡‡$P<0.001$ vs 抗PD-1抗体群（ダネットの多重比較検定）．**B**）個体ごとの腫瘍体積推移．薬剤未投与群に比べ，レンバチニブ，抗PD-1抗体単剤投与で有意な腫瘍増殖抑制がみられるが，両薬剤の併用投与ではより強い抗腫瘍効果が認められた．文献14より引用．

デルでは，抗IFN-γ阻害抗体とレンバチニブ単剤，もしくはレンバチニブと抗PD-1抗体との併用投与において，抗IFN-γ阻害抗体による抗腫瘍効果の減弱が確認され，I型IFN経路だけでなくIFN-γシグナルの活性化がレンバチニブの免疫作用に重要な働きをしていることが示されている[15]．

3 マウス同系腫瘍移植モデルにおけるシングルセル解析

腫瘍微小環境における免疫細胞は多種多様であり，同じ免疫細胞であっても個々の細胞における遺伝子発現により活性化状態が異なるなど，非常に不均一な細胞集団から構成されている．こうした多様性に富む免疫細胞集団を網羅的に解析するため，シングルセル解析は威力を発揮する．われわれはレンバチニブ，抗PD-1抗体およびその併用投与における腫瘍微小環境

の免疫細胞への影響を評価するために，シングルセル解析を活用した．マウス肝がん細胞株であるBNL 1ME A.7R.1あるいはHepa1-6を，正常免疫を保有する同系マウスに移植し腫瘍を形成後，それぞれのモデルにおいてTIL集団を対象にBio-Rad社/Illumina社のddSEQ，ならびに10x Genomics社のChromiumの2種類のシングルセルRNA-Seq（scRNA-Seq）プラットフォームを用い，シングルセル解析を行った．

ddSEQおよびChromiumはともにマイクロドロップレット方式を用いた細胞単離手法であり，ドロップレット形成から逆転写・増幅反応・ライブラリー作製などを，4あるいは8サンプル同時に処理でき，実験プロトコールは初心者でも簡単に取り組めるユーザーフレンドリーなシングルセル解析手法となっている．推奨解析細胞数はそれぞれのプラットフォームで数百程度から数千〜1万程度である．各プラットフォームについては第1章-1に詳しく述べられているが，以下，マウス同系腫瘍移植モデルにおけるTILを用いたシングルセル解析のtipsに触れながら，創薬現場におけるシングルセル解析活用例として，われわれの研究を紹介したい．

BNL 1ME A.7R.1同系腫瘍移植モデルにおいてレンバチニブを1週間投与した後，腫瘍組織を採材した．Miltenyi Biotech社のgentleMACS Dissociatorを用いて組織を分散，単細胞懸濁液を調製し，同社のMACSテクノロジーを用いてCD45陽性細胞を濃縮し，ddSEQにてシングルセル解析を実施した．シングルセル解析のデータを取得するにあたり，組織から細胞をしっかりと分散させ，解析対象細胞を濃縮し，また死細胞をできる限り除去することがデータのクオリティに影響するため，組織採材からシングルセル単離機器に供するまでのサンプル前処理は最も重要なプロセスである．培養がん細胞株や末梢血単核球（PBMC）などは細胞の採材や分散させることが容易であり比較的シングルセル解析はしやすい．一方，腫瘍組織などは採材に時間を要することに加え，構成細胞の複雑性や夾雑物が多いことから細胞を分散させることが難しく，シングルセル解析を計画する前に，あらかじめ対象組織の単細胞への分散方法，死細胞を含む解析対象外の細胞の除去等の最適化をしておくことが薦められる．また昨今では凍結保存検体を用いた解析実施例等もあるが，死細胞の増加や凍結融解による細胞集団の変化が懸念され，われわれは採材直後の新鮮な組織を用いて解析している．

ddSEQ解析では521細胞（薬剤未投与群301細胞，レンバチニブ投与群220細胞）のTILを対象に遺伝子発現解析，t-SNE（t-distributed Stochastic Neighbor Embedding）による次元削減解析を実施したところ，主に3つの細胞集団（C1-C3）に分類することができた（**図3**）．各免疫細胞マーカーの発現を確認することにより，C1はT細胞，NK細胞など，C2は好中球，C3はマクロファージの細胞集団であること，またレンバチニブ投与ではC1のT細胞，NK細胞集団の増加が認められる一方で，C3のマクロファージ細胞集団が減少することを捉えることができた．ddSEQは他のシングルセル解析手法に比べると1サンプルあたりのアッセイコストが安価であるため利用しやすく，多くのサンプルを解析できるメリットがある．一方で解析対象となる細胞数が少なく，また1細胞あたりで発現を確認できる遺伝子数が少ないため，細胞集団を細かく分類することが難しい印象であった．

Hepa1-6同系腫瘍移植モデルにおいては，レンバチニブ，抗PD-1抗体，あるいはその併用を1週間投与後，腫瘍組織を採材した．上述のddSEQ用のサンプル前処理同様にTILを精製し，Chromiumを用いたシングルセル遺伝子発現解析を実施した．SatijaらがR言語にて提供するSeurat[18) 19)]（https://satijalab.org/seurat/）を用い，全7,456細胞（薬剤未投与群2,108細胞，レンバチニブ投与群1,729細胞，抗PD-1抗体投与群1,869細胞，薬剤併用群1,750細胞）を対象にしたt-SNE解析により，Hepa1-6腫瘍へ浸潤した免疫細胞を17の細胞集団に分類することができた（**図4**）．さらに，各細胞集団における免疫細胞マーカーの発現ならびに特徴的な発現遺伝子パターンから9つの免疫細胞集団に着目した．薬剤未投与群に対し，レンバチニブ単剤あるいは併用群において単球/マクロファージと同定した集団がそれぞれ6.54％，10.32％減少していること，また併用群においては活性型CD8陽性T細胞やエフェクターCD8陽性T細胞と同定した集団が約5％程度増加していることが示唆された（**表**）．CD8陽性T細胞の集団においてはPdcd1やLag3，Gzmbなどのt細胞の活性化状態を反映すると知られる分子の

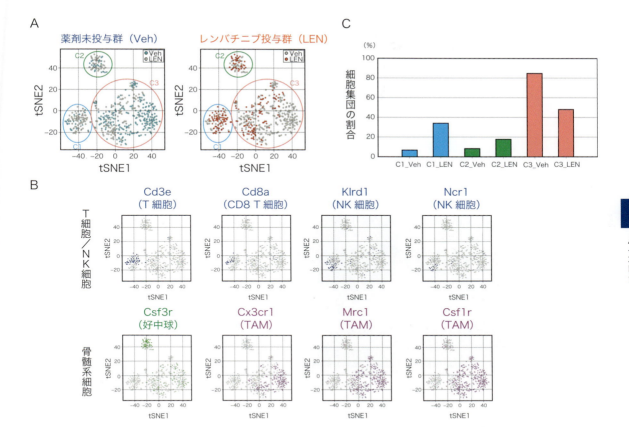

図3　BNL 1ME A.7R.1 マウス肝臓がん移植モデル腫瘍浸潤リンパ球のscRNA-Seqデータ（ddSEQ）
BNL 1ME A.7R.1 マウス肝臓がん移植モデルにおける解析．**A**）521細胞の腫瘍浸潤リンパ球（薬剤未投与およびレンバチニブ投与）のt-SNEによる二次元プロット．左：薬剤未投与群（シアン），右：レンバチニブ投与群（赤）の各細胞．細胞集団（C1〜C3）に分類．**B**）T細胞，NK細胞，好中球，腫瘍関連マクロファージの代表的なマーカー遺伝子を発現する細胞群．**C**）Aで分類した各細胞集団の割合．レンバチニブ投与ではT細胞を含むC1細胞集団が増加し，腫瘍関連マクロファージのC3細胞集団が減少した．文献15をもとに作成．

発現レベルによりサブポピュレーションが観察されており興味深い．他方，単球/マクロファージについては，腫瘍内でのマクロファージへの分化が段階的に誘導されていることが報告されているが[20]，本検討においてもマーカー発現レベルの変化に勾配が認められ，明確な細分化ができなかったことは基礎研究としても興味深い結果であった．今後，細胞の分化状態に焦点を当てたデータ解析や細胞集団ごとのネットワーク解析等により考察を深めたい．

scRNA-Seqは一細胞における網羅的な遺伝子発現解析であるが，細胞集団の特定を個々の細胞における遺伝子の発現レベルで検出していることから，結果の解釈に関して慎重を期す必要がある．そこでわれわれはCT26同系腫瘍移植モデルにおいて，腫瘍内に局在する免疫細胞集団の薬剤投与による変動について，フローサイトメトリーによる解析を実施した．フローサイトメトリー解析から，レンバチニブにより，骨髄系免疫細胞集団のなかにおいてTAMの顕著な減少が確認された．TAMには免疫活性化作用をもつM1型マクロファージと免疫抑制性作用をもつM2型マクロファージの2つのサブポピュレーションの存在が知られているが，レンバチニブと抗PD-1抗体の併用投与により，M1型マクロファージは増加傾向を示し，一方でM2型マクロファージは減少傾向を示しており，免疫を賦活化するM1型マクロファージの割合が高まることが示されている[15]．

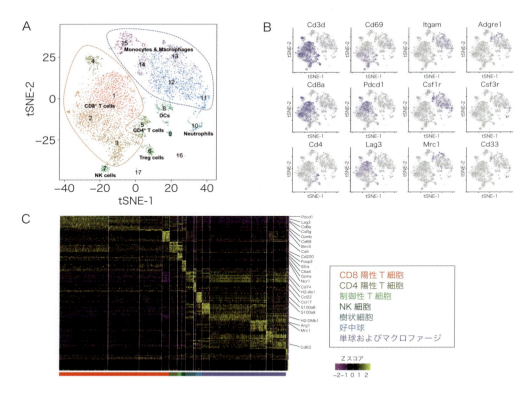

図4 Hepa1-6マウス肝臓がん移植モデル腫瘍浸潤リンパ球のscRNA-Seqデータ（Chromium）
Hepa1-6マウス肝臓がん移植モデルにおける解析．**A**）7,456細胞の腫瘍浸潤リンパ球（薬剤未投与群，レンバチニブ投与群，抗PD-1抗体投与群，薬剤併用群）のt-SNEによる二次元プロット．細胞集団（C1-C17）に分類．**B**）T細胞，NK細胞，好中球，マクロファージ等の代表的なマーカー遺伝子を発現する細胞群．**C**）Aで分類した17の細胞集団での特異的な発現量上位10遺伝子をまとめたヒートマップ図．図中において，遺伝子発現レベルはZスコアにて表示（黄：高い，紫：低い）．CD8陽性T細胞（赤下線）において，Pdcd1やLag3等の遺伝子の発現レベルが異なる細胞集団が存在する．文献14より引用．

表　薬剤投与によるHepa1-6マウス肝臓がん移植モデル腫瘍浸潤リンパ球の変化率（scRNA-Seq解析）

免疫細胞集団（細胞集団の番号）	免疫細胞集団の変化率（%）		
	レンバチニブ	抗PD-1抗体	併用
疲弊CD8陽性T細胞（C1, C4）	-0.42	-2.64	-1.41
エフェクターCD8陽性T細胞（C2）	2.53	2.17	4.47
初期活性化CD8陽性T細胞（C3）	1.65	1.25	4.74
CD4陽性T細胞（C5）	1.62	0.32	0.93
制御性T細胞（C6）	-0.28	0.1	1.13
NK細胞（C7）	0.71	0.95	0.4
樹状細胞（C8, C9）	-2.84	-1.08	-2.42
好中球（C10）	3.82	-0.37	2.1
単球およびマクロファージ（C11-15）	-6.54	-0.5	-10.32

Hepa1-6マウス肝臓がん移植モデルにおける解析．**図4A**にて分類した各細胞集団における，薬剤未投与に対する，レンバチニブ投与，抗PD-1抗体投与および薬剤併用による変化率（%）．文献14より引用．

一方でT細胞集団では，レンバチニブと抗PD-1抗体の併用投与によりT細胞，特にCD8陽性T細胞が増加することが確認され，またレンバチニブ単剤投与によるIFN-γ産生CD8陽性T細胞の増加が認められている．細胞傷害活性をもつGranzyme B産生CD8陽性T細胞は各単剤での増加も認められているが，併用投与によりさらなる増強が確認されている．

このようにフローサイトメトリー解析の結果は，骨髄系免疫細胞の減少，活性化T細胞の増加というシングルセル解析の結果と一致しており，シングルセル解析を薬剤投与により特徴的な影響を受ける腫瘍浸潤免疫細胞集団の解析に応用することへの一定の信頼性が得られたと考察している．

以上のように，シングルセル解析結果から，TAM特にM2型マクロファージ抑制，それに紐づくIFN-γやGranzyme Bを産生する活性化T細胞増加がレンバチニブにより誘導されること，抗PD-1抗体併用によりさらに腫瘍免疫細胞の活性化が誘導されることが示され，臨床試験における併用効果を科学的に説明する橋渡し研究の進展に大きく貢献した．

おわりに

シングルセル解析技術は急速に進化を遂げており，アカデミアでの基礎研究にとどまらず，製薬企業の創薬現場での橋渡し研究でも容易に利用できる解析手法の1つとなった．その進化はとどまることなく，測定対象因子をRNA，DNA，タンパク質と広げ，データの同時取得，マルチオミクス解析が実施されている[19) 21) 22)]．一方，技術の高度化に伴うデータ取得コストの増大とデータ解析の煩雑性は，より多くの研究者がシングルセル解析を行うようになるための課題と思われる．またそのデータの複雑性から，創薬研究において，現状では臨床研究におけるデータインテグリティの担保が難しいが，将来的にはさらなる技術の発展と知識の蓄積により臨床試験・治験での活用を期待したい．そして，シングルセル解析にて取得した知見をがんをはじめとする難治性疾患のよりよい理解や薬剤の作用機序，耐性研究などの橋渡し研究へ生かすこ

とで，創薬でのイノベーションをもたらし，科学的妥当性に裏付けられた患者様のベネフィット向上へとつながることを期待している．

文献

1) Yamamoto Y, et al：Vasc Cell, 6：18, 2014
2) Hodi FS, et al：N Engl J Med, 363：711-723, 2010
3) Herbst RS, et al：Lancet, 387：1540-1550, 2016
4) Reck M, et al：N Engl J Med, 375：1823-1833, 2016
5) Sunshine J & Taube JM：Curr Opin Pharmacol, 23：32-38, 2015
6) Larkin J, et al：N Engl J Med, 373：1270-1271, 2015
7) Melero I, et al：Nat Rev Cancer, 15：457-472, 2015
8) Huang Y, et al：Nat Rev Immunol, 18：195-203, 2018
9) Fukumura D, et al：Nat Rev Clin Oncol, 15：325-340, 2018
10) Motzer RJ, et al：N Engl J Med, 380：1103-1115, 2019
11) Rini BI, et al：N Engl J Med, 380：1116-1127, 2019
12) Zhang Q, et al：Am J Cancer Res, 9：1382-1395, 2019
13) Hsu J, et al：J Clin Invest, 128：4654-4668, 2018
14) Kimura T, et al：Cancer Sci, 109：3993-4002, 2018
15) Kato Y, et al：PLoS One, 14：e0212513, 2019
16) Langfelder P & Horvath S：BMC Bioinformatics, 9：559, 2008
17) Ivashkiv LB：Nat Rev Immunol, 18：545-558, 2018
18) Butler A, et al：Nat Biotechnol, 36：411-420, 2018
19) Stuart T, et al：Cell, 177：1888-1902.e21, 2019
20) Cassetta L, et al：Cancer Cell, 35：588-602.e10, 2019
21) Stoeckius M, et al：Nat Methods, 14：865-868, 2017
22) Jia G, et al：Nat Commun, 9：4877, 2018

<著者プロフィール>

木村剛之：2009年東京農工大学大学院農学府修士課程修了．同年エーザイ株式会社入社．'18年筑波大学大学院人間総合科学研究科博士課程修了．基礎から臨床応用までがん領域の橋渡し研究に取り組んでいる．

加藤 悠：2006年京都大学大学院生命科学研究科博士課程修了．同大学院医学研究科博士研究員を経て'08年エーザイ株式会社入社．'12年から米国Albert Einstein College of Medicineに2年間研究留学．がん創薬研究，がん免疫を中心とした橋渡し研究に取り組んでいる．

船橋泰博：1990年名古屋市立大学大学院薬学研究科修士課程修了．同年エーザイ株式会社入社．2000年名古屋市立大学大学院薬学研究科博士課程修了．'01年から米国Columbia Universityに約5年間研究派遣．レンバチニブの創薬研究に従事後，がん領域の橋渡し研究に取り組んでいる．

第2章 シングルセル解析によるバイオロジー

Ⅱ．免疫・がん

10. 大腸がん組織を構成する細胞集団の多様性

八尾良司，鈴木絢子，長山　聡

> がん組織は，それぞれが由来する正常組織のcaricatureであり，組織を構成する細胞集団には一定の類似性があると考えられてきた．一方，細胞多様性の根幹となるがん幹細胞は，免疫不全マウスでの造腫瘍性を指標にした解析や，モデル動物の遺伝学的解析結果に基づき，議論されてきた．このような従来のアプローチに対し，シングルセル解析の登場はヒトのがん組織やオルガノイドを直接解析することを可能にし，がん幹細胞の探索やがん組織の細胞多様性に関する新たな研究が展開されている．

はじめに

　大腸がんは，年間約15万人の罹患（男性，女性ともに第2位）と，5万人の死亡（男性3位，女性1位）が推定されている（がんの統計'18, がん研究振興財団）．stage別の5年生存率ではstage Ⅲまでは80％前後と比較的予後は良好であるのに対し，遠隔転移を伴うstage Ⅳでは20％以下となる．このことは，早期の大腸がんは外科的切除により治癒することができるのに対し，転移・再発がんに対する治療法は十分でないことを反映している．

　がんの転移は，原発巣に存在する特定の細胞もしくは細胞集団が遠隔組織に移動し，新たながん組織を再構築することにより成立する．また，がんの再発は，多くの場合，化学療法に抵抗性を示す細胞が生き残り，再増殖することにより生じる．これらを克服するためには，がん組織がどのような細胞集団から構成されているのか，転移あるいは再発過程ではどのような特性をもつ細胞が関与しているのか，さらに転移巣・再発巣は原発巣と同様の細胞階層性を有するのかなど，がん組織を構成する細胞集団の多様性について，十分に理解する必要がある．

　大腸がんは，遺伝子変異解析が早くから行われたがん種であり，変異が蓄積することによりがんが進展するという多段階発がんモデルが提唱されている．次世代シークエンサー（NGS）によるゲノムワイドな解析が行われ，網羅的な遺伝子変異プロファイルが早くからデータベース化されているがん種でもある．さらに，

[略語]
PDOs：patient-derived organoids
scRNA-seq：single cell RNA-sequencing

Cellular heterogeneity of colorectal cancer
Ryoji Yao[1] /Ayako Suzuki[2] /Satoshi Nagayama[3]：Department of Cell Biology, Cancer Institute, Japanese Foundation for Cancer Research[1] /Department of Computational Biology and Medical Sciences, Graduate School of Frontier Sciences, The University of Tokyo[2] /Department of Gastroenterological Surgery, Cancer Institute Hospital, Japanese Foundation for Cancer Research[3]（がん研究会がん研究所細胞生物部[1] /東京大学大学院新領域創成科学研究科メディカル情報生命専攻[2] /がん研究会がん研有明病院大腸外科[3]）

同一患者に由来する原発巣と転移巣との比較解析を含んだ詳細なゲノム解析では，腫瘍内で共通のファウンダー変異と共通ではないプログレッサー変異があることがわかってきた．しかし，普遍的に転移過程に関与する遺伝子変異を同定するには至っていない．同様に，遺伝子発現解析においても，原発巣あるいは転移巣に特異的に発現する遺伝子は明らかにされておらず，両者における生物学的な類似性と相違点は十分に理解されていない．'シングルセルゲノミクス'は，これらの状況を打開するテクノロジーとして急速に普及してきた．

1 大腸がんのがん幹細胞の探索

がん組織の多くは，それぞれが由来する正常組織の特徴を保持するcaricatureであり，自己複製と多分化能を有するがん幹細胞が存在すると考えられている．がん組織を構成する細胞集団には，免疫不全マウスに移植した際，腫瘍を形成することができる細胞とそうでない細胞が存在する．細胞表面マーカーを指標にフローサイトメトリーを用いて特定の細胞集団を分離し，免疫不全マウスでの腫瘍形成能を評価することでがん幹細胞を同定する試みが行われてきた．このアプローチは，固形がんを含むさまざまながん種で，長らく細胞集団の造腫瘍性判定の"ゴールドスタンダード"として使われてきた．その結果，大腸がんではCD133などのがん幹細胞マーカーが同定されている[1,2]．がん幹細胞は，化学療法に対する治療抵抗性を示すことから，細胞特性が詳細に検討され，これらを標的としたがん治療法の開発が精力的に進められている．

一方，遺伝子改変マウスを用いた遺伝学的な解析の結果，Lgr5をマーカーとするcrypt base columnar (CBC) 幹細胞をはじめとする，複数の消化管幹細胞が同定された．これらの幹細胞からは，高い増殖能を有するtransit amplifying (TA) 細胞が生じ，さらに吸収上皮細胞，杯細胞，タフト細胞などの分化細胞に加え，幹細胞ニッチの形成に機能するパネート細胞が生じる[3]．興味深いことに，Lgr5陽性細胞において，ヒト大腸がんのドライバー変異であるApc遺伝子変異が導入されると効率よく腫瘍が形成されることから，Lgr5陽性細胞が，がん幹細胞として機能をもつ可能性が示されている[4]．

2 患者由来オルガノイド（patient-derived organoids：PDOs）

ヒト生体組織の細胞多様性を再現する実験系としては，patient-derived xenograft（PDX）が用いられてきた．また幹細胞を濃縮する培養系として，スフェロイド培養などが使われている．近年ではさまざまな三次元培養法が開発されてきており，それらのなかでも2009年に佐藤俊朗博士（現・慶應義塾大学）により開発されたマトリゲルを用いたオルガノイド培養法は，由来する組織の細胞多様性と階層性を再現する培養系として優れた手法である[5]．もともとマウス消化管の培養法として開発されたが，その後，ヒト大腸組織の培養に最適化され，大腸がんの患者由来オルガノイド（patient-derived organoids：PDOs）のバンク化が進められている[6,7]．

筆者らは佐藤博士にご指導をいただき，2012年から，さまざまな臨床病理学的な特徴をもつ大腸がん組織からPDOsの樹立を進めている．なかでも治療を困難にしている転移巣の生物学的な特徴を明らかにするために，多くのPDOsを樹立した．がん組織には患者間の多様性が存在することから，がんの進展に伴う変化を正確に把握するためには，同一患者由来の原発巣，転移巣由来のPDOsの樹立が望ましい．オルガノイド培養法は，長期培養と凍結保存が可能であることから，この目的に適していると考えられた．そこで，stage IV大腸がんの手術検体を対象にし，同時性もしくは異時性に切除された原発巣と転移巣の手術検体からPDOsの樹立を行い，さらに対象となった患者の経過観察を継続し，再発を生じた手術検体からPDOsを樹立している（図1）．その結果，21名の患者における原発巣，転移巣，再発巣から計71個のPDOsセットを取得することに成功している．網羅的遺伝子変異解析では，これまでに報告された大腸がん組織の遺伝子変異が再現されていることに加え，原発巣と転移巣との比較でも多くの変異が共通しているなど，これまでに行われた生体組織の解析結果と一致していることが示された．興味深いことに，マイクロアレイを用いたバルク遺伝子発現解析により，同一患者の原発巣と転移巣由来の

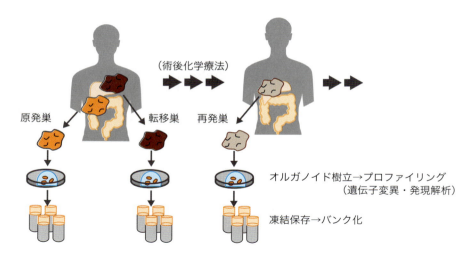

図1 同一患者由来の原発巣・転移巣・再発巣由来 patient-derived organoids の樹立

PDOsのペア解析を行った結果，有意に変化している遺伝子のなかに，多くの分化細胞と幹細胞のマーカー遺伝子群が同定された．これらの結果は，少なくとも一部の患者では，転移過程で組織を構成する細胞多様性が変化している可能性を示している．これまで組織そのものの遺伝子発現解析では，このような知見は得られていない．このことは，組織レベルの解析では，組織に存在する免疫細胞や間質細胞を含めた解析となるのに対し，オルガノイドでは，がん組織のみの解析が行われたことが一因である可能性がある．あるいは，PDOsは生体内とは違い，同一の培養条件で成長するため，ノイズが少ない解析が可能となり，がん組織固有の違いが見えてきたのかもしれない．同一患者由来のPDOsセットは，がんの転移に関する新たな研究プラットフォームとなることが期待される．

3 大腸がんオルガノイドの1細胞解析

scRNA-seqは，生体組織の細胞多様性を解析するうえで強力なツールである．大腸がんでは，集積流体回路ベースのC1（Fluidigm社）を用いてヒト大腸がんおよび正常組織についてscRNA-seq解析を行った報告がある[8]．正常組織では9つの細胞クラスターが同定されたのに対し，がん組織では3クラスターのみとなり，そのうち93％がstem/TA-like細胞で占められることが報告されている（正常組織では30％）．この結果は，がん化に伴い分化形質をもつ細胞集団が減少していることを示す[9]．

筆者らは，同一患者に由来する原発巣，転移巣，さらに再発巣から樹立されたPDOsの1細胞解析を行った．ドロップレットベースのChromium（10x Genomics社）を用いて細胞を単離し，scRNA-seqライブラリの作製を行った後にシークエンス解析に供した．multi-dimensional scaling（MDS）による解析を行った結果，大腸がん組織を構成する細胞は，C1〜C5という5つの細胞クラスターに分類された（図2）．これらのクラスターのうちC3は，細胞増殖マーカー遺伝子（PCNA, MKI67）の発現が高い細胞が含まれていた．また分化マーカー遺伝子（KRT20, TFF3）の発現がみられる分化細胞が多いクラスター（C4, C5）が見出され，そのうち1つ（C5）は，増殖マーカーとのオーバーラップがあった．これらのことからC3＞C5＞C4は，正常組織におけるTA細胞，分化にコミットした細胞，分化細胞に相当する細胞階層性があると考えられた．興味深いことに，原発，転移，再発の順に増殖細胞のクラスターが増加し，分化細胞のクラスターが減少する傾向がみられた．前述の通り，この現象はヒト大腸組織の正常粘膜とがん組織のC1による1細胞解析と同様の結果であり，がんの発生のみでなく，進展過程においても，増殖能が高い細胞集団が増加する可能性を示している．

遺伝子発現をさらに詳細に解析した結果，C1および

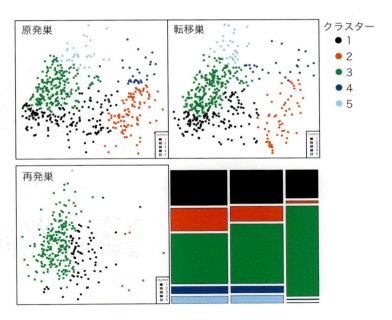

図2 同一患者の原発巣,転移巣,再発巣に由来するPDOsのscRNA-seq

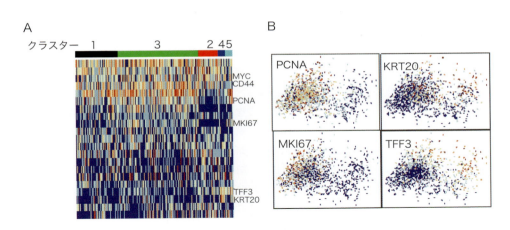

図3 クラスターの遺伝子発現解析

C2クラスターで,増殖マーカーと分化マーカーが低下し,がん幹細胞マーカーであるMYCやCD44の発現が比較的高いことが明らかになった(**図3**).興味深いことに,C2クラスターは,転移巣,再発巣由来のオルガノイドで顕著に減少していた(**図2**).すなわち,原発巣由来のオルガノイドに存在するがん幹細胞様のクラスターががんの進展に伴い減少している可能性が示唆された.これらのオルガノイドの形態には明らかな違いは認められず,またそれぞれが由来する検体の病理学的な組織像もきわめて類似しているにもかかわらず,scRNA-seq解析ではオルガノイドを構成する細胞の多様性が異なっていることが示唆されたことは,シングルセル解析の有用性を示している.

4 がん幹細胞の探索と実証

上記のPDOsのscRNA-seq解析にて,幹細胞で構成されると推定されるクラスターが同定された.これらクラスターと正相関を示す遺伝子は,新たながん幹細胞マーカーである可能性がある.そこで,筆者らは,

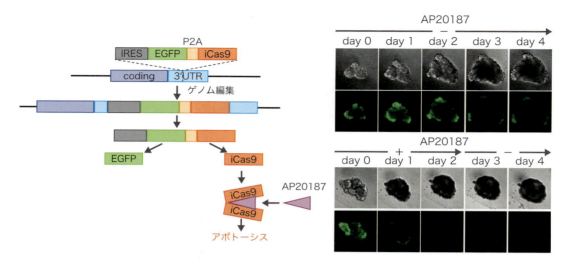

図4　ゲノム編集によるがん幹細胞の可視化と除去

がん幹細胞マーカーの候補遺伝子の3′UTRにゲノム編集によりEGFPとinducible Caspase9（iCas9）カセットを挿入した（**図4**）．得られたオルガノイドでは，がん幹細胞をEGFPで視覚化することができ，さらにAP20187を添加することによりiCas9が二量体化し，アポトーシスを誘導するため，がん幹細胞を除去することができる．興味深いことに，C2クラスターに正の相関を示す遺伝子のなかには，オルガノイドの外側に突出している領域に存在する細胞に発現するものがあった．AP20187に暴露すると，期待通りすみやかにEGFP陽性細胞が消失し，オルガノイドの成長も著しく抑えられていた．これらの結果は，マークされた細胞集団がオルガノイド構造を維持するのに重要な役割を果たしていることを示している．LGR5陽性細胞は，がん幹細胞としての自己複製能と多分化能をもつことに加え，Lgr5陰性細胞から陽性細胞が生まれることが報告されており[10]，本研究のscRNA-seqで同定されたがん幹細胞候補との関連に興味がもたれる．

5　今後の展開

　PDOsの1細胞解析では，原発巣と転移巣における，組織を構成する細胞集団の多様性の違いを明らかにすることができた．がんは，体細胞変異に加え，個人や人種による遺伝的背景の違いや環境因子等に大きく影響され，同一のがん種であっても，患者間に多様性があり，このことが治療法開発のうえで大きな課題となっている．scRNA-seqを用いて多数検体を網羅的に解析することができれば，この課題解決に向けて大きく前進することが期待される．

　組織を構成する細胞集団の原発巣と転移巣との相違を理解することは，がん治療法の開発という観点から重要な課題である．がんの転移過程は，がん細胞の浸潤，血管内への侵入，遠隔組織への移動と溢出，がん組織の再構築など，多くのステップを経る．このことから，がん細胞は転移過程で柔軟に形質を変化させることが求められ，上皮間葉転換（epithelial-mesenchymal transition：EMT）あるいは間葉上皮転換（mesenchymal-epithelial transition：MET）は，その一例である．また，この長い過程を乗り越えるには，多くのストレスを乗り越え，生き延びる粘り強さも必要であろう．このようなマルチな才能をもつ細胞を同定し，転移の分子機構を明らかにするために，多くの研究が行われてきた．また抗がん剤に対して抵抗性を示す細胞集団はdormantな性質をもち，がん幹細胞がその役割をもつと考えられているが，その実態についての科学的な証明も十分とはいえない．今後，転移・再発にかかわる細胞集団の特性を明らかにし，それらの分子機構を理解するうえで，PDOsの1細胞解析の果たす役割は大きいことが期待される．

おわりに

　組織を構成する細胞多様性の解析では，主にモデル動物を解析対象とした知見が長年にわたり蓄積されてきた．scRNA-seq の登場は，このような既知の情報に依存しない研究を可能にしたという点で革新的である．また，シングルセル解析の分野は，scATAC-seq によるエピゲノム解析，scCNV によるゲノムコピー数変異解析，scTrio-seq によるマルチオミックス解析など，まさに日進月歩であり，それに伴う情報解析技術の発展も目覚ましい．新しい培養技術による解析リソースの整備やゲノム編集などの実験技術も着実に進歩しており，これらのリソースを用いたシングルセル解析と新しい技術によるモデルの実証は，がんの理解と克服に大きく貢献することが期待される．

文献

1）O'Brien CA, et al：Nature, 445：106-110, 2007
2）Ricci-Vitiani L, et al：Nature, 445：111-115, 2007
3）Barker N：Nat Rev Mol Cell Biol, 15：19-33, 2014
4）Barker N, et al：Nature, 457：608-611, 2009
5）Sato T, et al：Nature, 459：262-265, 2009
6）Fujii M, et al：Cell Stem Cell, 18：827-838, 2016
7）van de Wetering M, et al：Cell, 161：933-945, 2015
8）Li H, et al：Nat Genet, 49：708-718, 2017
9）Meacham CE & Morrison SJ：Nature, 501：328-337, 2013
10）Shimokawa M, et al：Nature, 545：187-192, 2017

＜筆頭著者プロフィール＞
八尾良司：米国ダナファーバー研究所，理化学研究所を経て，1996年からがん研究会がん研究所細胞生物部・研究員．2003年主任研究員を経て，'16年より部長．
研究室ホームページ：https://www.jfcr.or.jp/laboratory/department/cell_biology/index.html

第2章 シングルセル解析によるバイオロジー

Ⅱ．免疫・がん

11. シングルセル遺伝子発現解析からみえてきた腫瘍内不均一性

林　寛敦，秋山　徹

> 治療抵抗性や再発，転移といったがんの難治性を克服するためには，がん細胞の特質だけではなく，がん細胞周辺の微小環境を含めた腫瘍内不均一性の理解が必須である．そのために，近年，シングルセルゲノム解析やシングルセル遺伝子発現解析といったシングルセル解析技術による高解像度で定量的，網羅的な研究が展開されている．特にシングルセル遺伝子発現解析は腫瘍組織中のがん細胞集団の機能の類推や細胞間相互作用を検出することが可能なため，バルクの遺伝子発現解析では捉えることができなかった新たな知見につながっている．

はじめに

　腫瘍組織は，性質の異なるさまざまながん細胞と組織に浸潤した線維芽細胞・炎症細胞・免疫細胞・血管・リンパ管等の正常細胞（がん微小環境[※1]）から構成される非常に多様性に富んだ組織である．がん細胞は，これらの正常細胞群との相互作用に依存して自己の生存・増殖に有利な微小環境を構築している．また，がん細胞が浸潤・転移する際にも，原発巣および転移先の微小環境細胞群が産生するシグナル因子が大きく寄与していることが明らかになっている[1,2]．これらのことから，難治性がんの克服には，がん細胞自身の特質の理解はもちろんのこと，がん細胞とがん微小環境との相互作用という観点から腫瘍組織を理解する必要があることは明らかである．実際，このような観点でがん研究が進められ，特徴的なゲノム異常を有するがん細胞に対する分子標的薬（EGFR阻害剤など）や血管新生阻害剤（VEGF阻害剤），最近では免疫チェックポイント阻害剤（PD-1阻害剤など）といった新たながん治療薬が開発されている（図1）．

　近年，腫瘍組織やCTC（circulating tumor cells）に対するシングルセルゲノム解析やシングルセル遺伝子発現解析により，新たながん診断や治療法のバイオマーカーの同定や新規の免疫細胞，線維芽細胞などの発見が続々と報告されている[3,4]．1細胞解析技術のなかでも，特にシングルセルRNA-seqは，細胞集団の機能や細胞間相互作用の推測に有用であることから，新しい治療標的の探索やがんの進化，治療抵抗性の分子機構を研究するのに適しており，想像以上に複雑で多様ながんの巧みな生存戦略が明らかになってきている．

> ※1　がん微小環境
> がん細胞と線維芽細胞，炎症細胞，免疫細胞，血管，リンパ管などの正常細胞から構成されるがんに特徴的な微小環境．がん細胞は自己の生存・増殖に有利な微小環境を形成する．

Understanding cancer heterogeneity through single-cell RNA sequencing
Tomoatsu Hayashi/Tetsu Akiyama：Department of Molecular and Genetic Information, Institute for Quantitative Biosciences, University of Tokyo（東京大学定量生命科学研究所分子病態情報学社会連携講座）

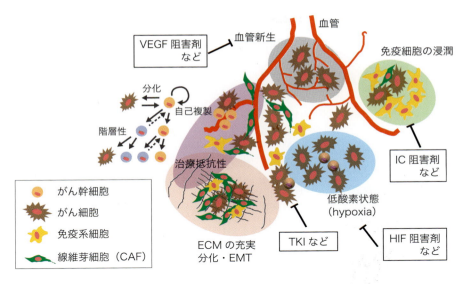

図1 腫瘍内不均一性とがん治療戦略の概略
ECM：細胞外マトリクス，EMT：上皮間葉転換，TKI：チロシンキナーゼ阻害剤，IC：免疫チェックポイント．

本稿では，主にシングルセルRNA-seqによる腫瘍組織中のがん細胞の多様性，がん細胞とがん微小環境との相互作用についての最近の知見を概説したい．がん微小環境との相互作用という点では腫瘍免疫に関連した研究が群を抜いて多い[5)6)]が，誌面の都合で本稿では免疫細胞以外の相互作用に着目して紹介することにした．また，最後にシングルセルRNA-seqを実際に行うにあたっての注意点—腫瘍組織からサンプルを調製する際の留意点や解析手法—についても私たちの経験をもとに簡単に紹介する．

1 1細胞シークエンス技術によって明らかとなった腫瘍組織の多様性

本稿で概説する論文に用いられたシングルセルRNA-seqの手法と研究成果の概要を図2にまとめた（各手法や解析法の詳細については，第1章-1や第1章-3を参照）．今回紹介する論文以外にも大変面白い論文が多数あるので，興味をもたれた方はぜひ検索して読んでいただきたい．

[略語]

- **α-SMA**：actin alpha 2, smooth muscle
- **APOE**：apolipoprotein E
- **ATAC-seq**：assay for transposase-accessible chromatin sequencing
- **AXL**：AXL receptor tyrosine kinase
- **C1NH**：complement component 1 inhibitor
- **CAF**：cancer associated fibroblasts
- **CCND2**：cyclin D2
- **CTC**：circulating tumor cells
- **CXCL12**：C-X-C motif chemokine ligand 12
- **EGFR**：epidermal growth factor receptor
- **FAP**：fibroblast activation protein alpha
- **GFAP**：glial fibrillary acidic protein
- **IDH1**：isocitrate dehydrogenase（NADP$^+$）1
- **IDH2**：isocitrate dehydrogenase（NADP$^+$）2
- **Ki67**：marker of proliferation Ki-67
- **LUM**：lumican
- **MITF**：melanocyte inducing transcription factor
- **MMP2**：matrix metallopeptidase 2
- **NF1A**：nuclear factor 1 A
- **NF1B**：nuclear factor 1 B
- **PD-1**：programmed cell death 1
- **PDGFRA**：platelet derived growth factor receptor alpha
- **PD-L2**：programmed cell death 1 ligand 2
- **PDPN**：podoplanin
- **POU3F2**：POU class 3 homeobox 2
- **SOX4**：SRY-box 4
- **TAGLN**：transgelin
- **VEGF**：vascular endothelial growth factor

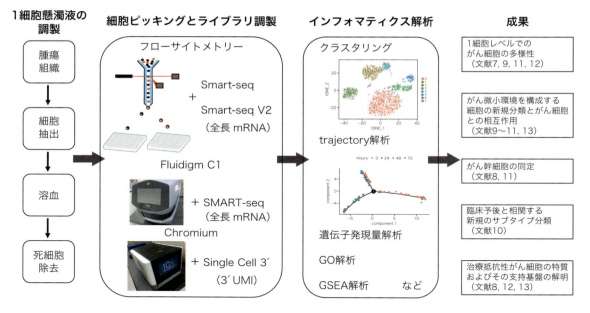

図2 本稿で概説する文献のシングルセルRNA-seq解析の流れとその成果
文献12は核からのシングルセルRNA-seqとゲノム解析の両方を行っている．UMI：unique molecular identifiers（第1章-3参照）．

1）脳腫瘍

Patelら[7]は，脳腫瘍のなかでも最も悪性度が高い膠芽腫（glioblastoma）5検体からフローサイトメトリー–Smart-seq法によって430細胞を解析した．その結果，膠芽腫は幹細胞性（stemness）や増殖能（proliferation），低酸素応答性（hypoxia），免疫応答（immune response）などに関して性質の異なるがん細胞がさまざまな比率で混在している多様性の高い組織であることが明らかになった．また，腫瘍組織中のがん細胞の未分化度がPOU3F2やNF1A，NF1Bといった転写因子の発現と相関していることも見出されている．論文の発表当時，膠芽腫はバルクのRNA-seqの遺伝子発現プロファイルから4つのサブタイプに分類されていたが（現在は，3サブタイプ），1細胞レベルでみてみると同一腫瘍組織中には必ず異なるサブタイプに分類されるがん細胞が混在しており，その多様性が高いほど臨床的な予後が不良であることも示された．

Tiroshら[8]は，IDH1またはIDH2に変異がある星細胞腫（astrocytoma），乏突起膠腫（oligodendroglioma）6検体からフローサイトメトリー–Smart-seq2法によって4,347細胞を解析した．Trajectory解析の結果，astrocytomaとoligodendrogliomaに分化することが可能な未分化な細胞群を見出している．この未分化な細胞群では未分化マーカー遺伝子だけではなく細胞周期関連遺伝子（Ki67，CCND2など）の発現も亢進していた．免疫組織染色の結果，細胞周期関連遺伝子は未分化マーカーのSOX4との共染が認められる一方で，GFAP（astrocytomaのマーカー）やAPOE（oligodendrogliomaのマーカー）とは排他的な染色像を呈した．このことは，この未分化な細胞群が，多分化能と自己複製能を有するがん幹細胞であることを示唆しており，がん幹細胞仮説[※2]が1細胞レベルで支持されるとともに，がん幹細胞に対する治療法の開発の重要性を示している．

2）メラノーマ

Tiroshら[9]は悪性黒色腫（melanoma）19例からフ

> **※2 がん幹細胞仮説**
> 腫瘍組織中には自己複製能と多分化能を有する未分化ながん幹細胞がごく少数存在し，階層的な非対称分裂，分化によって多様ながん細胞を生み出すことで，治療抵抗性や再発に寄与していると考えられている．

ローサイトメトリー-Smart-seq2法によって4,645細胞を解析した．その結果，メラノーマ中のがん細胞には大別してMITFまたはAXLに駆動される2種類のがん細胞が存在し，AXL型のがん細胞の割合が多い腫瘍は化学療法に対して強い抵抗性を呈することを示した．さらに，化学療法後にはAXL型のがん細胞が増加することも明らかとなった．また，がん微小環境を構成するCAF（cancer associated fibroblasts）がAXL型のがん細胞を誘導する可能性や，C1NH，CXCL12，PD-L2などの発現を介して細胞傷害性T細胞の浸潤や活性を制御していることを見出した．このCAFと細胞傷害性T細胞の相互作用を示唆する遺伝子の発現は，*in vitro*で培養したCAFでは観察されない．このことは，組織中の細胞間相互作用を検出するために，シングルセルRNA-seqが非常に強力なツールであることを示している．

3）大腸がん

Liら[10]は，大腸がんとその正常組織のペアとなった11検体からそれぞれ375細胞と215細胞の合計590細胞をFluidigm C1（Fluidigm社）- SMART-Seq法を用いて解析した．その結果，大腸がん組織に浸潤したCAFではTGFβシグナル経路が亢進しており，上皮間葉転換（EMT）[※3]関連遺伝子の発現が上昇していることが明らかとなった．このEMT関連遺伝子の発現亢進は，正常組織の線維芽細胞では認められなかった．また，CAFは2種類に分類することができ，それぞれのマーカー遺伝子産物に対する抗体を用いた免疫組織染色により，それぞれのマーカー遺伝子は排他的に染色されることが示されている．さらに，大腸がんのバルクのRNA-seqのデータに対して，シングルセルRNA-seqによって分類された細胞群に特徴的な遺伝子の平均発現量を指標にクラスタリングした結果，3つのサブタイプに分類され，CAFの浸潤が少ないサブタイプは他のサブタイプと比べて有意に予後が良好であることが明らかとなった．予後などのclinical outcomeと相関するサブタイプの分類は治療戦略の決定や精密医療の実現において欠かすことができず，新たなサブタイプの分類にシングルセルRNA-seqが有用であることが示された．

4）乳がん

Chungら[11]は，luminal A型2例，luminal B型1例，HER2陽性3例，TNBC（トリプルネガティブ）5例，リンパ節転移層2例（luminal B型，TNBC）の乳がん組織からがん細胞317細胞，免疫細胞175細胞，間質細胞23細胞の合計515細胞をFluidigm C1（Fluidigm社）- SMART-Seq法を用いて解析した．その結果，Patelら[7]の膠芽腫での報告同様に，TNBCは6つのTNBCサブタイプのがん細胞がさまざまな比率で混在している多様性の高いがんであることが明らかとなった．また，TNBCのがん細胞には同一細胞内でstemnessやEMT，血管新生（angiogenesis）関連遺伝子の発現が高いがん幹細胞様の細胞が存在することも見出された．

Kimら[12]は，術前化学療法前後のTNBC 20例に対してエクソーム解析を行い，うち8例については，さらにシングルセルCNV解析とシングルセルRNA-seq解析を行っている．8例のうち4例が奏効し，残りの4例が治療抵抗性を示した．奏効した4例では，がん細胞は消滅し，正常な倍数体を有する免疫細胞と間質細胞のみが存在していた．治療抵抗性を示した症例では，手術前に存在していた化学療法抵抗性の細胞集団が有意に増殖する症例と，化学療法前には存在していなかったCNVを有する細胞集団が新たに出現する症例が認められた．興味深いことに，シングルセルRNA-seqによって術前化学療法前後に存在する同じCNVの化学療法抵抗性の細胞群の遺伝子発現を調べると，ごく少数の細胞を除き異なった遺伝子発現プロファイルに変化していることが明らかとなった．術前化学療法後のがん細胞は間葉系（mesenchymal）型に変化しており，細胞外マトリクス（ECM）や低酸素状態（hypoxia），AKT1シグナル，CDH1の標的遺伝子やEMT，angiogenesisに関連する遺伝子の発現亢進が認められた．本研究で明らかとなった化学療法に抵抗性を有する遺伝子変異とCNVのパターンを用いて，術前化学療法の有効性の予測や臨床予後の予測が可能となること，術前化学療法にEMT阻害剤やHIF阻害剤，PI3K/AKT阻害剤を組合わせることにより術前化学療法の効果を高めることができる可能性が示唆された．

※3　上皮間葉転換（EMT）
上皮細胞が上皮としての性質を失い間葉系の性質を獲得する現象で，運動能，浸潤能が亢進する．

5）肺がん

　Lambrechtsら[13]は，非小細胞肺がんと正常肺組織のペア5例（扁平上皮がん2例，腺がん2例，未分類1例）から肺がん細胞39,323細胞と正常肺組織細胞13,375細胞をChromium（10x Genomics社）を用いて解析した．CAFは，ECMやTGFβシグナルに関連する遺伝子の発現が高くEMTが亢進しているタイプのCAFと，elastinの発現が高く一部のコラーゲン（type Ⅰ，Ⅲ，Ⅳ，Ⅷ）の発現が低下している正常肺組織で多いタイプのCAFなど機能的に5つのタイプに分類された．興味深いことに，EGFRに変異を有する肺腺がんの症例では，正常肺組織で多いタイプのCAFが増加している傾向が認められた．正常肺組織で多いタイプのCAFは，CD200の発現が他のCAFよりも低く，CD200陽性の線維芽細胞はEGFR阻害剤であるゲフィチニブによるアポトーシス誘導を促進する機能を有することが報告[14]されていることから，正常肺組織で多いタイプのCAFはEGFRに変異があるがん細胞の増殖を選択的に支持している可能性が考えられた．また，腫瘍組織中のマクロファージは，がん細胞の増殖を支持することが知られているM2型に偏っていることも示された．

2 腫瘍組織からのシングルセルRNA-seqの実際

1）前処理

　組織からのシングルセルRNA-seqで良好なデータを取得するためには，組織の採取からライブラリ調製開始までの時間をできる限り短くすることが必須である．実際，Trishら[9]のメラノーマの解析では，検体採取から45分以内にライブラリ調製を開始することが望ましいと記載されている．組織からの細胞の抽出は，組織ごとに最適なトリプシン，コラゲナーゼ，ヒアルロニダーゼなどの消化酵素を選択する．私たちはトリプシンとコラゲナーゼの混合液かHuman Tumor dissociation Kit（Miltenyi Biotec社）とgentleMACS（Miltenyi Biotec社）の組合わせを使用している．フローサイトメトリーで1細胞をピッキングする場合を除き，赤血球，死細胞を除去して細胞生存率を高くする必要がある．そのための方法として，①短時間RBC lysis bufferで処理して赤血球を溶解し，MACS（Miltenyi Biotec社）で死細胞を除去する方法，②パーコール，Lympholyte（CEDARLANE社）などを用いた密度勾配によって赤血球，死細胞を除去する方法があげられるが，私たちは①の方法を用いることにより，より良好な結果を得ている．また，適宜セルストレーナーを使用してデータのノイズとなる夾雑物や細胞塊を丁寧に取り除くことも重要である．

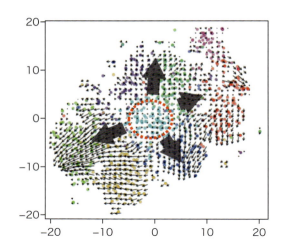

図3　腫瘍組織中のがん細胞に対するvelocity解析の一例
ある細胞集団から特定の方向に運命が分岐しており，矢印の収束先の細胞はそれぞれ異なる機能的な特徴を有している．

2）インフォマティクス解析

　データの解析は，シングルセル解析のツールが充実しているRを使用して行っている．R packageのSeurat（https://satijalab.org/seurat/）を軸に，trajectory解析（Monocle：http://cole-trapnell-lab.github.io/monocle-release/など）やvelocity解析（velocyto：http://velocyto.org/）をよく使用している．特に，細胞の運命方向（分化方向）を推定するvelocity解析は，多様性が高いがん細胞の解析には適している．腫瘍組織のがん細胞に対するvelocity解析の一例を図3に示した．免疫細胞，血管内皮細胞などのバルクのRNA-seqのデータ（または，シングルセルRNA-seqのデータ）が充実しているものに関しては，それらのデータをリファレンスとして遺伝子発現の相関から細胞を分類するRCA[10]，singleR[15]などの

ツールが非常に有用である.

おわりに

　近年の1細胞シークエンス技術の発展は著しく,同一細胞からシングルセルRNA-seqによるトランスクリプトームだけではなく,シングルセルATAC-seqによるクロマチンの開閉構造を評価する手法[16]や,抗体をオリゴヌクレオチドで標識するFeature Barcodingによる表面抗原マーカーの発現とシングルセルRNA-seqによるトランスクリプトームを組合わせた手法[17]など,1細胞レベルでマルチレイヤー解析が可能となってきている.がんは遺伝子の変異によって生じる疾病であることから,がんの進展や化学療法に応じて変化する遺伝子変異の様態をモニターすることが非常に重要であるが,ゲノム上の遺伝子変異情報とトランスクリプトームを同一細胞から同時に取得する技術も開発されている[18][19].また,シングルセルRNA-seq,シングルセルATAC-seqなど既存の1細胞シークエンス解析手法は,組織から細胞を抽出して解析する必要があるため,位置情報の欠落が積年の課題として存在するが,凍結切片やパラフィン切片から1細胞に近い解像度でトランスクリプトームを取得し,切片上の位置情報と結びつけることも可能となってきている[20][21].今後,トランスクリプトーム,ゲノム情報,エピゲノム情報,プロテオーム,細胞の位置情報など複数のレイヤーを統合的に1細胞の解像度で解析することによって腫瘍不均一性の維持,構築機構が解明され,がんの根治に向けて新たな治療戦略が生み出されるものと大いに期待される.

文献

1) Shah M & Allegrucci C：Breast Cancer (Dove Med Press), 4：155-166, 2012
2) McGranahan N & Swanton C：Cell, 168：613-628, 2017
3) Suvà ML & Tirosh I：Mol Cell, 75：7-12, 2019
4) Shi X, et al：J Cancer Metastasis Treat, 4：47, 2018
5) Yu Y, et al：Nature, 539：102-106, 2016
6) Krieg C, et al：Nat Med, 24：144-153, 2018
7) Patel AP, et al：Science, 344：1396-1401, 2014
8) Tirosh I, et al：Nature, 539：309-313, 2016
9) Tirosh I, et al：Science, 352：189-196, 2016
10) Li H, et al：Nat Genet, 49：708-718, 2017
11) Chung W, et al：Nat Commun, 8：15081, 2017
12) Kim C, et al：Cell, 173：879-893.e13, 2018
13) Lambrechts D, et al：Nat Med, 24：1277-1289, 2018
14) Ishibashi M, et al：Sci Rep, 7：46662, 2017
15) Aran D, et al：Nat Immunol, 20：163-172, 2019
16) Chen S, et al：bioRxiv：doi: https://doi.org/10.1101/692608, 2019
17) Granja JM, et al：bioRxiv：doi: https://doi.org/10.1101/696328, 2019
18) Rodriguez-Meira A, et al：Mol Cell, 73：1292-1305.e8, 2019
19) Velten L, et al：bioRxiv：doi: https://doi.org/10.1101/500108, 2018
20) Ståhl PL, et al：Science, 353：78-82, 2016
21) Salmén F, et al：Nat Protoc, 13：2501-2534, 2018

＜筆頭著者プロフィール＞

林　寛敦：東京大学農学部卒業,東京大学大学院農学生命科学研究科博士課程修了,学位取得.2017年より現職（東京大学定量生命科学研究所特任助教）.現在は,1細胞解析やCas9スクリーニングなどから新たな治療標的遺伝子の同定や造腫瘍性の分子基盤の解明をめざして研究している.

第2章　シングルセル解析によるバイオロジー

Ⅱ．免疫・がん

12. 成人T細胞白血病研究におけるシングルセル解析の有用性

山岸　誠，鈴木　穣，渡邉俊樹，内丸　薫

> ATLのような難治がん研究では，発症メカニズムと治療標的分子の同定に加え，早期診断，早期治療介入を実現する科学的根拠が強く望まれるが，そのためにはヘテロな集団から悪性形質を獲得した微細クローンを正確に検出し，さらにその性質を理解することが不可欠である．シングルセル解析は，これらの課題に対して新たな知見を生み出す有効な技術である．筆者らが実施したゲノム解析，エピゲノム解析，シングルセルRNA-seqを組合わせた多層的なデータの再構成から，ATLのヘテロ性とクローン進化モデルの一端が示された．

はじめに

ヒトT細胞白血病ウイルスⅠ型（human T-cell leukemia virus type 1：HTLV-1）は主にCD4$^+$T細胞に感染し，ウイルス遺伝子産物であるTaxおよびHBZなどによって宿主のシグナル伝達経路や遺伝子発現パターンを撹乱する結果，感染初期に無数の不死化感染クローンを樹立させる．その後の長期潜伏期間に宿主のゲノムおよびエピゲノムに異常を蓄積した感染細胞が増殖し，感染者の3～5％が成人T細胞白血病（adult T-cell leukemia-lymphoma：ATL）を発症し，約0.3％がHTLV-1関連脊髄症（HTLV-1-associated myelopathy：HAM）を発症する．

ATLは無数に存在する感染細胞の1つが30～50年以上かけてクローン性に進化する腫瘍性疾患で，多段階発がんのモデルとして他のがん種と合致する点も多い．近年のゲノム，エピゲノム，遺伝子発現に関する網羅的解析によって，急性型ATL細胞のマクロなデータは出揃いつつある．しかし発症に至るクローン進化の過程は複雑で，解析の解像度を細胞単位まで上げることが，発症メカニズムの正しい理解の近道のように思われる．

ATLは造血器腫瘍で最も予後が悪い疾患に分類され，現行の化学療法や分子標的薬では満足のいく治療成績に至っていない．本稿では，ATLに関するこれまでの知見を概説し，難治性がん研究におけるシングルセル解析の実践と今後の将来展望について，筆者らの最新

[略語]
ATL：adult T-cell leukemia-lymphoma
HTLV-1：human T-cell leukemia virus type 1

Single-cell analysis for adult T-cell leukemia-lymphoma（ATL）
Makoto Yamagishi[1] /Yutaka Suzuki[2] /Toshiki Watanabe[3] /Kaoru Uchimaru[1]：Laboratories of Tumor Cell Biology, Department of Computational Biology and Medical Sciences, Graduate School of Frontier Sciences, The University of Tokyo[1] /Laboratories of Systems Genomics, Department of Computational Biology and Medical Sciences, Graduate School of Frontier Sciences, The University of Tokyo[2] /Future Center Initiative, The University of Tokyo[3]（東京大学大学院新領域創成科学研究科メディカル情報生命専攻病態医療科学分野[1] /東京大学大学院新領域創成科学研究科メディカル情報生命専攻生命システム観測分野[2] /東京大学フューチャーセンター推進機構[3]）

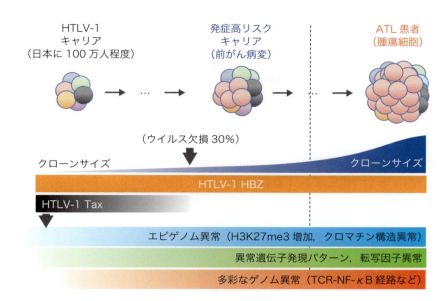

図1　ATL細胞のクローン進化モデル
HTLV-1に感染した無数のT細胞クローンが，数十年の潜伏期を経て，ゲノム・エピゲノムの異常を蓄積してクローン進化する．これらの異常を早期に検出することで，ATL発症リスクをもつ前がん病変ともいえる悪性クローンを正確に捉えることが重要な課題である．

データを交えて論じてみたい．

1 ATL細胞の特徴

ATLのゲノム研究は歴史が長く，初期の染色体解析の結果では96％の症例で染色体異常が示され[1]，その後comparative genomic hybridization（CGH）法を用いた網羅的解析により，急性型，リンパ腫型のATLにおける高頻度のゲノム異常と，予後との相関が明らかにされている[2]．2015年片岡らの研究により，ATL細胞の遺伝子変異とコピー数異常が同定された[3]．最も顕著な特徴は，T細胞受容体経路/NF-κB経路に遺伝子異常が高度に集積することである（図1）．全体の90％以上を超える症例にこの経路の少なくとも1つの遺伝子異常を認め，なかでも*PLCG1*（36％），*PRKCB*（33％），*CARD11*（24％），*VAV1*（18％），*IRF4*（14％），*FYN*（4％）変異などの機能獲得型変異が多数認められている．そのほかにも*STAT3*（21％），*NOTCH1*（15％）などのシグナル伝達因子，*IKZF2*（35％），*TP53*（18％），*GATA3*（15％），*IRF4*（14％）などの転写因子，*TET2*（8％），*EP300*（6％）などのエピジェネティック因子，*CCR4*（29％），*CCR7*（11％）などのケモカイン受容体，さらに免疫回避に重要な*PD-L1*遺伝子（27％）の遺伝子異常も同定された[4]．このようにATLのゲノム異常は多彩であり，感染細胞のクローン性増殖の様式は症例ごとにきわめて複雑であることが予想される．

一方ATL細胞の遺伝子発現パターンには多くの共通性が見出され，その背景にはHTLV-1感染に起因するエピゲノム異常の存在も明らかにされてきた．筆者らはATL細胞のエピジェネティックな変化に注目し，ヒストンH3分子の27番目のリジン残基のトリメチル化（H3K27me3）の大規模な変化を明らかにした[5]．H3K27me3の蓄積は限局的にクロマチン構造を変化させ，遺伝子発現を抑制する．この発現減少は急性型ATLで最も遺伝子数が多く，抑制の程度も強いが，発現減少の大半はくすぶり型や慢性型のindolent ATLにおいても認められる．したがってHTLV-1感染後，クローン性増殖の過程でエピジェネティックな変化を受けて発現パターンが変化し，さらに悪性化にも深くかかわっていると考えられる（図1）．ATL細胞では，がん抑制遺伝子，転写調節遺伝子，エピジェネティック関連遺伝子，microRNA[6]の遺伝子座を中心に非常に多くの遺伝子座でH3K27me3が蓄積して発現が抑制

される．またこれらの遺伝子産物はおのおのが遺伝子発現を調節する機能をもち，H3K27me3の蓄積を起点としてATLに独特の複雑な遺伝子発現制御ネットワークを形成している．

H3K27me3を導入する酵素はヒトではEZH1とEZH2の2種類存在する[7]．筆者らはATL細胞におけるEZH1，EZH2両者の全クロマチン上の結合パターンを決定し，両者が協調的にメチル化の蓄積を引き起こしていることを明らかにした[8]．現在，EZH1/2に対する新たな阻害剤が本邦で開発され，ATLを含む再発難治の悪性リンパ腫に対する臨床試験が実施されており，クローン構造の背景にある共通する特徴に対する新たなアプローチとして，臨床試験の結果が待たれている．

2 ATLのクローン進化の推定

HTLV-1感染後，ウイルス遺伝子産物とエピゲノム異常によって感染細胞のポリクローナルな集団が形成され，その後数十年かけて1つの感染細胞がクローン優位性を獲得して増殖すると考えられる．では，この長い潜伏期にどのようなメカニズムでクローン選択が起こっているのだろうか．

本疾患は，解析上のメリットとなる3つの特徴がある．1つ目は，クローン進化上の最初のイベント（first hit）が"HTLV-1感染"と定義される点にある．がんは一般的に，さまざまな内的要因（遺伝性腫瘍，SNPs等）や外的要因（食事，飲酒，喫煙，ストレス等）によってがんの起源細胞が形成されるが，実際の臨床検体で早期に検出し，その特徴やがんの発生メカニズムを研究することは容易ではない．一方ATLは，HTLV-1感染による直接的な影響が必ず背景にあり，その後のクローン進化との相互関係もより深く検討することが可能である．

2つ目は，宿主ゲノムに挿入されたウイルスゲノム（プロウイルス）を解析することで，ポリクローナルな感染細胞を個々に見分けることができる．個々の感染細胞クローンは，約30億塩基対の宿主ゲノムのどこか1カ所にウイルスがランダムに挿入されることが示されており，この挿入部位情報をIDとすることで各クローンをきわめて正確に区別し，トレースすることができる．プロウイルスの末端と宿主ゲノムのキメラリード，もしくは両者をまたぐペアエンドリードを定量することで，各クローンサイズを容易に推定することが可能であり，その他の解析技術も確立されている[9)10]．さらにプロウイルスの末端だけでなく，ウイルスゲノムの内部配列，欠損，変異に関するデータも得ることで，ウイルスの系統樹解析や宿主免疫との関係などを検討できる．

3つ目は，HTLV-1感染細胞の特異的表面抗原を用いた正確性の高い解析手法が確立していることである．CD4[+]，CD25[+]，CCR4[+]，CADM1[+]などの表面抗原が同定されており，またATLへの進展に伴いCD7やCD26の発現が減少する．筆者らは感染者末梢血中のCD4[+]/CADM1[+]集団に感染細胞が濃縮され，さらにATLへの進展とともにCD7が著減することに注目し，形態診断によらない客観的な評価と感染細胞の分取が可能になるフローサイトメトリー法を開発した（HAS-Flow法）[11]．本手法を用いることで，腫瘍細胞が増殖したモノクローナルなATL症例だけでなく，急性転化以前のくすぶり型/慢性型ATLや未発症HTLV-1感染者（キャリア）における感染細胞を鋭敏に検出し，分取することもできる．

これらの特徴はクローン解析の技術基盤となっており，感染からの時間，病型，感染細胞数などを軸にトレースすることで，がんの起源細胞の推定やクローン進化メカニズムの解明に現実味が帯びてきた．筆者らはこれらの特徴を駆使し，発症リスクに関連する遺伝子群とプロウイルス検出を組合わせた遺伝子パネルを新たに開発し，さらに表面抗原パターンと組合わせることで，高深度ゲノムデータから変異アレル頻度と腫瘍クローンの推定を行う解析系を確立した．

図2に例示するデータは末梢血中の感染細胞が増加した発症前キャリアの一例で，プロウイルス挿入部位からCD4[+]/CADM1[+]/CD7[-]集団がクローナルに増殖したことを捉え，さらに遺伝子パネルを用いてこの集団が*VAV1*変異をもつクローンであると推定した（**図2**）．また同検体のRNA-seqを実施し，機能的な遺伝子を含むさまざまな遺伝子の発現異常を同定した．このように，発症前の段階から遺伝子変異を鋭敏に検出し，クローン進化メカニズムを詳細に検討できるようになってきた．

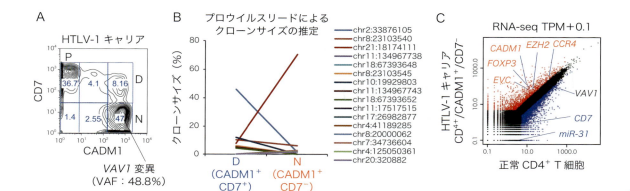

図2　遺伝子パネルを用いたHTLV-1感染キャリアのクローン解析
A）HTLV-1キャリアを対象に表面抗原解析とゲノム解析を組合わせた一例．遺伝子パネルを用いた高深度ゲノム解析から，HTLV-1に感染したCD4$^+$/CADM1$^+$/CD7$^-$集団でVAV1遺伝子の変異を検出した．B）ウイルス挿入部位を用いたクローン解析．chr21にウイルスが挿入された感染クローンがCD4$^+$/CADM1$^+$/CD7$^-$集団（N分画）で増殖していることがわかる．C）CD4$^+$/CADM1$^+$/CD7$^-$集団のRNA-seqの結果．正常T細胞と比較し，さまざまな機能的遺伝子の発現変化が明らかになった．

3 シングルセル解析を組合わせた高解像度クローン解析

挿入部位を用いたHTLV-1感染細胞のクローン解析から，感染者の多くはポリクローナルで，徐々にいくつかのクローンが優位性を獲得し（オリゴクローナル），くすぶり型/慢性型ATL以降は単一のクローン集団（まれにサブクローン構成をもつ症例もある）になることが明らかにされている[12]．例えば**図2**の例では，VAV1変異によってクローン進化したが，増殖前のサブクローン内の特徴や進化の過程を明らかにするためには，細胞単位の解像度でその特性（≒遺伝子発現パターン）を検討する必要がある．

ある慢性型ATL症例を対象に，2時点（4年間のブランク）の遺伝子変異とウイルス挿入部位を解析した結果を**図3**に例示する．PBMCから非感染細胞であるCADM1$^-$/CD7$^+$（P）分画と感染細胞集団であるCADM1$^+$/CD7$^+$（D）分画およびCADM1$^+$/CD7$^-$（N）分画をそれぞれ分取し，ウイルス挿入部位を用いてクローン構造を検討した結果，DおよびN分画に共通した16番染色体に全長ウイルスをもつ感染細胞と（**図3A**, chr16），さらにN分画に2番染色体に欠損ウイルスをもつ感染細胞（**図3A**, chr2）のクローナルな増殖を検出した．さらに2時点を比較したところ，chr2クローンが相対的に増殖していることがわかった．

同時に遺伝子変異を検討した結果，異なる変異パターンをもつヘテロな集団で構成され，4年間の経過でクローンサイズが推移していることがわかった（**図3B**）．PyClone[13]による変異クラスター解析から，N分画における2つのサブクローンの存在が推定された．これらのデータから，2種類の感染細胞がそれぞれ独特の変異パターンをもつサブクローン構造を形成し，時間とともにクローン進化する経過が示唆された．

このヘテロな集団からそれぞれのクローンの性質を正確に捉えることは，従来の手法では困難であった．そこで同時期のPBMC検体から各分画をsortingした後，10x Genomics社プラットフォーム（Chromium）によるシングルセルRNA-seq（scRNA-seq）を実施した．非感染P分画と感染DおよびN分画が別のクラスターを形成し，さらにN分画に特異的な複数のサブクラスターを検出した（**図3C**）．そこでシークエンスリードを精査したところ，2種類の異なるVAV1変異を別々のクラスター上で検出した．クラスター1, 2, 4, 10, 11（**図3C**）は，N分画に存在する2番染色体に欠損ウイルスをもつVAV1, MGAM変異をもつ集団であると推定された．4年前の同症例でのシングルセル解析（データ非表示）でも微小な同クラスターを検出したことから，このクローンが優位性を獲得して増殖したことがわかった．さらにクラスターごとに発現変動した遺伝子セットをgene ontology解析したところ，

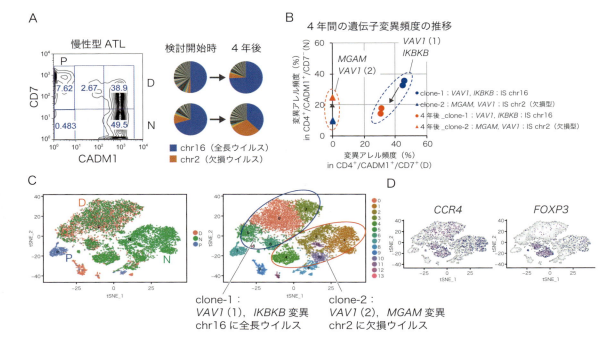

図3　シングルセルRNA-seqを組み込んだクローン解析の実例
　A) ウイルス挿入部位を用いた慢性型ATLのクローン解析．4年間の経過でchr21にウイルスが挿入された感染クローンが増殖した．B) 2時点での変異アレル頻度．PyCloneによってクラスタされたサブクローンが時間経過とともに推移した．C) 4年経過後のscRNA-seqのtSNEプロット．P, D, N 分画（左）と遺伝子発現パターン（右）によってそれぞれクラスタリングした．遺伝子変異，ウイルス挿入部位の集団頻度，変異遺伝子の検出により，clone-1とclone-2が推定された．D) 遺伝子発現ブラウザを用いたクラスターごとの発現パターン．Clone-2はFOXP3やCCR4などの遺伝子発現が高く，また同じ感染細胞に由来しても発現パターンの異なるサブクラスターに拡散していることもわかった．

アポトーシスや増殖にかかわる遺伝子の発現が変化していることがわかった．またこのクラスターはCCR4，FOXP3，GATA3などのT細胞分化や分子標的にかかわる遺伝子発現が高く，性質も大きく異なることが予測された．

　以上の統合解析から，一個体内の悪性細胞のヘテロ性がゲノム，ウイルスの両観点から示され，シングルセル解析によってその内実や各集団の特徴を明らかにし，さらにクローン増殖の原因となる遺伝子変異や発現異常を同定することにも成功した．最も興味深い点は，1つの起源細胞に由来する悪性細胞であっても，実際には異なる小クラスターを形成する性質的にヘテロな細胞の集合体であり，これが疾患の複雑な病態形成にかかわっている点にある．性質が拡散した集合体に対して，各クラスターに固有の異常を狙い撃ちすることや，逆に共通する異常を捉えて集団全体を標的とすることなど，今後のがん治療研究において重要なコンセプトにもなりうる．

おわりに

　ATLのような難治がんでは特に，早期診断，早期治療介入が将来的に強く望まれているが，そのためにはヘテロな集団からある特質をもった微細クローンを正確に検出し，さらにその性質を理解することが重要である．シングルセル解析は，このような状況下で新たな知見を生み出すきわめて有効な技術であると確信している．一方で，本件のような複雑な発症メカニズムや特性をもつ疾患を解析する場面においては，本稿で紹介したような，複数の技術を組合わせて多層的なデータを取得し，再構成することが有効だと思われる（図4）．また悪性細胞の基礎的理解だけでなく，免疫微小

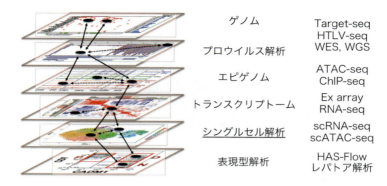

図4　多層的オミックスデータを用いたATL研究
標準的な多層的オミックスデータに加え，ATL研究ではプロウイルス解析と表面抗原解析を含めて再構成することで，各クローンの詳細な特徴や発症メカニズムをトレースすることが現実味を帯びてきた．シングルセル解析は，ヘテロ性をもつことがわかった本疾患研究においてもきわめて重要であり，今後ますます活用されていくと期待される．

環境の変化や薬剤反応性の検出においてもシングルセル解析が真価を発揮する．また表面抗原も明らかにされているため，cellular indexing of transcriptomes and epitopes by sequencing（CITE-seq）[14]を用いた詳細な解析も有効であろう．さらに，本疾患においてはポリクローナルな感染母集団の形成や悪性化にはダイナミックなエピゲノム変化が起こる．シングルセルATAC-seq（scATAC-seq）[15]による細胞単位のクロマチン構造解析や，最近報告されたsingle-cell chromatin immunocleavage sequencing（scChIC-seq）[16]のような高感度エピゲノム解析が臨床応用研究でも実用化され，さらに本稿で紹介したような解析手法と統合されれば，がんの起源細胞から発症に至るまでの全行程にアプローチできる道筋が見えてくる．

一方で，病態の正確な理解には，発現量の低い遺伝子の機能も重要であり，シークエンスのdepthやライブラリの作成法（全長，5′側，3′側）など，それぞれの状況に応じて使い分けや組合わせが求められる．また本研究では採血直後の臨床検体を解析することで細胞の生存率も担保できたが，データの正確性・再現性を確保するために，使用するサンプルやライブラリの質も重要であり，技術開発とともに検討がくり返されていくと思われる．

有望な新規治療薬の開発が進められると同時に，有効性の予測，治療方針の決定，作用機序などにかかわる遺伝子異常や発現異常が精力的に研究され，個別化精密医療の時代に突入しようとしている．シングルセル解析アプリケーション（ゲノム，エピゲノム，ロングリードを含むトランスクリプトームなど）は，今後の医学研究に必要不可欠な技術に発展すると期待している．

文献

1) Kamada N, et al：Cancer Res, 52：1481-1493, 1992
2) Tsukasaki K, et al：Blood, 97：3875-3881, 2001
3) Kataoka K, et al：Nat Genet, 47：1304-1315, 2015
4) Kataoka K, et al：Nature, 534：402-406, 2016
5) Fujikawa D, et al：Blood, 127：1790-1802, 2016
6) Yamagishi M, et al：Cancer Cell, 21：121-135, 2012
7) Yamagishi M & Uchimaru K：Curr Opin Oncol, 29：375-381, 2017
8) Yamagishi M, et al：Cell Rep, in press（2019）
9) Gillet NA, et al：Blood, 117：3113-3122, 2011
10) Firouzi S, et al：Genome Med, 6：46, 2014
11) Kobayashi S, et al：Clin Cancer Res, 20：2851-2861, 2014
12) Firouzi S, et al：Blood Adv, 1：1195-1205, 2017
13) Roth A, et al：Nat Methods, 11：396-398, 2014
14) Stoeckius M, et al：Nat Methods, 14：865-868, 2017
15) Buenrostro JD, et al：Nature, 523：486-490, 2015
16) Ku WL, et al：Nat Methods, 16：323-325, 2019

＜筆頭著者プロフィール＞
山岸　誠：2009年東京大学大学院新領域創成科学研究科修了（渡邉俊樹教授），同研究員，特任助教を経て，'18年より同特任講師．ATLをはじめとする造血器腫瘍や感染症のゲノム，エピゲノム，トランスクリプトームの異常を明らかにし，発症メカニズムの解明や創薬などのトランスレーショナルリサーチに力を入れています．大学院の学生と一緒に，基礎研究と臨床研究の橋渡しをめざして日々研究しています．

第2章 シングルセル解析によるバイオロジー

Ⅱ．免疫・がん

13. HTLV-1 感染動態の数理モデル型定量的データ解析

高木舜晟，安永純一朗，松岡雅雄，岩見真吾

近年，次世代シークエンスをはじめとした最先端計測技術の発展により，扱うデータ量は飛躍的に増え続けており，これらの蓄積された大量かつ多次元にわたるデータを有機的につなぐアプローチが求められている．例えば，実データを定量的に解析できる機械論的数理モデルを開発できれば，ハイスループットデータに埋もれている重要な情報を抽出し，生命現象を数理科学の視点で説明することが可能になる．本稿ではその一例として，白血病を引き起こすHTLV-1の持続感染機序を新たに解明した研究を紹介する．文末には，今後の生物学において数理科学と実験科学の融合が秘める可能性について，現在進行中の研究を交えて紹介したい．

はじめに

時代の流れ，社会の要請も相まって，現在，数理生物学を筆頭にした数理科学は最も注目されている研究分野の1つである．ただし，世間に期待されている数理科学はいわゆる理論が中心となっている古典的な数理科学ではないし，大規模な生命科学データを解析するのみの情報科学でもない．数理モデル，コンピューターシミュレーション，統計解析が高度な次元で融合された定量的なデータ解析を実現できる数理科学である．特に，バイオインフォマティクス解析，シングルセル解析，ハイスループットスクリーニング解析，次世代シークエンス解析，マルチオミックス解析など，時代を象徴する最新技術との融合研究が求められている．事実，最先端計測技術の誕生・発展により，生命科学分野のあらゆる研究現場において扱うデータ量は飛躍的に増え続けている．現在，これらのデータをマインニングする手法の多くは，データ駆動型アプローチとよばれる現象論的な統計解析であることより，実データを生み出したメカニズムにまで言及できない．しかし，実データを生み出すシステムの非線形ダイナ

[略語]
ATL：adult T-cell leukemia
（成人T細胞白血病）
HAM：HTLV-1 associated myelopathy
（HTLV-1関連脊髄症）
HTLV-1：human T-cell leukemia virus type 1
（ヒトT細胞白血病ウイルス1型）

Mathematical model-based quantitative data analysis for HTLV-1 dynamics
Mitsuaki Takaki[1] /Jun-ichirou Yasunaga[2] /Masao Matsuoka[2,3] /Shingo Iwami[4,5,6]：Mathematical Biology Laboratory, Graduate School of Systems Life Sciences, Kyushu University[1] /Laboratory of Virus Control, Institute for Frontier Life and Medical Sciences, Kyoto University[2] /Department of Hematology, Rheumatology and Infectious Diseases, Kumamoto University School of Medicine[3] /Mathematical Biology Laboratory, Department of Biology, Kyushu University[4] /MIRAI, Japan Science and Technology Agency[5] /Science Groove Inc.[6]（九州大学大学院システム生命科学府[1]／京都大学ウイルス・再生医科学研究所[2]／熊本大学医学部血液・膠原病・感染症内科[3]／九州大学大学院理学研究院生物科学部門[4]／科学技術振興機構未来社会創造事業[5]／株式会社サイエンスグルーヴ[6]）

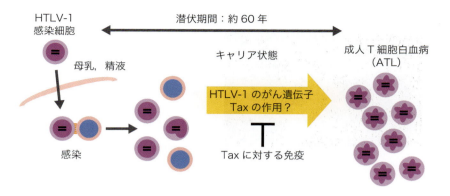

図1　HTLV-1感染によるATL発症
HTLV-1 Taxは強力な発がん作用をもっているが，免疫の標的となるため，感染細胞やATL細胞で検出されず，発がんにおける役割は不明であった．

ミクスを捉える機械論的な数理モデルが構築できれば，実データの背後に潜む法則性や基本原理を抽出できるうえに，一見矛盾したように見える複数の結果に対しても一貫した生物学的解釈を与えられる場合もある．私たちの研究グループでは，"数理モデル型の定量的データ解析アプローチ"とよばれる数理科学と実験科学の融合研究を展開している[1]～[4]．特に，対象とする生命現象を記述する機械論的な数理モデルは生物学的なプロセスに基づいた相互作用を含んでいる．すなわち，種々の最適化手法を駆使して数理モデルにより実データを再現できれば，数理モデルのパラメータの意味で生物学的なプロセスを定量化できる．また，数理モデルを直接的に数理解析することで，生命現象を特徴づける要約統計量を導出することもできる．変異や薬剤，遺伝子の有無など異なる条件において推定したパラメータを用いてこれらの要約統計量を計算・比較すれば，生命現象の新たな理解，疾患発症機序の解明，新規治療標的や診断・予後予測の基盤構築にもつながる．本稿では，近年取り組んでいる，数理モデルを駆使したヒトT細胞白血病ウイルス1型（HTLV-1）[※1]感染動態がもつウイルスダイナミクス[※2]の定量的データ解析に関する研究成果と将来展望について議論していく[4]．

1　HTLV-1 Taxの間欠的発現動態

HTLV-1はCD4陽性Tリンパ球の悪性腫瘍である成人T細胞白血病（adult T-cell leukemia：ATL）[※3]や難治性神経疾患であるHTLV-1関連脊髄症（HTLV-1 associated myelopathy：HAM）[※4]の原因となるレトロウイルスであり，日本に現在約80万人の感染者が存在すると推定されている．HTLV-1のウイルス遺伝子のなかにはTax[※5]およびHTLV-1 bZIP factor（HBZ）という2つのがん遺伝子が含まれており，これらの作用により感染細胞ががん化すると考えられている[5]（図1）．特にTaxはウイルスの複製にも必要なタンパク質

※1　ヒトT細胞白血病ウイルス1型（HTLV-1）
ヒトに疾患を引き起こすレトロウイルス．90％以上の感染者は何も疾病を発症しないが，約5％の感染者が生涯のうちに成人T細胞白血病（ATL）を発症する．

※2　ウイルスダイナミクス
経時的な臨床・実験データを数理モデルやコンピューターシミュレーション，統計的手法を駆使して解析することで，時々刻々と変化する宿主内・細胞内におけるウイルス感染を定量的に理解しようとする分野．

※3　成人T細胞白血病（ATL）
HTLV-1に感染したCD4陽性Tリンパ球ががん化して発症する白血病．

※4　HTLV-1関連脊髄症（HAM）
HTLV-1感染者の0.3％に発症する慢性進行性の神経疾患．両下肢の筋力低下，歩行困難，排尿障害，便秘などの症状を認める．

※5　Tax
HTLV-1がコードするウイルスタンパク質で，ウイルスの複製や感染細胞のがん化に重要な役割を担っている．非常に強いトランスアクチベーターであるが，免疫の標的となる．

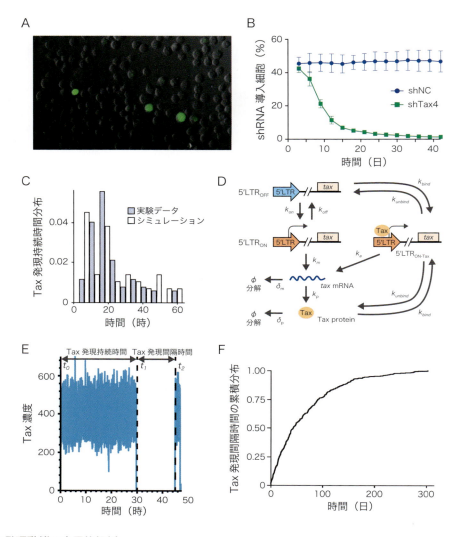

図2　Tax発現動態の定量的解析
A）Tax発現のMT-1GFP細胞によるモニタリング．B）RNA干渉法を用いたTax発現の機能解析．C）Tax発現持続時間分布とシミュレーションによる再現．D）Tax発現動態の数理モデル．E）Tax発現持続時間とTax発現間隔時間の再現．F）シミュレーションによるTax発現間隔時間の予測．

であり，HTLV-1が発見された1980年代から解析が進められてきたが，Taxは免疫の標的になりやすいためATL細胞ではほとんど検出されず，その役割や作用機構は不明なままであった．

そこで，ATL細胞におけるTaxの重要性を明らかにするために，新鮮ATL細胞と同等のTax発現を有するATL細胞株MT-1を用いて，Taxの発現を蛍光タンパク質にて標識したMT-1亜株，MT-1GFP細胞を樹立した．Taxの発現頻度を計測したところ，0.05〜5％という少数のMT-1GFP細胞のみがTaxを発現していることを見出した（**図2A**）．また，MT-1細胞にてTaxの働きをRNA干渉という方法で阻害すると，3週間程度で90％以上の細胞が死滅したことから，Taxがこの細胞株の生存に必要であることがわかった（**図2B**）．次に，Tax発現動態を詳細に調べるために，リアルタイムイメージング法によりMT-1GFP細胞が生きたままの状態で観察した結果，ごく一部の細胞にて，平均約19時間という短い間，Taxを発現していることを発

表　HTLV-1 Tax発現動態の数理モデルと確率シミュレーション

化学反応式	化学反応の意味	化学反応のパラメータ値
$5'LTR_{OFF} \leftrightarrow 5'LTR_{ON}$	5'LTRの活性化と不活性化	†$k_{ON} = 3.0 \times 10^{-6}$, ‡$k_{OFF} = 1.0 \times 10^{-2}$
$5'LTR_{ON} \rightarrow 5'LTR_{ON} + mRNA$	mRNAへの転写	‡$k_m = 0.1$
$mRNA \rightarrow mRNA + Tax$	Taxの翻訳	‡$k_p = 10$
$5'LTR_{OFF} + Tax \leftrightarrow 5'LTR_{ON-Tax}$	Taxの5'LTRへの結合・乖離	†$k_{bind} = 2.5 \times 10^{-3}$, †$k_{unbind} = 1.8 \times 10^{-2}$
$5'LTR_{ON-Tax} \rightarrow 5'LTR_{ON-Tax} + mRNA$	mRNAへの転写のトランス活性化	‡$k_a = 5$
$mRNA \rightarrow \varphi$	mRNAの分解	‡$\delta_m = 1$
$Tax \rightarrow \varphi$	Taxの分解	‡$\delta_p = 0.125$

†HTLV-1に特異的なパラメータ値であり，実験データから推定した．‡先行研究[6]で推定されたパラメータ値を使用した．

見した（図2C）．さらに，興味深いことに多くの細胞においては，Tax発現が間欠的であることもわかった．

このように，リアルタイムイメージングによりTax発現持続時間の分布を計測することが可能になったが，計測時間には限界があるので，特に長時間にわたるTax発現間隔時間を含んだ分布をバイアスなしに計測することは困難である．しかし，実データ（ここでは，Tax発現持続時間）を生み出すシステムの非線形ダイナミクスを捉える機械論的な数理モデルが構築できれば，実データの背後に潜む法則性や基本原理（ここでは，Tax発現間隔時間）を抽出できる．そこで，まず，Taxの間欠的発現動態を定量的に再現するために，以下の数理モデルを開発した（図2D）．それぞれの化学反応式やパラメータについての説明は表にまとめている．

$$\frac{d}{dt}[5'LTR_{OFF}] = -k_{ON}[5'LTR_{OFF}] + k_{OFF}[5'LTR_{ON}]$$
$$- k_{bind}[5'LTR_{ON}][Tax]$$
$$+ k_{unbind}[5'LTR_{ON\text{-}Tax}],$$

$$\frac{d}{dt}[5'LTR_{ON}] = k_{ON}[5'LTR_{OFF}] - k_{OFF}[5'LTR_{ON}],$$

$$\frac{d}{dt}[mRNA] = k_m[5'LTR_{ON}] + k_a[5'LTR_{ON\text{-}Tax}]$$
$$- \delta_m[mRNA],$$

$$\frac{d}{dt}[Tax] = k_p[mRNA] - k_{bind}[5'LTR_{OFF}][Tax]$$
$$+ k_{unbind}[5'LTR_{ON\text{-}Tax}] - \delta_p[Tax],$$

$$\frac{d}{dt}[5'LTR_{ON\text{-}Tax}] = k_{bind}[5'LTR_{OFF}][Tax]$$
$$- k_{unbind}[5'LTR_{ON\text{-}Tax}].$$

ギレスピーアルゴリズムを用いて確率シミュレーションを実施した結果，数理モデルが間欠的なTax発現動態を再現できることを確認し（図2E），Tax発現持続時間の分布を再現するパラメータを推定した（図2C）．そして，推定したパラメータを用いた確率シミュレーションをくり返すことでTax発現間隔時間の分布を推定した．しかし，計算から再構築した累積確率分布は，90％以上のMT-1細胞がTax発現を経験するためには150日程度の時間が必要であることを示唆していた（図2F）．この結果は，図2Bで示した『Taxを阻害したMT-1細胞の90％が3週間程度で死滅する』という事実に矛盾している．もしTax発現間隔時間が推定した長い時間スケールをもっているのであれば，Taxを阻害したMT-1細胞は同程度の時間スケールでゆっくりと死滅するはずだ，と考えられるのである．

2　HTLV-1 Tax発現による抗アポトーシス効果

開発した数理モデルを用いてTax発現持続時間分布から推定したTax発現間隔時間分布とRNA干渉法を用いて得られた実験結果の間には齟齬があった．しかし，実験科学的観測と数理科学的予測が共に真実であるとするならば，これらの齟齬には生物学的に妥当な解釈が与えられなくてはならない．

そこで，私たちは，MT-1細胞が"Tax発現状態において獲得する効果"は，Tax非発現状態においてもしばらく持続する可能性がある，という仮説を立てた．この仮説を検証するために，Tax発現状態およびTax非発現状態のMT-1細胞に対してシングルセル

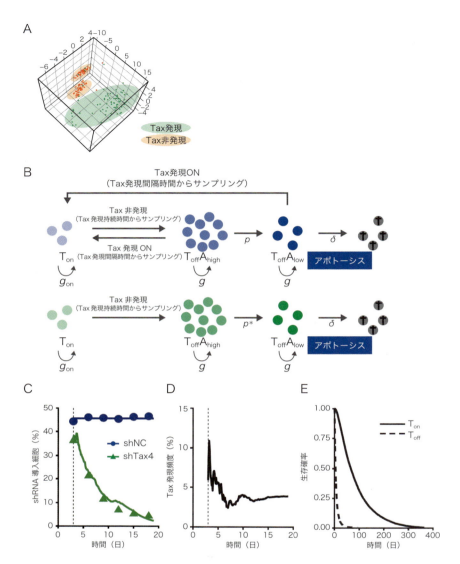

図3 Tax発現による抗アポトーシス効果の定量的解析
A）MT-1細胞における抗アポトーシス関連遺伝子の発現状態．B）Tax発現動態と細胞増殖のマルチスケール個体ベースモデル．C）シミュレーションによるTax発現機能解析実験データの再現．D）シミュレーションによるTax発現頻度の予測．E）シミュレーションによるTax発現が生存確率に与える影響の予測．

RNA-seq解析を実施して，遺伝子発現プロファイルを比較した．Tax発現状態のMT-1細胞には抗アポトーシス遺伝子が高発現していることに加えて，主成分分析の結果，興味深いことに，Tax非発現状態のMT-1細胞において抗アポトーシスに関連する遺伝子発現が2つのクラスターに分離されることを見出した（**図3A**）．すなわち，Tax非発現状態のMT-1細胞には，抗アポトーシス遺伝子が高発現している細胞群と低発現である細胞群の2つのコンパートメントが存在することが示唆され，Taxが減衰した細胞においても細胞死を抑制する作用が長時間持続している，という仮説が正しいことを説明できた．

次に，細胞内における間歇的なTax発現動態とそれらに関連した細胞増殖をマルチスケールに記述する個体ベースモデル（agent-based model：ABM）を開発した（**図3B**）．ここでは，Tax発現かつ抗アポトーシ

ス状態である細胞群（T_{on}），Tax非発現かつ抗アポトーシス状態である細胞群（$T_{off}A_{high}$），Tax非発現かつ抗アポトーシス状態でない細胞群（$T_{off}A_{low}$）の3つのコンパートメントを準備した．また，Tax非発現状態における抗アポトーシス遺伝子の発現低下により$T_{off}A_{high}$から$T_{off}A_{low}$への遷移が起こると考えた．通常のMT-1細胞では，計測したTax発現持続時間分布および推定したTax発現間隔時間分布からサンプリングしたパラメータによりTax発現動態が制御され，各細胞は増殖しながら状態遷移をする．一方，RNA干渉法でTax発現を阻害したMT-1細胞では，すべての細胞においてTaxを発現する機会がないと仮定している．これらのルールを定式化したABMは，見事にRNA干渉法を用いて得られた実験結果を再現できたことより，上述した一見すると矛盾している実験科学的観測と数理科学的予測の間の齟齬をうまく説明できた（**図3C**）．さらに，ABMによりTaxの発現頻度を計算したところ，5％程度という少数のMT-1細胞のみがTaxを発現していることも再現できていた（**図3D**）．また，ABMを用いて一度でもTax発現を経験した細胞とそうでない細胞の生存確率を計算したところ，Tax発現によりMT-1細胞の寿命が著しく長くなったことがわかった（**図3E**）．つまり，HTLV-1感染細胞はTaxを発現することで，抗アポトーシス特性を獲得し，細胞集団全体の生存を維持しているのである．

以上の解析およびTaxが高免疫原性であることを考慮すると，HTLV-1感染細胞の間欠的なTax発現は，Taxの産生を最小限に抑えることで免疫を回避する一方，抗アポトーシス特性により細胞死を抑制する，というHTLV-1の巧妙な生き残り戦略であることがうかがえる．これはウイルス遺伝子がオン・オフを調節しながら機能していることを明らかにしたはじめての研究であり，これらの所見はATL発症機序の解明につながるだけでなく，Taxを標的とした効果的な免疫療法の開発に寄与する．例えば，Taxは非常によいワクチンの標的と考えられており，Taxの発現調節機構に関してさらに解析が進むことで，Taxの発現誘導とTaxワクチンを併用する新しい複合免疫療法の開発につながっていく．

3 HTLV-1感染細胞の多型とその進化動態を理解するために

本研究により，HTLV-1感染細胞が持続感染を確立し，発がんに導く新しい機序が明らかになった．私たちは，現在，HTLV-1が新規感染時にプロウイルスとして宿主ゲノムに組込まれ，これらの組込部位が感染細胞クローンごとに異なる，というレトロウイルスがもつ特性に注目した研究を展開している．感染細胞の"ID"としての役割を果たすプロウイルス組込部位は，次世代シークエンサーにより計測でき，この組込部位の多様性は発がんが進行するにつれて減少する（HTLV-1感染細胞の多型が縮小する）[7]．つまり，感染細胞の多型の進化過程として疾患を捉えることができれば，HTLV-1無症候キャリアの病態進行を定量的に分析することが可能になり，ATL発症を予測する理論基盤が構築できる，と考えている．そのためには，上記で開発したABMを改良し，Tax発現に依存した新規感染やそれに伴うプロウイルス組込部位，免疫応答のダイナミクスを実装する必要がある．経時的な臨床データを用いて適切なパラメータを推定できれば，ABMによる網羅的なシミュレーションにより，例えば，組込部位IDから時系列で感染細胞集団の多様性を評価できることより，多様性指標として利用されているThe oligoclonality index（OCI）の病態進行に伴う遷移の全体像を再現できる[7]．また，感染細胞の誕生・消滅の履歴を俯瞰できる系譜図を可視化することもできる．通常，膨大な組合わせの進化経路を，すべて臨床検体から探索して治療戦略に活用することは不可能であるが，数理モデル型の定量的データ解析アプローチを用いることで，非平衡な病態を示す疾患の予測精度を向上させ，新規診断方法の提案および病態予測技術の開発が加速される．

おわりに

次世代配列解析におけるデータマイニング手法の多くは，ある一時点でのデータの統計解析である．現状，"予後予測"は単純な"リスク推定"に過ぎず，特に，非平衡な病態を示す疾患の予測精度は十分ではなかった．ある一時点でのデータだけでなく過去のデー

タがその後の病態進行にかかわることより，複数時点でのデータ解析が病態予測の限界を突破する鍵であると考えている．例えば，HTLV-1無症候性キャリア，HAM患者，ATL患者を対象とした場合であれば，感染細胞クローナリティ（OCI定量：次世代配列解析），プロウイルス量（リアルタイムPCR解析），TaxおよびHBZの発現（リアルタイムPCR解析），ウイルスに対する免疫応答（ELISPOT解析，テトラマー解析など）などをある程度の頻度で経時的データとして計測することは不可能ではない．そして，これら複数時点におけるデータの因果関係を支配する非線形ダイナミクスを明確にすることは，新規診断方法の提案や病態予測技術の開発に結び付くのである．

今後，数理モデル型の定量的データ解析の観点で特に重要になる研究テーマの1つは，HTLV-1無症候キャリアの病態進行に伴う感染細胞の誕生/消滅の履歴やその全体像を俯瞰する細胞系譜の時間的・空間的ダイナミクスの推定・再構築だと考えている．ATL発症時に支配的となっている感染細胞は，いったいいつ出現し，どのように生きながらえているのか等，がん研究の根幹にある疑問ですら解明されていない．ATL発症に至る細胞系譜を俯瞰することができれば，これらの疑問に対して新しい知見を見出すことも期待できる．例えば，近年，急速に発展している"バーコード技術"を駆使すれば，造血幹細胞から末梢臓器内の分化細胞に至るまでの全血液細胞系譜をバーコードで追跡できる可能性がある．一般的に，すべての細胞系譜を得るためには，当然全細胞の各時点での全ゲノムを決定できればよいが，現段階では現実的ではない．しかし，DNAバーコード法[8]，BFG-Y2H法[9]，GESTALT法[10]やSTARmap法[11]などの最先端計測技術の飛躍により，細胞の位置関係や遺伝子発現などの空間的情報と細胞系譜という時間的情報が同時に取得できるようになりつつある．細胞分裂や分化の過程でCas9によって変異を挿入するGESTALT法を用いれば，DNAバーコードという限られた領域のなかではあるが，高頻度かつランダムに変異を獲得する配列をもとに，実質的な細胞系譜の再構築が可能になる．また，コンピューター内で擬似的な配列を与えるアルゴリズムを搭載したABMを開発すれば，網羅的なシミュレーションを実施することで再構築した細胞系譜がどの程度ロバストであるかなど，in silico解析と合わせて分析することが可能となる．

将来的に，診断および予後予測の精度を改善するために，数理モデル型定量的データ解析アプローチと人工知能（AI）技術との融合研究にもチャレンジしていく．無症候キャリアがたどったHTLV-1関連疾患の発症情報が紐づけられた患者の時系列データが蓄積することにより，機械学習を用いて各種疾患発症パターンが探索できるかもしれない．また，実データとシミュレーションデータの一部を学習データとして利用し，機械学習により病態進行を早期に特定できれば，予後予測精度を向上させることも可能かもしれない．時代を象徴する最新技術と数理科学との融合研究の可能性は無限大であり，何よりも楽しい．

本研究を進めるうえで多大な貢献をしていただいた北海道大学大学院先端生命科学研究院の中岡慎治特任講師，国立国際医療研究センターの小泉吉輝医師に深く感謝いたします．また，本稿で紹介した研究は科学技術振興機構戦略的創造研究推進事業PRESTOおよび未来社会創造事業MIRAI，日本学術振興会科学研究費助成事業「細胞社会ダイバーシティの統合的解明と制御 公募研究：造血幹細胞が維持する細胞ダイバーシティの数理科学的解析」および「ネオウイルス学：生命源流から超個体，そしてエコ・スフィアへ 公募研究：宿主免疫および集団免疫をかいくぐり繁栄するウイルスの生存戦略を解く」の一環で行われました．

文献

1) Iwami S, et al：Retrovirology, 9：18, 2012
2) Iwami S, et al：Front Microbiol, 3：319, 2012
3) Iwami S, et al：Elife, 4：doi:10.7554/eLife.08150, 2015
4) Mahgoub M, et al：Proc Natl Acad Sci U S A, 115：E1269-E1278, 2018
5) Tanaka A & Matsuoka M：Front Microbiol, 9：461, 2018
6) Razooky BS, et al：Cell, 160：990-1001, 2015
7) Gillet NA, et al：Blood, 117：3113-3122, 2011
8) Hillenmeyer ME, et al：Science, 320：362-365, 2008
9) Yachie N, et al：Mol Syst Biol, 12：863, 2016
10) McKenna A, et al：Science, 353：aaf7907, 2016
11) Wang X, et al：Science, 361：doi:10.1126/science.aat5691, 2018

<著者プロフィール>
高木舜晟：2018年九州大学理学部生物学科卒業，同大学院システム生命科学府博士前期課程に在籍．学部3年次より研究活動に従事しており，数理モデルとコンピューターシミュレーションを駆使して，進化の観点からがん発症のメカニズムを明らかにすることを目標としている．

岩見真吾：2009年，静岡大学創造科学技術大学院自然科学系教育部環境・エネルギーシステム専攻博士後期課程（短縮）修了．博士（理学）．'11年，九州大学大学院理学研究院生物科学部門・数理生物学教室の准教授に着任．現在まで2度の科学技術振興機構戦略的推進事業さきがけの支援を受け，国内外のウイルス学者とともにウイルスダイナミクスの研究に従事してきた．現在は，科学技術振興機構未来社会創造事業の支援を受け，数理モデル型の定量的データ解析アプローチの開発および生命科学分野における臨床・動物/細胞実験データの定量的解析を実施している．また，'19年10月1日より株式会社サイエンスグルーヴを起業，取締役/Chief Scientific Officerを兼任し，知的好奇心を呼び起こし，科学に対する理解を育むことで，次世代の人材を育成し，「より良い未来」を創造することにも注力している．

第2章 シングルセル解析によるバイオロジー

Ⅱ．免疫・がん

14. リキッドバイオプシーの実現に向けた血中循環腫瘍細胞のシングルセル解析

吉野知子，根岸　諒

> がんの血行性転移に関連する血中循環腫瘍細胞（circulating tumor cell：CTC）は，低侵襲的に採取可能な腫瘍細胞であることから，その機能解析を行うことでがん患者の病態をリアルタイムで評価するリキッドバイオプシー（液体生検）への応用が期待されている．一方で，CTCは血液中にごくわずかにしか存在しない希少な細胞であり，その性質を理解するためにはシングルセル解析技術の発展が必須であった．本稿では，CTCを対象としたシングルセル解析から得られた最新の知見と，リキッドバイオプシーへの応用に向けた取り組みについて概説するとともに，筆者らが進めてきたCTC解析に関する研究成果を紹介する．

はじめに

　がんの診断では一般的にがん組織を一部切り取って検査する「生検」が行われる．しかしながら，生検は患者への負担が大きく，また抗がん剤が奏効しなくなるなどのタイムコースに応じてくり返し検査を行うことはほとんど不可能である．近年，血液や尿・腹水などの体液サンプルに含まれるがん細胞，がん細胞由来の遊離DNA，エクソソームを用いてがん組織の性質を評価する「リキッドバイオプシー（液体生検）」に注目が集まっている（図1）．これらは，従来のがんバイオマーカーと異なり，がん組織がもつ遺伝的特性を評価することが可能であり，分子標的薬治療のための体外診断薬のターゲットとして期待されている．特に血液中に遊離したctDNA（circulating tumor DNA）を用いたリキッドバイオプシーの試みは，次世代シークエンサーの技術発展とともに加速しており，一部の症例においてはがん組織の代替の測定対象として認可されている．このことから，今後ますますリキッドバイオプシーへの期待は高まっていくと考えられる．

　CTCはがんの血行性転移に直接的に関与するがん細胞であることから，最もピュアながん細胞の情報を取得できる測定対象であると考えられる．しかしながら，CTCの機能的な理解がいまだ遅れており，リキッドバイオプシーへの応用は達成されていない．その要因として，血液1 mL（約50億個の正常血球を含む）中に

> [略語]
> **CTC**：circulating tumor cell
> 　（血中循環腫瘍細胞）
> **WGA**：whole genome amplification
> 　（全ゲノム増幅）
> **WTA**：whole transcriptome amplification
> 　（全トランスクリプトーム増幅）

Single-cell analysis of circulating tumor cells toward liquid biopsies
Tomoko Yoshino[1]/Ryo Negishi[2]：Division of Biotechnology and Life science, Institute of Engineering, Tokyo University of Agriculture and Technology[1]/Institute of Global Innovation Research, Tokyo University of Agriculture and Technology[2]（東京農工大学大学院工学研究院生命機能科学部門[1]/東京農工大学大学院グローバルイノベーション研究院[2]）

図1 現状のリキッドバイオプシーの主な測定対象
ctDNAを対象とした技術が最も実用化に近い状況であるが,より多くの情報が得られるCTCの解析が患者のがん組織の精密な評価に利用可能であると期待されている.

数個から100個程度しか存在しない希少性があげられ,CTCのもつ遺伝子情報を取得するためにはシングルセルレベルでこれらを血液中から分離する技術の登場を待つ必要があった.2000年代初頭から2010年代前半にかけてのCTC検出技術とシングルセルの遺伝子解析技術の発展が結実し,リキッドバイオプシーにおける最後のフロンティアといえるCTCの機能解析が進みつつある.本稿では,CTCの機能解析に関する最新の知見とリキッドバイオプシーへの応用例を概説し,後半では筆者らが進めている技術開発について紹介する.

1 シングルセル遺伝子解析によるCTCのキャラクタリゼーション

血液中からCTCを検出することが可能となったのは21世紀に入ってからであり,これは19世紀中頃にオーストラリア人研修医によって,がん患者の血液中にがん細胞,すなわちCTCが存在することが観察されてから約150年が経過してからのことである[1,2].先にも述べたように,CTCは1 mLあたり約50億個もの正常血球が含まれる血液のなかに,多くても100個程度しか存在しないため,検出のためには正常血球を除去し,CTCを濃縮する操作が必要となる.2004年に血液中のCTC数ががん患者の予後と相関することが報告され

たことを皮切りに,現在に至るまでさまざまなCTC濃縮システムが開発されている[3].誌面の都合上,詳細は割愛するが,CTCの濃縮方法は抗原抗体反応を利用する手法と,血球とCTCのサイズ・変形能の違いを利用する手法の2種に大別でき,一部例外はあるが現在も基本的な原理は変わっていない.現状では,Menarini Silicon Biosystems社が販売するCellSearch System[※1]のみが,CTC数計測による転移性乳がん,前立腺がん,大腸がん症例の予後診断装置として米国食品医薬品局(FDA)に認可されている.CellSearch Systemは上皮細胞接着因子(epithelial cell adhesion molecule:EpCAM)を発現したCTCを磁気分離により濃縮する装置であり,スタンダードな手法としてさまざまながん種のCTC濃縮に利用されている.一方で,EpCAMの発現が少ないがん細胞の回収には不向きであり,がん種によってはCTCを濃縮できない場合がある.このようながん種を対象としたCTC濃縮

> **※1 CellSearch System**
> 米国Veridex社が開発した自動CTC検出システム.EpCAM陽性のCTCを抗EpCAM抗体修飾磁気ビーズにて濃縮し,骨格タンパク質であるcytokeratinを抗体染色することで検出する.転移性乳がん,前立腺がん,大腸がん症例においては本システムで検出されたCTC数をもとに予後診断を行うことがFDAによって認可されている.現在はイタリアMenarini Silicon Biosystems社が販売.

には，サイズ・変形能の違いを利用した手法が有効であり，現在もさまざまな検討が行われている．一方で，CTC数と予後が相関するがん種が限定されていること，CTC数の計測だけでは治療方針を決定するのに足る情報が得られないことが明らかとなったことで，遺伝子解析などCTCの質的な解析に注目がシフトするようになった[4]．当初はFISHなどによる単一遺伝子の変異解析が行われていたが，WGA（全ゲノム増幅）[※2]やWTA（全トランスクリプトーム増幅）[※3]など単一細胞シークエンス技術の発展に伴い，網羅的な解析が試みられるようになっている．

2012年，ルートヴィヒがん研究所とカロリンスカ研究所の共同研究グループにより，世界初となるCTCのRNA-seqによるトランスクリプトーム解析の例が報告された[5]．この報告はシングルセルの完全長RNA-seqを行うためのWTA法の性能評価が中心であり，1つの応用例としてCTCの解析を試みているが，メラノーマ患者から分離した単一CTCからメラノーマに特徴的な遺伝子発現パターンを取得することができることを示している．さらに，原発巣と異なる発現パターンを示す遺伝子が存在することを確認しており，CTCががんの浸潤性の増大や免疫細胞からの攻撃の回避に寄与する機能的特徴を有している可能性が示された．同年にはスタンフォード大学病院とイルミナ社らの研究グループにより前立腺がん患者由来CTCの単一細胞RNA-seq解析も行われ，メラノーマと同様，原発巣に特徴的な遺伝子発現パターンを保持していることや，治療標的としての可能性を有する遺伝子の発現パターンがみられることなどが報告されている[6]．また，2013年には北京大学とハーバード大学のグループにより肺がん患者由来CTCの全ゲノムシークエンス，エクソームシークエンスによる網羅的なゲノム解析が試みられている[7]．この例では，原発巣，転移巣，CTCの比較解析を行い，CTCが転移巣と類似したコピー数多型（copy number variation：CNV）パターンをもつこと，また，同一の患者から得られたCTCは互いに類似したCNVパターンをもつことを確認しており，血管内で生存するために必要な性質をもったCTCが選択されている可能性を示している．このように，2010年代の前半からCTCの単一細胞ゲノム/トランスクリプトーム解析が徐々に試みられるようになっており，CTCががん組織にはない特徴を有することが明らかとなってきている．

2 CTC遺伝子解析による リキッドバイオプシーの試み

現在行われているCTCのシングルセル遺伝子解析は，転移メカニズムの解明やそれに基づく新規治療標的因子の探索をめざした研究が多い．一方で，低侵襲的に獲得できるがん細胞であることを生かして，リキッドバイオプシーに展開する試みも進められている（図2）．例えば，マンチェスター大学のグループは化学療法感受性および化学療法抵抗性の転移性小細胞肺がん患者から分離したCTCに対して，low-pass全ゲノムシークエンスを行い，コピー数異常（copy number alteration：CNA）パターンを得た[8]．得られたCNAパターンを教師データとして，サポートベクトルマシン（support vector machine：SVM）による予測モデルを作成したところ，83.3％の精度で化学療法の感受性を予測可能であることを報告している．また，マサチューセッツ総合病院のグループは，CTC-iChip[※4]を用いて獲得した去勢抵抗性前立腺がんCTCの単一細胞RNA-seqのデータをもとに，前立腺がんに関連し，CTCに特徴的に発現している遺伝子群を抽出し，それらの発現量を一括で測定可能なマルチプレックスqPCR系を構築した[9]〜[11]．構築したqPCR系にて血液から

※2 全ゲノム増幅
Whole genome amplification（WGA）．微量なDNAを満遍なく増幅する手法であり，網羅的な単一細胞遺伝子解析には必須の技術．原理が異なる手法が複数存在し，それぞれ得意とする増幅領域が異なる．

※3 全トランスクリプトーム増幅
Whole transcriptome amplification（WTA）．微量なRNAを満遍なく増幅する手法．WGAと同様に網羅的な遺伝子解析には必須の技術．

※4 CTC-iChip
米国マサチューセッツ総合病院のグループが開発したCTC濃縮システム．マイクロ流体デバイスを利用した高精度な磁気分離を行うことができ，白血球を磁気分離にて除去することで表面抗原に依存しないCTC濃縮を可能とするnegative depletion機能をもつ．

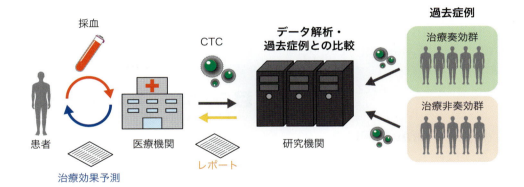

図2　CTCの単一細胞解析を利用したリキッドバイオプシーの概略
従来はがん組織との比較解析などを中心に行われてきたが，近年では過去の症例で採取したCTCの遺伝子解析結果と比較することで，治療効果を予測する試みが増えつつある．

濃縮したCTCの遺伝子発現パターンをスコア化し，前立腺がん患者のアビラテロン療法の奏効性を予測することが可能であることを示している．また，同様のアプローチにて乳がんのエストロゲン療法の奏効性予測に応用可能であることを示唆している[12]．本手法は実際の患者のCTCをシングルセルレベルで評価するものではないが，シングルセル解析を行うことで測定対象とする遺伝子群を抽出するアプローチが特徴的であり，将来的に医療現場で実装する際の解析コストを考慮したものであると考えられる．一方で，これらの例はいずれも血液中にCTCがある程度存在することがわかっているがん種，病状が進行した患者を対象としたものであり，利用可能な症例は限定的なのが現状である．

3　CTCのシングルセル遺伝子解析の課題

上述の通り，CTC濃縮技術とシングルセル解析技術の進展により，CTCの機能解析や，それを用いたリキッドバイオプシーの試みが徐々に進みつつある．しかし，免疫細胞や幹細胞などを対象としたシングルセル解析の論文報告が急増する一方で，CTCを対象とした報告はさほど増えていない状況にある．この要因として，CTCのような希少な細胞をロスなく確実に分離する効率的な技術がほとんど存在しないことがあげられる．近年普及しつつあるドロップレットやマイクロウェルを利用したシングルセル解析技術は，簡便な操作でシングルセルを分離することが可能であるが，大量の細胞のなかの一部を確率的に取り出して解析を行うため，原理的に細胞のロスが発生する．また，シングルセルソーティングに対応したセルソーター[※5]についても，ソーティング対象の細胞のポジションや，前後の液滴のコンディションなどによって厳しくセレクションされるため，大部分の細胞をロスしてしまう．そのため，これらの技術はCTCのシングルセル解析には適しておらず，CTCの分離は顕微鏡観察下でのマイクロマニピュレーション[※6]などの非常に労働集約的な手法に頼らざるを得ないのが現状である．近年ではDEPArray[※7]や自動マイクロマニピュレーション装置などの希少細胞向けの単一細胞分離装置も登場しつつ

※5　セルソーター
細胞をシースフローにて一列に整列させ，送液しながらレーザーを照射することでタンパク質の発現量などを測定する装置．最大で秒間70,000細胞もの解析を行うことができ，任意の細胞を選択的に分離することもできる．

※6　マイクロマニピュレーション
本稿では直径数十μm程度のガラス細管を使用してシングルセルを吸引・吐出することで分離する手法を指す．最も単純な方法であるが，顕微鏡観察下での繊細な操作が必須となり，高いスキルが要求される．

※7　DEPArray
Menarini Silicon Biosystems社が開発した単一細胞分離装置．蛍光顕微鏡による観察と，誘電泳動によるシングルセルの操作・分離が可能．ほぼ半自動での操作が可能であるが，装置本体のデッドボリュームやスループットに課題が残る．

あるが，装置が高額かつ，CTC濃縮システムは別に用意する必要があることから普及は進んでいない．したがって，CTCのシングルセル解析には，CTCの濃縮から単一細胞分離までの操作を一貫して行えるパイプラインの開発が必要であると考えられる．

4 Microcavity arrayを用いたCTC濃縮技術

筆者らの研究グループではマイクロキャビティアレイ（microcavity array：MCA）とよぶ金属製フィルター型デバイスを用いたシングルセル解析技術を開発してきた．MCAは直径数μmの微細な孔が高密度に配置されたものであり，細胞懸濁液を吸引することで細胞を孔のうえにアレイ化することができる[13]．非常に簡単な原理であるが，少数の細胞集団をロスなく同一平面上に配置することができることから，イメージング解析との相性がよく，造血幹細胞の検出や，細胞毒性の評価などに応用してきた[14,15]．MCAのCTC研究への応用は2008年頃から開始しており，CTCと正常血球とのサイズと変形能の違いに着目し，CTCを選択的に濃縮可能な孔のサイズや形状の検討を行ってきた[16,17]．フィルターを利用したCTC濃縮システムはMCA以外にもさまざまな技術が開発されているが，ほとんどが溶血処理や，希釈などの前処理を必要とする．それに対しMCAは，全血を直接フィルトレーションすることが可能であり，操作の簡便性・再現性の向上に寄与している．また，実際のCTC濃縮性能を評価するために，静岡がんセンターの協力のもと，転移が認められる非小細胞肺がん患者22症例および小細胞肺がん患者21症例を対象に，MCAとCellSearch SystemにてCTC検出試験を行った[18]．その結果，MCAでは，非小細胞肺がん17症例，小細胞肺がん20症例（残り1症例はMCAによる試験を非実施）から，CellSearch Systemでは，非小細胞肺がん7症例，小細胞肺がん12症例からCTCが検出され，MCAの方が多くの症例からCTCを検出することができた．このことから，CTCの濃縮および検出においてMCAが有効であることが確認でき，MCAを内蔵した使い捨てデバイスや，それを運用する自動CTC濃縮装置，MCA全面を一括で撮像しCTCを検出する高速CTC検出システム，小径の

がん細胞の回収に適した改良型MCAなどの開発につながっている[19,20]．現在，これらの装置群の性能評価試験が複数の医療機関で進められている．

5 Gel-based cell manipulation法による単一細胞分離

MCA上に濃縮した細胞をシングルセルレベルで分離するために，当初はマイクロマニピュレーションを用いていたが，スループットが低く，また遺伝子解析を進めるまでに細胞を頻繁にロスしていた．そこで筆者らは，新たにCTCの簡易・迅速な単一細胞分離技術としてgel-based cell manipulation（GCM）という手法を考案し，開発を進めている．GCM法は特定の波長の光を照射することで硬化する光硬化性ハイドロゲルを利用した手法であり，MCA上に捕捉した標的の細胞のみに光を照射することで，シングルセルを包埋したハイドロゲルを作製し，ハイドロゲルごと分離するものである[21]（**図3A, B**）．ハイドロゲルの硬化形状は照射する光の形状によって可変であり，直径200μm程度の円柱状とすることで，肉眼で確認し，ピンセットを用いて容易にハンドリングすることが可能となる．

さらに，細胞表面が一部露出した状態でハイドロゲルに包埋されるため，WGAやWTAなどの核酸増幅操作に直接利用することが可能である．例えば，WGA反応にはφ29 DNAポリメラーゼによる等温鎖置換反応を用いたmultiple displacement amplification（MDA）法や，断片化したゲノムDNAにアダプターをライゲーションしPCR増幅するligation-mediated PCR（LM-PCR）法，これらを組合わせた手法など，現在市販化されている主要なWGAキットにて後段の解析に十分な量の増幅産物を取得できることを確認している．また，モデル実験として，健常者血液に肺がん細胞株を添加した模擬サンプルを使用し，MCAによる細胞の濃縮および抗体染色を行い，GCM法にてがん細胞と白血球をそれぞれ分離した．分離したシングルセルに対してWGAを行い，EGFR遺伝子領域のシークエンス解析を行った結果，それぞれの細胞に特徴的な塩基配列を取得することが可能であった（**図3C**）．同様にWTA反応を利用したシングルセルの遺伝子発現解析についても評価を進めている．ハイドロゲルへ

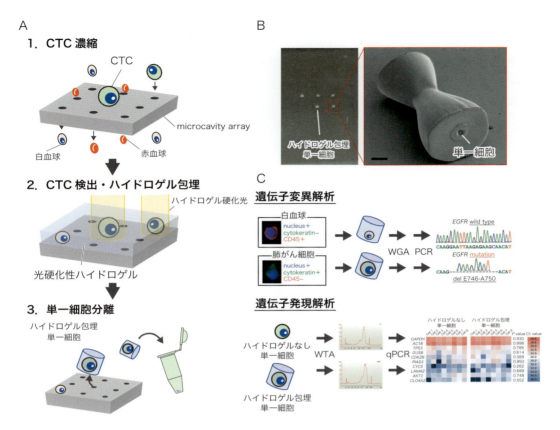

図3 MCA/GCM法によるCTCの単一細胞遺伝子解析
A) MCA/GCM法による単一細胞分離プロセス．サイズ選択的にMCAに捕捉されたCTCを光硬化性ハイドロゲルに包埋することにより可視化し，単一細胞レベルで分離する．B) ハイドロゲル包埋単一細胞の写真．ハイドロゲルは肉眼で確認可能なサイズであり，ピンセットなどで容易にハンドリングすることができる．また，単一細胞は一部ハイドロゲルから露出しており，後段の核酸増幅反応に利用できる．文献21より引用．C) ハイドロゲル包埋単一細胞の遺伝子解析の実施例．DNA，RNA双方の解析においてハイドロゲルによる影響は確認されず，本手法が単一細胞の遺伝子解析に有効であることを確認している．文献21より引用．

の包埋による発現プロファイルへの影響を評価するために，肺がん細胞株をGCM法とマイクロマニピュレーション法で分離し，それぞれQuartz-seq法にてWTAを行った．その結果，GCM法で分離した細胞から後段の解析に十分な量の増幅産物が取得できた．さらに，ランダムに選抜した11種類の遺伝子を対象にqPCRによる発現量解析を行った結果，GCM法とマイクロマニピュレーションで分離した細胞の間には顕著な違いはみられなかった（**図3C**）．以上の基礎的な検討を踏まえ，MCAとGCM法を統合したMCA/GCM法はCTCのシングルセル遺伝子解析に有効であることが確認できた．本手法は，MCAによるCTCの濃縮操作と連続的に実施することが可能であるため，テクニカルエラーによる細胞のロスを最小限にすることができる．近年ではGCM法のハイスループット化に向けて，複数の細胞に対して一括で光照射を行うことが可能な光学システムの開発も進めており，さらなる簡易・迅速化を達成できると期待している[22]．さらに複数の医療機関の協力のもと，胃がんをはじめとするさまざまながん種由来のCTCのシングルセル遺伝子解析を進めている．現在，CTCのシングルセル解析は欧米を中心に行われている状況であり，特に胃がんのようなアジア圏に罹患者が集中するがん種においてはCTCの解析がほとんど進められていない．また，がんは人種によって遺伝子変異のパターンに違いがあることがわかっていることから，アジア圏におけるCTCの遺伝子情報の集

積はリキッドバイオプシーの実現において必須であると考えられる．われわれは上述のような，いまだ進んでいないアジア人のCTCの解析を積極的に進め，リキッドバイオプシーの対象となるような新たな分子標的，予後不良因子の探索を行っていきたいと考えている．

おわりに

本稿ではCTCのシングルセル解析によるリキッドバイオプシーに向けた世界の研究開発動向と筆者らの取り組みについて紹介した．これまでのCTCのシングルセル解析は，転移メカニズムの解明や分子標的の探索をめざした探索的な研究例での実施が多く，測定した患者が恩恵を受けることを想定した応用研究は多くない状況にあった．一方で，low-pass全ゲノムシークエンスと機械学習を併用した化学療法の感受性の予測法や，単一細胞RNA-seq解析から抽出したマーカー分子を対象としたマルチプレックスPCRによるアビラテノン療法の奏効性の予測法など，CTCを利用したリキッドバイオプシーへの展開を予想させる研究例が徐々にではあるが登場している．一方で，CTCの解析には技術的なハードルがまだまだ残されているのが現状である．われわれは技術者の立場からCTC解析をサポートすることが可能な要素技術の開発を進めており，これらを通じて，CTC解析およびリキッドバイオプシーによるがん患者の正確なモニタリング，効果的な治療法の選択などに寄与できればと期待している．

文献

1) Ashworth TR：Aust Med J, 14：146-149, 1869
2) Vona G, et al：Am J Pathol, 156：57-63, 2000
3) Cristofanilli M, et al：N Engl J Med, 351：781-791, 2004
4) Smerage JB, et al：J Clin Oncol, 32：3483-3489, 2014
5) Ramsköld D, et al：Nat Biotechnol, 30：777-782, 2012
6) Cann GM, et al：PLoS One, 7：e49144, 2012
7) Ni X, et al：Proc Natl Acad Sci U S A, 110：21083-21088, 2013
8) Carter L, et al：Nat Med, 23：114-119, 2017
9) Miyamoto DT, et al：Science, 349：1351-1356, 2015
10) Kalinich M, et al：Proc Natl Acad Sci U S A, 114：1123-1128, 2017
11) Miyamoto DT, et al：Cancer Discov, 8：288-303, 2018
12) Kwan TT, et al：Cancer Discov, 8：1286-1299, 2018
13) Matsunaga T, et al：Anal Chem, 80：5139-5145, 2008
14) Hosokawa M, et al：Anal Chem, 81：5308-5313, 2009
15) Hosokawa M, et al：Anal Chem, 83：3648-3654, 2011
16) Hosokawa M, et al：Anal Chem, 82：6629-6635, 2010
17) Hosokawa M, et al：Anal Chem, 85：5692-5698, 2013
18) Hosokawa M, et al：PLoS One, 8：e67466, 2013
19) Negishi R, et al：Biosens Bioelectron, 67：438-442, 2015
20) Yoshino T, et al：Anal Chim Acta, 969：1-7, 2017
21) Yoshino T, et al：Anal Chem, 88：7230-7237, 2016
22) Negishi R, et al：Anal Chem, 90：9734-9741, 2018

<筆頭著者プロフィール>
吉野知子：東京農工大学大学院工学研究院生命機能科学部門・教授．2005年に東京農工大学大学院工学教育部生命工学専攻博士後期課程を修了後，早稲田大学生命医療工学研究所にて助手．'06年から東京農工大学共生科学技術研究院生命機能科学部門/若手人材育成拠点の特任助教授，'11年から同大学准教授を経て'18年より現職．CTCをはじめとする希少細胞の単一細胞解析技術の開発とバイオナノ磁性粒子の応用研究を行っている．

第2章 シングルセル解析によるバイオロジー

Ⅲ．その他

15. iPS 細胞のシングルセル遺伝子発現解析

今村恵子，渡辺　亮，井上治久

> iPS細胞を用いたさまざまな疾患解析が行われており，その重要なツールとしてRNAシークエンスによる遺伝子発現解析が実施されている．細胞集団のバルクでの遺伝子発現プロファイリングでは，細胞集団の平均値が示されるため，個々の細胞の疾患関連プロセスが隠れてしまう可能性がある．一方，シングルセル遺伝子発現解析では，個々の細胞の遺伝子変化を検出可能であり，これを用いた新たな疾患病態が見出されている．iPS細胞を用いた研究分野においても，今後さらにシングルセル解析の重要性が高まると考えられる．

はじめに

　iPS細胞は再生医療への応用が期待されるとともに，疾患解明や創薬への応用が進められている．疾患特異的iPS細胞は，疾患に関連する特異的な遺伝子および患者の遺伝的背景を有している細胞であり，その遺伝子発現解析は疾患解明や創薬において非常に重要である．なかでも，一つひとつの細胞を個別に取り扱うシングルセル遺伝子発現解析は注目されている．iPS細胞を用いた研究では，シングルセル遺伝子発現解析を用いて，主に①iPS細胞から作製した標的細胞の分化誘導に関する解析，②疾患iPS細胞の疾患表現型に関連する遺伝子発現解析，が実施されている．①では，オルガノイドに代表される分化細胞の多様性に関する解析とiPS細胞から分化細胞へのプロセスにおける時間的遺伝子発現解析が含まれる．iPS細胞から作製した分化細胞において，成熟細胞を含む多様性をもった細胞種が相互作用することで，より生体組織に近いオルガノイドが構築されることが示されている．②では，iPS細胞から作製した疾患標的細胞のシングルセル遺伝子発現解析結果を用いた疾患モデリングや病態解析が実施されており，数多くの新たな知見が報告されている．

[略語]
ALS：amyotrophic lateral sclerosis
　　（筋萎縮性側索硬化症）
BDNF：brain-derived neurotrophic factor
　　（脳由来神経栄養因子）
GSEA：Gene Set Enrichment Analysis
IPA：ingenuity pathway analysis
iPS細胞：induced pluripotent stem cell
　　（人工多能性幹細胞）

Single cell RNA-sequencing using iPS cells
Keiko Imamura/Akira Watanabe/Haruhisa Inoue：Center for iPS Cell Research and Application（CiRA）, Kyoto University（京都大学iPS細胞研究所）

1 シングルセル遺伝子発現解析を用いたiPS細胞の分化プロセスと多様性の解析

　iPS細胞はさまざまな細胞に分化させることが可能であり，分化プロセスや作製した分化細胞の多様性をより深く理解するために，シングルセル遺伝子発現解析が実施される．細胞集団を解析する方法として，以前は細胞表面抗原に対する抗体を用いたフローサイトメトリーによる解析が行われたが，この方法では評価に適切な表面抗原の有無やその抗体の有無によって解析範囲が限定されていた．一方，シングルセル遺伝子発現解析では検出可能なすべての遺伝子によって細胞集団をより細かく分類できる．例えば，iPS細胞から作製した脳オルガノイドでは，ヒト大脳皮質の6層構造それぞれの遺伝子発現パターンを示す細胞群に分類されており，iPS細胞から大脳の三次元構造を有するオルガノイドの作製が可能であることが示されている[1]．また，腎臓オルガノイドのシングルセル解析では，胎児および成人腎細胞のシングルセルデータと比較して，脳由来神経栄養因子（BDNF）とその同種の受容体NTRK2を阻害すると，腎臓の分化に影響を与えずにオルガノイド形成効率を改善することが示されている[2]．また，iPS細胞から作製した心筋細胞のシングルセル遺伝子発現解析による経時的な多様性の解析により，各細胞集団に関連する心筋分化にかかわる重要な3つの転写調節因子NR2F2，TBX5，およびHEY2が同定された．さらにCRISPRゲノム編集を使用してこの3つの転写因子の発現量の増減を行った結果から，それらの転写因子の心筋分化過程における機能が明らかにされている[3]．

　また，組織間のスプライシングの多様性の研究や疾患関連のスプライシング異常に関する研究が進められている一方，個々の細胞間のスプライシングの多様性についてはよくわかっていない．iPS細胞を内胚葉系細胞に分化させ，DNAメチル化解析とシングルセル遺伝子発現解析を適用して，分化におけるスプライシングバリエーションとその決定因子を特徴付けた報告がある[4]．シングルセルにおけるスプライシングの変動は，配列構成とゲノムの特徴に基づいて予測できることが示され，DNAメチル化と分化中細胞のスプライシングの変化との関連が特定されている[4]．このように，シングルセル解析により分化プロセスと多様性の解析から，新たな分化関連因子の同定やそのメカニズムの解明，さらに三次元組織作製技術の利用へと発展している．

2 疾患特異的iPS細胞を用いたシングルセル遺伝子発現解析による病態解明

　iPS細胞からほぼすべての細胞を作製することが可能であるが，その作製効率は細胞種によってさまざまである．そのため，必要な分化細胞を効率よく入手するためにフローサイトメトリーを用いた純化方法が開発され，これを用いたiPS細胞の研究が加速された．しかし，フローサイトメトリーによって純化された細胞であっても，細胞集団の個々の細胞が同じ時期に同じ遺伝子発現を示す可能性は低いため，細胞の不均一性は残る．そのため，バルク遺伝子発現プロファイリングでは，数千〜数万細胞のデータを含む細胞集団の平均値が示されるため，個々の細胞の疾患関連プロセスが隠れてしまう可能性がある．シングルセルレベルでの遺伝子発現解析を行うことにより，ノイズの除去や数が少ない細胞集団の変化を鋭敏に検出できる可能性が期待される．以下に，われわれの研究を含め，最近報告されたシングルセル解析を用いたiPS細胞の疾患研究について紹介する．

1）筋萎縮性側索硬化症患者iPS細胞を用いたシングルセル遺伝子発現解析

　筋萎縮性側索硬化症（ALS）の約10％が家族性であり，そのなかの20％がSOD1変異を伴う家族性ALSである．われわれは，このALS患者由来iPS細胞から脊髄運動神経細胞を作製して疾患解析を行った．ALS患者運動神経細胞では異常タンパク質の蓄積と細胞死という2つの神経変性に特徴的な細胞表現型を示した．また，ALS患者の脊髄運動神経細胞ではsrc/c-Ablという骨髄性白血病等で活性化することが知られているシグナルが活性化していることが明らかとなった．われわれは，このALSの脊髄運動神経細胞を用いてシングルセル遺伝子発現解析を行った（図）．シングルセル解析に用いる脊髄運動神経細胞を純化するために，脊髄運動神経細胞のマーカーであるHB9のプロモーター

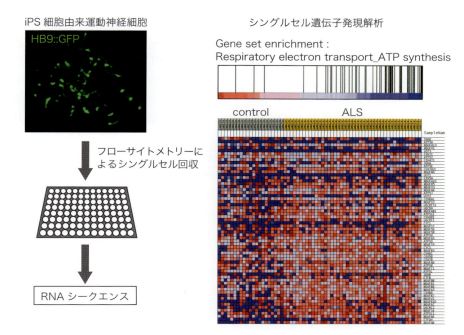

図　運動神経細胞のシングルセル解析

下にGFPを発現するベクターをレンチウイルスを用いて導入し，フローサイトメトリーでGFP陽性を示す脊髄運動神経細胞を96ウェルプレートに1細胞ずつ回収した．回収された1細胞からSMARTer Ultra Low Input RNA –HV kit（Clontech）を用いてRTおよびcDNA合成を行い，シークエンスライブラリーを作製し，HiSeq 2500（Illumina社）でシークエンスを実施した．シークエンス結果を用いて，Gene Set Enrichment Analysis（GSEA）により生物学的特徴を評価した（図）．ALS患者の運動神経細胞では健常者の運動神経細胞に比較して，ミトコンドリアエネルギー産生に関連する遺伝子群の発現が増加していた．一方，ALS患者の運動神経細胞ではATPの低下がみられ，代償機構によりミトコンドリア遺伝子群の発現が増加している可能性が考えられた．また，ALS患者運動神経細胞ではオートファジーの異常が認められ，マイトファジーの異常もミトコンドリア機能異常に関連している可能性が考えられた．一方，われわれは，ALSにおける脊髄運動神経細胞死を抑制する薬剤をスクリーニングし，Src/c-Abl阻害薬の1つであるボスチニブが運動神経細胞死と異常タンパク質の蓄積を抑制することを見出した．ボスチニブをALS運動神経細胞に加えた後にシングルセル遺伝子発現解析を実施したところ，前述の解析で認めたミトコンドリアエネルギー産生に関する遺伝子群の発現変化が改善した．これらのシングルセル遺伝子発現解析により，ALS運動神経細胞の重要な病態を明らかにし，さらに薬の効果をシングルセル遺伝子発現変化により詳細に検証することに成功した[5]．

2）脳室周囲異所性灰白質患者iPS細胞を用いたシングルセル遺伝子発現解析

大脳皮質の形成異常の1つである脳室周囲異所性灰白質のシングルセル遺伝子発現解析についての研究が報告されている．カドヘリン受容体–リガンド対のDCHS1とFAT4に変異をもつ脳室周囲異所性灰白質患者iPS細胞から作製した脳オルガノイドの解析が行われている．これらのiPS細胞から作製した脳オルガノイドでは，神経結節の形成を認め脳室周囲異所性灰白質の疾患表現型を再現し，神経前駆細胞の形態変化や移動態の異常を認めた．脳オルガノイドのシングルセル解析において，大脳皮質細胞の割合が高い細胞集団を得るため，脳オルガノイドを細かく切断したのちに解離液でシングルセルに解離させ，フローサイトメトリーで96ウェルプレートに1細胞ずつ分離した．シングルセル遺伝子発現解析のデータから，軸索誘導や

ニューロンの移動，パターン形成にかかわる遺伝子の調節異常を示す変異型ニューロンのサブ集団が明らかになった．これらのシングルセル遺伝子発現データから，神経前駆細胞の異常な形態と遊走の変化が，脳室周囲異所性灰白質の疾患原因と関連することが示された[6]．

3）パーキンソン病患者iPS細胞を用いたシングルセル遺伝子発現解析

パーキンソン病の原因遺伝子やリスクSNPが多く知られているが，そのなかのGBA-N370SのリスクSNPをもつパーキンソン病患者から作製したiPS細胞のシングルセル遺伝子発現解析が報告されている．iPS細胞からドパミン神経細胞を作製し，細胞固定後に抗TH抗体を用いたフローサイトメトリーによってドパミン神経細胞を純化した後，シングルセル遺伝子発現解析が行われた．PCA解析やクラスタリングの結果を用いて異なる臨床症状の患者層別化に成功している．また，擬似時系列解析の擬似時間軸を疾患軸に応用することによって，疾患で発現が変化する遺伝子群を抽出し，さらにingenuity pathway analysis（IPA）を用いて疾患ターゲットとしてHDAC4を同定した．さらにこのHDAC4の阻害薬がパーキンソン病の細胞表現型として示されたオートファジーとライソソーム経路の異常を改善することを見出している[7]．シングルセル解析により，疾患ターゲットの同定から薬の発見までに至っている．

4）口唇口蓋裂症候群患者iPS細胞を用いたシングルセル遺伝子発現解析

転写因子p63の変異は，表皮を含む重層上皮の欠陥による発達障害に関連していることが知られている．口唇口蓋裂症候群の疾患iPS細胞からケラチノサイトを作製し，シングルセル遺伝子発現解析が行われ，多能性単純上皮から基底層化上皮，最終的には成熟した表皮への段階的な遺伝子発現の移行が明らかになった．p63変異によって引き起こされる口唇口蓋裂症候群iPS細胞では上皮から基底層化上皮への分化障害がみられた．シングルセル遺伝子発現解析および細胞状態の擬似時間分析により，口唇口蓋裂症候群の細胞分化過程において中胚葉に関連する遺伝子群の活性化が特定された．中胚葉誘導阻害剤は，口唇口蓋裂症候群のiPS細胞から表皮への分化を促進し，治療への応用の可能性が示唆された[8]．

5）シングルセル遺伝子発現解析による心筋線維化症のモデル作製

線維芽細胞の活性化は，細胞損傷に応答して過剰な細胞外マトリクスを分泌し，線維症，臓器不全を引き起こすが，組織特異的な線維芽細胞の特性が十分にわかっていない．単一細胞RNAシークエンスにより，データベースのシングルセルデータと比較し，異なる器官間の組織特異的線維芽細胞の調節経路を特定し，大部分の筋線維芽細胞は心外膜系統であると同定し，iPS細胞から筋線維芽細胞作製のための分化プロトコールを確立した．また，心房／脳性ナトリウム利尿ペプチド-ナトリウム利尿ペプチド受容体-1経路を介したiPS細胞由来心筋細胞と筋線維芽細胞間のクロストークは，線維化の抑制に関与することを見出した[9]．

おわりに

iPS細胞を用いた研究において，シングルセル遺伝子発現解析結果に基づいた組織分化技術の発展や疾患病態の解明が加速的に進められている．さらに，シングルセル解析技術を応用したアレル特異的な遺伝子変異や遺伝子バリアントに基づいた解析による新たな発見も期待される．iPS細胞を用いた疾患研究においても，今後さらにシングルセル解析の重要性が注目されると考えられる．

文献

1) Camp JG, et al：Proc Natl Acad Sci U S A, 112：15672-15677, 2015
2) Wu H, et al：Cell Stem Cell, 23：869-881.e8, 2018
3) Churko JM, et al：Nat Commun, 9：4906, 2018
4) Linker SM, et al：Genome Biol, 20：30, 2019
5) Imamura K, et al：Sci Transl Med, 9：doi:10.1126/scitranslmed.aaf3962, 2017
6) Klaus J, et al：Nat Med, 25：561-568, 2019
7) Lang C, et al：Cell Stem Cell, 24：93-106.e6, 2019
8) Soares E, et al：Proc Natl Acad Sci U S A, 116：17361-17370, 2019
9) Zhang H, et al：Circ Res, 125：552-566, 2019

<筆頭著者プロフィール>
今村恵子：2001年鳥取大学医学部卒業．脳神経内科臨床に10年間従事．'11年から，京都大学iPS細胞研究所で神経疾患の病態解析や治療薬研究に取り組んでいる．

第2章 シングルセル解析によるバイオロジー

Ⅲ．その他

16. 1細胞RNA-Seqによる神経前駆細胞の制御機構解析の動向

中西勝之，神山　淳

哺乳類中枢神経系には特徴的な形態と遺伝子発現プロファイルを有した非常に多くの細胞種が存在する．従来，中枢神経系に関する解析は組織学的解析手法が主であったが，1細胞RNA-Seqは中枢神経系の複雑さを記載するための強力なツールとして汎用されている．神経前駆細胞から神経系細胞への分化系譜を解析する手法の1つとしての1細胞RNA-Seqを中心とし，世界的な動向とわれわれのグループでの取り組みに関して概説する．

はじめに

　神経科学においては次世代シークエンス，オプトジェネティクス，ゲノム編集技術等の技術革新により多くの知見が報告されている．なかでも1細胞RNA-Seqは中枢神経系における細胞分類という観点から特に幹細胞生物学的な視点において重要である．中枢神経系の機能を考えるうえで細胞分類は最も基本的な問いであり，神経科学の先駆者であるSantiago Ramón y Cajalはゴルジ染色法を用いて脳内の細胞構造を体系的に記載し，形態学的な特徴から細胞種を分類した．その後の研究の進展により，細胞種特異的なマーカー遺伝子や表面マーカーが同定され，さらに中枢神経を構築する細胞種は細分類されたが，限定されたマーカー遺伝子や細胞の形態による解析は中枢神経系の複雑さの包括的理解という観点からは限界がある．特に特定の細胞集団中に含まれる亜集団の存在などに関してはいまだ明らかではない点も多い．Linnarssonらは主に生後30日までのマウス中枢神経系組織および末梢神経系組織から20個にわたる領域を選別し，およそ50万個の細胞に対する1細胞RNA-Seqを実施し，比較的細胞種や多様性に関して解析されている神経細胞はもちろんのこと，従来分子的な性質付けが十分ではなかったアストロサイトやオリゴデンドロサイトなどに関し，複数のサブタイプを同定している（http://mousebrain.org）[1]．今後このような研究の進展により中枢神経系の多様性に関してますます知見が蓄積されると期待される．

　中枢神経系の多様性に関して多くの研究者が着目してきた1つが神経前駆細胞である．神経前駆細胞はニューロン，アストロサイト，オリゴデンドロサイトといった神経系を構成する主要な細胞種を産生することが知られている．遺伝子工学的手法や組織学的な解

[略語]
CHD7：chromodomain-helicase-DNA-binding protein 7
NSC：neural stem cell
SMA：smooth muscle actin

Single cell RNA-Seq analysis for analyzing behavior of neural progenitors
Katsuyuki Nakanishi/Jun Kohyama：Department of Physiology, Keio University School of Medicine（慶應義塾大学医学部生理学教室）

析により神経前駆細胞の局在や分化制御機構にかかわる知見が得られてきたが，神経前駆細胞の動態制御に関しても1細胞RNA-Seqによる手法が使われつつある．

1 神経前駆細胞の解析における 1細胞RNA-Seqに関して

1）中枢神経系を対象とした1細胞RNA-Seqの手法

中枢神経系組織に対する1細胞RNA-Seqを用いた研究の対象としては，マウスやヒト由来の培養細胞，中枢神経系組織が対象の中心となる．1細胞RNA-Seqの実施に際し，1細胞レベルで乖離された細胞浮遊液を調製する段階からはじまる．他の組織同様にフローサイトメトリーによる細胞分離やmicrofluidiscを用いた手法により細胞浮遊液が調製されることが多く，それ以降の1細胞RNA-Seqに関しては個々のラボの技術やリソース，または解析に必要な細胞数など目的に応じて実施される．中枢神経系，特に成体中枢神経系は1細胞レベルでの細胞浮遊液を調製するために酵素処理等をすることにより神経細胞が死滅することが知られているため，凍結組織から核分画を調製し，1細胞核RNA-Seqを用いた解析も実施されている（図1）．この手法は試料調製自体は簡便となり，細胞乖離に伴う影響が少ないこと，ヒトの組織バンクなどの凍結組織を直接利用可能であることから近年多く使われるようになっている．

2）マウス成体神経前駆細胞を対象とした 1細胞RNA-Seq解析

中枢神経系においては特に成体における神経新生にかかわる研究が多い．Johns Hopkins大学のSong教授（現Pennsylvania大学）らは長らく海馬における神経新生にかかわる研究をしてきたグループである．彼らはNestin-CFPという成体海馬における神経前駆細胞を標識するレポーターマウスを用い，成体神経前駆細胞に対する1細胞RNA-Seq解析を実施し，Waterfallという手法を用いて解析している[2]．成体神経前駆細胞は比較的増殖が緩やかな細胞とされるが，これらの細胞が活性化し，神経新生する過程における細胞間コミュニケーションや代謝経路の変容を記載している．彼らはこのデータをもとに成体神経前駆細胞に発現す

1. 組織からの試料調製（凍結もしくは非凍結試料）

2. 核分画回収

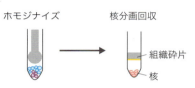

3. Nuclear Drop-seq

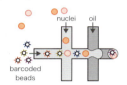

4. 解析

図1 Nuclear Drop-seq

る遺伝子として貪食にかかわる因子として知られるMfge8を見出し，成体神経前駆細胞でMfge8をノックアウトするとquiescent NSCが枯渇することを見出した[3]．成体において神経前駆細胞が存在すると考えられているもう1つの場所である側脳室付近の脳室下帯を対象とした1細胞RNA-Seq解析も行われており，その1つとしてZywitzaらは約1万個の1細胞RNA-Seqデータを成体側脳室から取得し，脳室下帯に存在する細胞のcell typingを実施し，RNA velocityという手法により疑似的に分化段階を予測する手法を利用し，成体神経前駆細胞の分化段階を動的に記載している[4]．さらに，神経前駆細胞の動態を制御しうる因子として知られるLRP2のノックアウトマウスの表現型解析として1細胞RNA-Seqを実施し，分化段階依存的にWntシグナルやBMPシグナルの制御異常が生じていることを記載している．成体神経新生に関しては従来BrdUの投与による増殖能の解析や，レトロウイルス

やCre-LoxPシステムを用いた細胞系譜解析，組織学的解析，行動解析などが実施されてきたが，今後1細胞RNA-Seqによる網羅的な解析手法が導入されることにより個々の細胞の転写レベルや細胞外環境の変遷がますます明らかとなることが予想される．

3）霊長類を用いた1細胞RNA-Seq解析に関して

ヒト脳は最も複雑な構造や機能をもつ臓器であるが，1細胞RNA-Seqを用いた解析が進んでいる．放射状グリア細胞（RGC）は大脳皮質のニューロンを産生し，また発生期においてニューロンを移動させるための足場として機能する神経前駆細胞として知られている．ヒト脳においては脳室帯に存在するapical RGC（aRGC）と外側脳室下帯（OSVZ）に位置するbasal RGC（bRGC）に分類されている．大脳発生が進むにつれ，OSVZに増殖能が高いbRGCが出現し，脳の構造を形成すると考えられている．aRGCとbRGCには形態的な異なる特徴があることが知られているが，その分子的な基盤は明らかではなかった．Pollenらは妊娠16〜18週目のヒト胎児脳から393個の細胞由来の1細胞RNA-Seqデータを取得し，そのなかに含まれるRGC様の細胞集団107個を対象とした解析を実施し，bRGC特異的に発現する遺伝子に着目した[5]．その結果bRGCにはTNC，PTPRZ1，FAM107A，HOPXおよびLIFRなどが選択的に発現していることを見出した．これらの遺伝子群は神経前駆細胞の未分化維持脳や移動，マトリクス形成にかかわっている遺伝子群であった．彼らはヒト胎児脳を用いたスライス培養によりbRGCの動態を解析するとともにbRGCがLIFRを介したJAK-STAT経路により未分化維持していることを見出している．彼らはこの仕事をさらに発展させ，発生段階の異なる複数のヒト胎児脳をさらに領域に分けて分離し，4,000個におよび細胞からの1細胞RNA-Seqのデータ解析を実施している[6]．中枢神経系発生における1つの大きな問いは，いかにして多様な神経細胞が神経前駆細胞から産生されるかということである．古典的には神経前駆細胞における時間空間的な遺伝子発現の差が神経細胞の多様性を決定するというモデルが長らく考えられていたが，彼らはbRGCに関してはその後の産生する神経細胞を決定しうるほど明らかな遺伝子発現の差はなく，むしろ幼弱な神経細胞において遺伝子発現の差が大きいと報告している．

少数のマスター制御因子がその後の分化を決定する可能性もあるが，古典的なモデルに対して1細胞RNA-Seqによる再解釈は今後も進むと考えられる．

2 ヒト中枢神経疾患に対するアプローチとしての1細胞RNA-Seq

1）iPS細胞神経前駆細胞における病態解析としての1細胞RNA-Seq

神経疾患に対するiPS細胞技術の利用は疾患の病態解析という観点から最もさかんな分野の1つである．特に神経発達をきたす疾患は神経前駆細胞における機能異常という観点からiPS細胞由来神経前駆細胞を用いた疾患モデルが作製されている．ウィリアムズ症候群は7番染色体（7q11.23）微細欠失を病因とする，特徴的な妖精様顔貌，精神発達遅滞，心血管病変，高カルシウム血症を呈する難病として知られる．UCSFのMuotri教授らのグループはウィリアムズ症候群患者由来iPS細胞を用いた解析により，ウィリアムズ症候群においては神経前駆細胞の増殖が遅く，細胞死が亢進しやすいことを報告した[7]．この研究ではiPS細胞から誘導した神経前駆細胞の培養系の均一性を示すために1細胞RNA-Seqを用いており，ウィリアムズ症候群における神経前駆細胞の表現型がiPS細胞から神経前駆細胞への誘導効率や神経前駆細胞の領域特異性などの違いに起因するのではないということを示している．

2）疾患iPS細胞を用いた細胞系譜解析 〜CHARGE症候群を例に

われわれの研究室では小児難病の1つであるCHARGE症候群にかかわる研究を進めている．この疾患は網膜の部分欠損（Coloboma），心奇形（Heart malformations），後鼻孔閉鎖（Atresia of the nasal choanae），成長障害・発達遅滞（Retardation of growth and/or development），外陰部低形成（Genital and/or urinary defects），耳奇形・難聴（Ear anomalies and/or deafness）を主症状とするが，"CHARGE"という名は徴候の頭文字の組合わせからなる．本疾患はクロマチンリモデリング因子であるCHD7遺伝子の突然変異により生じるが，CHARGE症候群で障害される臓器が神経堤から産生されるため，

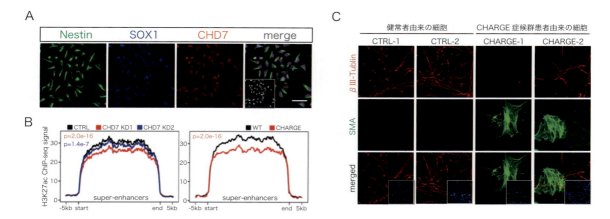

図2 CHARGE症候群由来神経前駆細胞の機能解析
A）ヒト神経前駆細胞（NestinおよびSOX1陽性）はCHD7を発現する．B）CHD7ノックダウンおよびCHARGE症候群由来神経前駆細胞ではsuper-enhancer領域においてH3K27acの活性が低下していた．C）健常者由来の細胞はβⅢ-Tublin陽性（赤）の神経細胞へと分化するのに対し，CHARGE症候群患者の細胞は神経細胞への分化が障害され，SMA（smooth muscle actin）陽性（緑）の非神経系細胞へと分化した．文献9より引用．

"neurocristopathy"（神経堤の異常による疾患）と考えられてきた．われわれはCHARGE症候群患者由来iPS細胞を用いることにより，患者iPS細胞由来神経堤細胞は遊走能や形態，動きなどが健常対照群に比し，低下していることを報告した[8]．一方，CHARGE症候群においては中枢神経系の発生異常の報告もあるため，CHARGE症候群における中枢神経系症状の原因を明らかとするためにCHD7の機能解析を実施した[9]．CHD7はマウスES細胞においてエンハンサー領域に結合し，ES特異的な転写制御を司ることが報告されていたが[10]，ヒト中枢神経系における役割は明らかではなかった．われわれはまずCHD7が神経前駆細胞に選択的に強発現しており神経分化に従って発現低下することを見出した．さらにCHD7のヒト神経前駆細胞における標的遺伝子を明らかとするためにChIP-Seqを実施したところ，CHD7はsuper-enhancer[11]とよばれる，広い領域にわたって強いエンハンサー活性が生じるゲノム領域に強く結合していること，さらにCHD7のノックダウンやCHARGE症候群由来神経前駆細胞においてはsuper-enhancer領域のエンハンサー活性が低下していることを見出した．super-enhancer領域は組織特異的，細胞特異的な遺伝子発現を制御すると考えられていることから，CHD7はヒト神経前駆細胞の性質維持に必須の役割を果たしていることが示唆

された．事実，CHD7のノックダウンやCHARGE症候群由来神経前駆細胞においては分化誘導後に神経細胞への分化能が著しく阻害され，SMA陽性の平滑筋様細胞が出現することをわれわれは見出している（図2）．この機構を明らかとするためにわれわれはCHD7ノックダウンおよびCHARGE症候群由来神経前駆細胞を用いてトランスクリプトーム解析を実施した．その結果，CHD7の標的遺伝子であるSOX21やPOU3F2などの転写因子群を同定することができ，これらの遺伝子はCHD7の標的遺伝子としてCHARGE症候群における神経前駆細胞の表現型をレスキュー可能であった．さらにCHD7の機能阻害により神経前駆細胞において神経堤細胞に見出される転写産物の上昇が見出された．このことから，CHD7が神経前駆細胞の性質維持に重要であり，その破綻が神経堤細胞様への変化とつながることが示唆された．神経前駆細胞は神経細胞，アストロサイトやオリゴデンドロサイトなどのグリア細胞を産生する細胞である．したがって，分化制御にかかわる解析は細胞種特異的なマーカー遺伝子の発現により評価を行う．当然神経前駆細胞の純度は問題となり，より分化の進んだニューロン前駆細胞，グリア前駆細胞の混入は結果に影響する．特にiPS細胞から神経前駆細胞への誘導系ではNestinやSOX2などの神経前駆細胞の発現を確認はするものの，複数のiPS細胞から

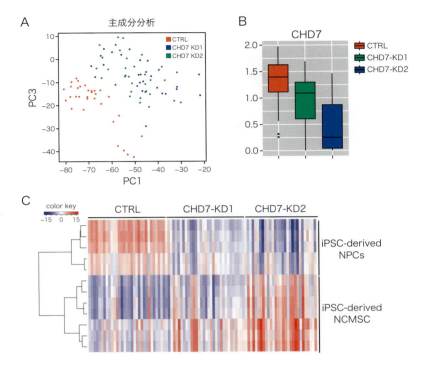

図3　1細胞RNA-Seqによる神経前駆細胞におけるCHD7ノックダウンの影響の解析

A）ヒト神経前駆細胞にCHD7をノックダウンしたのちにQuartz-Seqによる1細胞RNA-Seqを実施し，PCA（主成分分析）により解析した．B）1細胞RNA-SeqデータよりCHD7の発現を解析した．C）ExAtlasにより，各細胞の遺伝子発現プロファイルをiPS細胞由来神経前駆細胞（NPCs）およびiPS細胞由来神経堤細胞/間葉系幹細胞（NCMSC）の遺伝子発現プロファイルと比較した．CHD7をノックダウンした細胞において神経堤細胞に類似した遺伝子発現パターンを示すことが明らかとなった．文献9より引用．

同時に誘導した場合でも細胞株間の分化のばらつきは決して無視することはできない問題である．そこで1細胞RNA-Seqにより平均化された集団ではなく，1細胞の解像度でのトランスクリプトを解析することとした．われわれは別プロジェクトでiPS細胞由来神経前駆細胞中に含まれる亜集団を同定するための試みをしており，理化学研究所の二階堂愛博士のグループで開発していた1細胞RNA-Seq手法（Quartz-Seq，RamDA-Seq，第3章-1参照）の技術供与を受けていた[12)13)]．そこで，iPS細胞から神経前駆細胞への誘導過程の影響を排除するために，健常者由来神経前駆細胞においてCHD7をノックダウンし，1細胞RNA-Seqを実施した．さらに，CHD7をノックダウンしたことにより神経前駆細胞が神経堤細胞様へと変化しているかを検証するために，ExAtlas（https://lgsun.irp.nia.nih.gov/exatlas/）を利用し，1細胞RNA-Seqのデータと公共データベース上に存在する神経前駆細胞や神経堤細胞のトランスクリプトームを統合することとした（図3）．その結果，確かに，CHD7のノックダウンにより神経前駆細胞が神経堤細胞様へと変化していることが明らかとなった．これらのことから，CHARGE症候群由来神経堤細胞の機能障害，CHARGE症候群由来神経前駆細胞における神経堤細胞様形質獲得という2つの事象をあわせ，CHARGE症候群においては神経堤細胞の量と質の問題があるのではないかということを考えている．iPS細胞を用いた解析では患者由来株と健常対照群を用いるため，iPS細胞ごとの目的の細胞への誘導効率の違いが表現型に影響する可能性がある．表現型解析に1細胞RNA-Seqを用いた研究試料の均一性，同一性の担保は今後も必要であるといえる．

おわりに

　1細胞RNA-Seqによる解析はあくまで遺伝子発現の記載であり，神経前駆細胞の動態解析においてはイメージングや細胞系譜のトレーシングなどの手法との組合わせが必要である．中枢神経系組織に対する1細胞RNA-Seqは構成する細胞群の多様性や不均一性を記載するうえで大きな進展をもたらしたが，同時に，1細胞RNA-Seqでは細胞の位置情報がほぼ失われてしまう．この欠点を補完する手法として空間的な遺伝子発現の分布を解析可能なspatial transcriptomics[14]やSlide-Seq[15]という手法も開発されている．空間分解能としては1細胞レベルとはいかないまでも非常に強力なツールであり，1細胞RNA-Seqを補完しうる技術として期待される．ヒト由来の組織を対象とした研究も胎児から患者由来組織に至るまで多様な研究が報告されている．ヒトiPS細胞を用いた研究に関しても従来の二次元での培養システムに加え，三次元で培養可能な手法が開発されてきており[16]，今後多数の細胞を用いた1細胞RNA-Seqによる表現型の記載の必要性は増している．

　本稿においては代表的な論文のみを紹介したが，今後この領域において1細胞RNA-Seqによりさまざまな知見が出てくるものと期待される．

文献

1) Zeisel A, et al：Cell, 174：999-1014.e22, 2018
2) Shin J, et al：Cell Stem Cell, 17：360-372, 2015
3) Zhou Y, et al：Cell Stem Cell, 23：444-452.e4, 2018
4) Zywitza V, et al：Cell Rep, 25：2457-2469.e8, 2018
5) Pollen AA, et al：Cell, 163：55-67, 2015
6) Nowakowski TJ, et al：Science, 358：1318-1323, 2017
7) Chailangkarn T, et al：Nature, 536：338-343, 2016
8) Okuno H, et al：Elife, 6：doi:10.7554/eLife.21114, 2017
9) Chai M, et al：Genes Dev, 32：165-180, 2018
10) Schnetz MP, et al：PLoS Genet, 6：e1001023, 2010
11) Whyte WA, et al：Cell, 153：307-319, 2013
12) Hayashi T, et al：Nat Commun, 9：619, 2018
13) Sasagawa Y, et al：Genome Biol, 14：R31, 2013
14) Ståhl PL, et al：Science, 353：78-82, 2016
15) Rodriques SG, et al：Science, 363：1463-1467, 2019
16) Lancaster MA, et al：Nature, 501：373-379, 2013

<著者プロフィール>
中西勝之：2016年，同志社大学生命医科学部医生命システム学科卒業．'18年，慶應義塾大学大学院医学研究科修士課程修了．'18年より慶應義塾大学大学院医学研究科博士課程在学．生理学教室の岡野栄之教授に師事し，iPS細胞由来神経前駆細胞を用いた脊髄損傷再生治療の基礎研究に従事している．現在は同教室の神山淳准教授のもとで，single cell RNA-Seqを用いた神経系疾患の病態解明に取り組んでいる．

神山　淳：慶應義塾大学医学部生理学教室准教授．

第2章 シングルセル解析によるバイオロジー

Ⅲ．その他

17. ウイルス感染細胞の不均一性（heterogeneity）の網羅的描出

佐藤　佳，麻生啓文，小柳義夫

エイズは，結核とマラリアに並び，世界三大感染症の1つにあげられる，人類が直面する感染症である．20世紀の終わりに突如出現したこの感染症は，発見から現在に至るまで，約8,000万人のHIV-1感染者を生み出している．その後，HIV-1の複製を阻害する抗ウイルス薬の開発により，エイズ禍は収束に向かうと思われたが，エイズウイルス（HIV-1）に感染した細胞は，抗ウイルス薬の存在下においてもさまざまな運命をたどり，最終的には「潜伏感染」という「仮眠状態」をとることにより，「根治（ウイルスの完全なる排除）」を免れていることが示唆されている．生体内におけるHIV-1感染細胞の不均一性（heterogeneity），および，感染細胞の運命決定を網羅的に描出し，その原理を明らかにするために，筆者らは，HIV-1感染動物モデルを用いてウイルス感染細胞を高純度に取得し，そのシングルセルトランスクリプトーム解析を実施した．本稿では，これまでに得られている筆者らの知見と，ウイルス学におけるシングルセルオミクス解析の展望について概説する．

はじめに：エイズという病気

エイズ（後天性免疫不全症候群）の原因ウイルスであるHIV-1は，1983年に発見・同定された[1]．以降，現在に至るまで，約8,000万人がHIV-1感染症に罹患し，また2019年現在においても，全世界（https://www.unaids.org/en）で約3,000万人以上，日本国内 (http://api-net.jfap.or.jp/index.html) においても約3万人近いHIV-1感染者がいると推定されている．1997年に開発・導入された多剤併用療法の確立により，HIV-1感染症の予後は劇的に改善された．しかし，エイズ発症を抑えるためには，抗HIV-1薬の生涯にわたる服用が必要と考えられている．また，今日に至るまで，持続感染状態から「根治（すなわち，抗HIV-1薬を服用しなくともよい状態）」に至った例は，HIV-1感染者の白血病合併症に対する，ウイルス受容体遺伝子（CCR5）のホモ欠損ドナーに由来する骨髄幹細胞移植による2症例のみである[2,3]．

[略語]
AIDS：acquired immunodeficiency syndrome
（後天性免疫不全症候群）
HIV-1：human immunodeficiency virus type 1
（ヒト免疫不全ウイルス1型）

Comprehensive description of the heterogeneity of virus-infected cells
Kei Sato[1]/Hirofumi Aso[1,2]/Yoshio Koyanagi[2]：Division of Systems Virology, Department of Infectious Disease Control, Institute of Medical Science, the University of Tokyo[1]/Laboratory of Systems Virology, Institute for Frontier Life and Medical Sciences, Kyoto University[2]（東京大学医科学研究所感染症国際研究センターシステムウイルス学分野[1]/京都大学ウイルス・再生医科学研究所システムウイルス学分野[2]）

図1 ヒト化マウス
ヒトCD34陽性造血幹細胞の移植により，CD4陽性T細胞を含むヒト白血球（CD45陽性細胞）が分化し，ヒトの造血が約1年以上レシピエントマウス（NOGマウス）の体内で維持される．

1 HIV-1の感染病態と根治の障壁

　HIV-1感染症の根治療法の開発を妨げる障壁の1つとして，HIV-1の宿主域がヒトとチンパンジーに限定されているため，HIV-1感染症を動物モデルで再現できなかったことがあげられる．この問題を解決するために，筆者らは，「ヒト化マウス」という新たな小動物モデルを作出し，この問題を解決しつつある（図1）．「ヒト化マウス」とは，2002年に実験動物中央研究所（神奈川県川崎市）で作出された，NOGマウス（NOD/SCID/IL2Rγ KOマウス）をレシピエントマウスとするキメラマウスである[4]．NOGマウスは，主要な免疫細胞（T細胞，B細胞，NK細胞など）を先天的に欠失しているため，移植された異種の細胞が高効率に定着する特徴を有する[4]．このマウスを用いて免疫細胞を「ヒト化（humanization）」するためには，ヒトCD34陽性造血幹細胞を新生仔NOGマウスの肝臓に移植する（図1）．移植後10～12週齢において，作出したヒト化マウスのさまざまな免疫系の臓器（脾臓，骨髄，リンパ節など）や血液において，HIV-1の感染標的となるヒトCD4陽性T細胞をはじめとした，さまざまなヒト白血球サブセットを確認することが可能になる[5]～[11]．このヒト化マウスはHIV-1に感受性であり，CD4陽性T細胞の漸進的減少に代表される，HIV-1感染症の病態を忠実に再現する[5]～[11]．

　HIV-1感染症の根治を妨げるもう1つの障害として，生体内における感染細胞の不均一性（heterogeneity），すなわち，感染細胞がウイルスを持続産生するのか，死滅するのか，潜伏化するのかという「感染細胞の運命決定」を規定する要因・原理が不明である，という点があげられる．特に，抗HIV-1薬の持続服用をもってしてもHIV-1感染症を根治できない理由の1つとして，10年以上という長期間にわたってウイルス遺伝子を保持し続ける「潜伏感染細胞〔ウイルスは産生しないが，ウイルス遺伝子は保持し続ける細胞のこと．"reservoir（リザーバー）細胞"ともよばれる〕」が感染者体内に存在し続けるため，と考えられている[12][13]．しかし上述のように，適切なHIV-1感染動物モデルがこれまで存在しなかったことから，生体内における感染細胞の動態を解析することはきわめて困難であった．また，感染者の臨床検体を用いたこれまでの研究から，抗HIV-1薬存在下におけるHIV-1感染細胞の潜伏化は，寿命の長い，細胞分裂をしない休止期・静止期のCD4陽性T細胞で起こっていると推測されている[12][13]．培養細胞を用いた実験系においては，HIV-1は活性化した（細胞分裂する）CD4陽性T細胞でのみ複製・増殖することから，HIV-1の潜伏感染細胞の実態に迫る研究を，試験管内で再現・解析することも技術的に困難であった．しかし，筆者らが作出に成功したHIV-1感染ヒト化マウスモデルは，生理的環境に近い生体環境（すなわち，休止期・静止期のCD4陽性T細胞を含めたヒト白血球を，比較的恒常的な状態で維持している環境）において，HIV-1の複製・増殖を維持することに成功している[5]～[11]．このことから，筆者らは，HIV-1感染ヒト化マウスモデルを用いることにより，HIV-1感染症の根治を妨げている「生体内における感染細胞の不均一性（heterogeneity）」という難題を解決できるのでは，と考えた．

2 生体内におけるHIV-1感染細胞の不均一性（heterogeneity）の解明に向けて

　先行研究において，HIV-1感染者の検体を用いた生

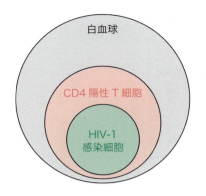

図2　HIV-1感染者体内における感染細胞の割合

HIV-1感染者体内における白血球の割合をベン図で模式的に示した．「真のHIV-1感染細胞」（図中緑）のみを取得するためには，感染細胞特異的な表面抗原マーカーをもとに差別化・分類する必要があるが，野生型のHIV-1には，特異的表面抗原マーカーになる分子が存在しない．そのため，「感染者体内におけるCD4陽性T細胞集団」（図中ピンク）を単離することはできるが，「真のHIV-1感染細胞」のみを含む集団を選択的に単離することはできない．

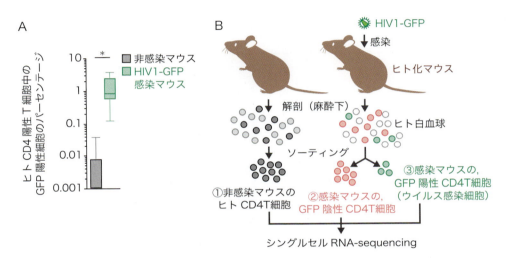

図3　「真のHIV-1感染細胞」のシングルセルRNA-sequencing解析

A）感染後2週齢のヒト化マウス脾臓のヒトCD4陽性T細胞中における，GFP陽性細胞（HIV-1感染細胞）のパーセンテージ．*p＜0.05 by Mann–Whitney U test．**B）**実験スキーム．感染後2週齢のヒト化マウスの脾臓からヒト白血球を取得し，GFPを指標とし，①非感染マウスのGFP陰性CD4T細胞（非感染細胞集団），②感染マウスのGFP陰性CD4T細胞（非感染細胞と，潜伏感染細胞が混在した細胞集団），③感染マウスのGFP陽性CD4T細胞（真のHIV-1感染細胞集団）をそれぞれ単離した．その後，C1（Fluidigm社）を用いたシングルセルRNA-sequencing解析を実施した．

体内のCD4陽性T細胞を対象にしたトランスクリプトーム解析はすでに実施・報告されている[14]．しかし，感染者体内のCD4陽性T細胞中における真のHIV-1感染細胞の割合はきわめて少ない（**図2**）．そのため，感染者体内のCD4陽性T細胞を対象とした解析は，真の感染細胞のプロファイルを反映しない．真のHIV-1感染細胞のプロファイルを得るためには，この細胞集団を生細胞として取得する必要があるが，野生型HIV-1にはそのような用途で使用できる表面抗原マーカー分子は知られていない．そのため，患者検体から，真のHIV-1感染細胞のみを生きた細胞のまま単離することはできない．この問題を解決するために，筆者らはまず，生体内におけるHIV-1感染細胞を生細胞のまま取得することを目的として，GFP遺伝子をレポーターとしてもったウイルスHIV1-GFP[15]を用いた．このウイルスがヒト化マウスでも効率よく複製・増殖することを確認したうえで，筆者らは，感染後2週齢のHIV1-GFP感染ヒト化マウスと非感染ヒト化マウス（対照検体）を麻酔下で解剖し，脾臓を摘出し，ヒト白血球を取得した．**図3A**に示すように，生体内におけるウイルス産生細胞（GFP陽性細胞）の割合はきわめて低かった（1.45％＋/－0.23％，n＝27）．その後，

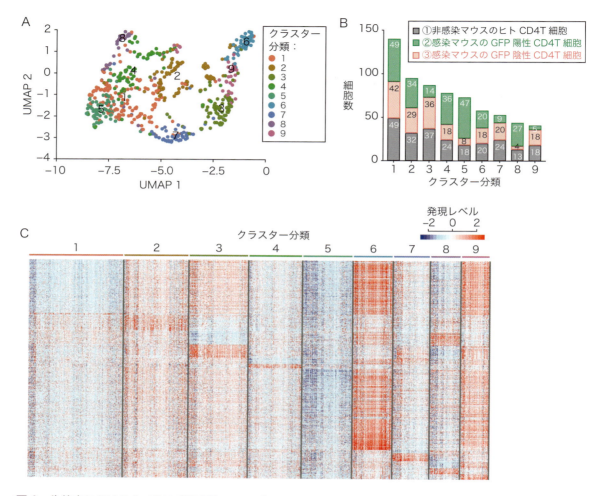

図4 生体内におけるウイルス感染細胞のシングルセル解析
A）ヒト化マウス脾臓のCD4陽性T細胞のシングルセル解析結果．9つのクラスターに分類される．〔①非感染マウスのGFP陰性CD4T細胞（非感染細胞），n＝235；②感染マウスのGFP陰性CD4T細胞（非感染細胞と，潜伏感染細胞が混在した細胞集団），n＝193，③感染マウスのGFP陽性CD4T細胞（真のHIV-1感染細胞），n＝241〕．Uniform Manifold Approximation and Projection（UMAP）で二次元展開した結果を示す．B）各クラスター内における，①～③の細胞集団の割合．図中の数字は，それぞれの細胞集団の細胞数を示す．C）各クラスター内における発現変動遺伝子のヒートマップ．各行に各遺伝子（721遺伝子）を示す．

biosafety level 3（BSL3）施設（HIV-1を用いた実験の実施には，BSL3施設が必須である）に設置したセルソーター（FACSJazz, BD社）とC1（Fluidigm社）を用いることで，①非感染マウスのGFP陰性CD4T細胞（非感染細胞集団），②感染マウスのGFP陰性CD4T細胞（非感染細胞と，潜伏感染細胞が混在した細胞集団），③感染マウスのGFP陽性CD4T細胞（真のHIV-1感染細胞集団）をそれぞれ選択的に高純度で取得し，シングルセルRNA-sequencingを実施した（**図3B**）．得られたトランスクリプトームデータをバイオインフォマティクス解析することにより，ヒトCD4陽性T細胞を9つのクラスターに分類することに成功した（**図4A**）．それぞれのクラスターにおけるGFP陽性細胞の割合を算出したところ，特にクラスター4, 5, 8にGFP陽性細胞が多く含まれていた（**図4B**）．これはすなわち，生体内において，HIV-1はある特徴をもった細胞集団で効率よく複製・増殖していることを示唆している．また，それぞれのクラスターにおける

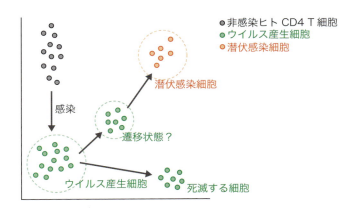

図5 シングルセルデータから紐解く，感染細胞の運命決定原理
ウイルスに感染し，ウイルス産生状態（図中左下）を経た後，その細胞が死滅するのか（図中右下），潜伏化するのか（図中右上），また，それぞれの状態の変化の過程の途中に遷移状態（図中央）があるのかなど，シングルセルデータをバイオインフォマティクス解析することにより，ウイルス感染細胞の運命を決定する要素（すなわち，図中の矢印に含まれている情報）を抽出することができると期待される．

発現変動遺伝子を網羅的に同定・定量することにも成功している（図4C）．

図4に示した通り，生体内におけるHIV-1感染細胞のシングルセルトランスクリプトーム情報はすでに取得されている．現在，このデータをより詳細に解析することにより，ウイルス感染細胞の運命決定を描出することを試みている．すなわち，非感染細胞がウイルスに感染し，ウイルス産生細胞（GFP陽性細胞）に変化する際，そして，ウイルス産生細胞が潜伏感染化する際に変動している遺伝子群が同定できれば，HIV-1感染症の根治を妨げる潜伏感染細胞の実態を把握し，それを標的とした治療戦略の開発につながるものと期待される（図5）．

おわりに：今後の展望

次世代シークエンス解析を駆使したシングルセル解析技術の発展は著しい．これらの技術展開は主に発生学や免疫学，がん研究などのさまざまな医学・生命科学分野において，細胞系譜アトラス作製などに貢献している．一方，ウイルス学・感染症研究におけるシングルセル解析は，世界的にもあまり先例がない．この点はウイルス学の識者間でも憂慮されており[16)17)]，分野の発展と開拓が望まれている．ウイルス感染細胞は，感染の時期や状態，細胞元来の性質などの理由から，その性質が不均一（heterogenous）であることは明らかである．しかし，ウイルス学実験の場合，①biosafety levelに関連する設備的・法的制約；②適切な感染実験を行うための技術とツール；③ソーティングやシングルセル化などの，高価な機器のBSL3施設への設置；④取得される膨大なシークエンスデータを適切に解析するための技術と知識，をすべて揃える必要がある．そのため，他分野に比べて参入のハードルが高く，それによって発展が遅れているのが実情であると思われる．筆者らが進めている，ウイルス学におけるシングルセルオミクス研究は，国内外にもほとんど類を見ない先進的な研究であり，今後の発展が期待される．また，今後のさらなる研究の発展のためには，ウイルス学者の参入のみならず，取得したオミクスデータを適切かつ円滑に解析・処理することができるバイオインフォマティシャンの参画も必須であると思われる．次世代シークエンス技術，およびシングルセルオミクス解析技術の進歩に伴い，新たなウイルス学研究が進展し，より学際的かつ高度なウイルス学研究が展開されていくことに期待したい．

文献

1) Barré-Sinoussi F, et al : Science, 220 : 868-871, 1983
2) Gupta RK, et al : Nature, 568 : 244-248, 2019
3) Hütter G, et al : N Engl J Med, 360 : 692-698, 2009
4) Ito M, et al : Blood, 100 : 3175-3182, 2002

5) Nie C, et al：Virology, 394：64-72, 2009
6) Sato K, et al：J Virol, 84：9546-9556, 2010
7) Sato K, et al：J Virol, 86：5000-5013, 2012
8) Sato K, et al：PLoS Pathog, 9：e1003812, 2013
9) Sato K, et al：PLoS Pathog, 10：e1004453, 2014
10) Nakano Y, et al：PLoS Pathog, 13：e1006348, 2017
11) Yamada E, et al：Cell Host Microbe, 23：110-120.e7, 2018
12) Deeks SG, et al：Nat Med, 22：839-850, 2016
13) Sengupta S & Siliciano RF：Immunity, 48：872-895, 2018
14) Sedaghat AR, et al：J Virol, 82：1870-1883, 2008
15) Miura Y, et al：J Exp Med, 193：651-660, 2001
16) Rato S, et al：Virus Res, 239：55-68, 2017
17) Ciuffi A, et al：Viruses, 8：doi:10.3390/v8050123, 2016

＜筆頭著者プロフィール＞
佐藤　佳：東京大学医科学研究所感染症国際研究センター准教授（研究室主宰者）．2010年京都大学大学院医学研究科博士課程修了（短縮修了），医学博士．日本学術振興会特別研究員PD（'10年4〜6月），京都大学ウイルス研究所特定助教（〜'12年），同助教（〜'16年），同講師（〜'18年3月）を経て，'18年4月より現職．「システムウイルス学」という，実験ウイルス学と他分野（バイオインフォマティクス，分子系統学，分子進化学，数理科学）の学際融合研究分野の創成と開拓をめざしている．ウイルス感染症から進化まで，幅広い研究テーマに取り組んでいる，ユニークかつ自由度の高い研究室です．大学生，大学院生，ポスドク，アルバイトを募集しています．ご興味ある方はぜひお気軽にご連絡ください．

第2章 シングルセル解析によるバイオロジー

Ⅲ．その他

18. メタゲノムデータからの微生物ゲノムの再構成

西嶋　傑

地球上のさまざまな環境にはその環境に適応した多様な微生物（真核微生物，原核生物，ウイルス）が生息している．しかし，それら多様な微生物を分離培養することはいまだ困難であり，それらのゲノム配列を決定することは容易ではない．近年，メタゲノム解析から得られたデータから高精度な微生物のゲノム配列を得る技術が発達し，さまざまな環境（ヒト腸内，海洋，土壌等）に生息する膨大な微生物のゲノム配列が決定されてきた．そこで本稿では，メタゲノムデータから微生物のゲノム配列を決定する情報解析技術の詳細を解説する．加えて，そのメタゲノム解析技術とPacBioのロングリードを組合わせたわれわれの研究成果を紹介する．

はじめに

　地球上のさまざまな環境には未知の微生物が数多く存在する．それら微生物は多様な代謝経路による物質の代謝や，ヒトやその他の宿主の健康や疾患に密接にかかわっており，その機能や生態系の解明は地球上の物質循環，ヒトの健康維持や疾患治療のためにきわめて重要である．特にそれら微生物のゲノム配列は，代謝にかかわる遺伝子や経路の解明[1]〜[3]，病原遺伝子や抗生物質耐性遺伝子の有無[4]，さらには生命の多様性や進化の過程[5][6]を明らかにするうえで非常に有用な基礎情報となる．しかし，ゲノム配列を決定するためにはその微生物を分離培養する必要があるものの，多くの微生物は分離培養が困難であり，その微生物のゲ

ノム配列を得ることは容易ではない．シングルセル解析による微生物のゲノム解析研究はいくつか報告されているが[7][8]，いまだ個々の細胞の分離やDNAの増幅等に課題は残っており，高精度なゲノム配列を取得するための技術開発が進められている（第3章-6参照）．一方，近年では環境中に存在するDNA配列を網羅的にシークエンスするメタゲノム解析を用いて，その環境中の微生物（特に原核生物である細菌と古細菌）のゲノム配列を高精度に決定する情報解析技術が発展してきた[9]〜[11]．この技術により得られる微生物ゲノムをMAG（metagenome assembled genome）とよぶ．メタゲノムデータから得られるMAGを解析することで，環境中で重要な役割を果たしている新規微生物の発見[12]，ヒトの健康や疾患とかかわる新菌種の同定[13]，さらには真核生物に特異的と考えられていた遺伝子を所持する新規古細菌の発見（Asgard archaea）[14][15]等，今まで培養が困難なために研究することができな

[略語]
MAG：metagenome assembled genome

Construction of microbial genomes from metagenomic data
Suguru Nishijima：European Molecular Biology Laboratory, Structural and Computational Biology（欧州分子生物学研究所）

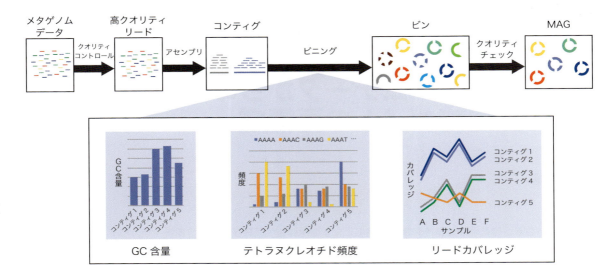

図1 メタゲノムデータからの微生物ゲノム配列（MAG）の再構成

かった微生物の機能，多様性，その進化の過程が続々と明らかになりはじめた．また，特に豊富なメタゲノムデータが入手可能なヒト腸内細菌叢，海洋細菌叢を対象とした大規模研究では，1つの研究において数千～数十万もの微生物のゲノム配列が一度に決定され，それらの膨大なゲノム情報の比較解析から，それらの多様性や代謝機能の特徴が明らかにされた[13)16)～18)]．そこで本稿では，近年急激な発展を遂げたメタゲノムデータから微生物のゲノム配列を再構成する情報技術と，それにかかわるわれわれの研究成果を紹介する．

1 メタゲノム情報解析

1）MAGの作成

メタゲノムデータからMAGを取得するまでの情報解析の流れを**図1**に示す．まずはじめにシークエンスされたリードのクオリティコントロールを行う．これはその他の次世代シークエンサーを用いた情報解析と基本的に同じで，クオリティ値の低いリードの除外，またはその塩基のトリミングを行う．また，ヒトやマウスの常在菌叢を対象としたメタゲノム解析では，宿主のリファレンスゲノムにリードをマッピングし，マップされたものは下流の解析からは除外する．次いでそれらのデータをアセンブリし，コンティグを作成する．このアセンブリにはメタゲノムデータに適したアセンブラ（MEGAHIT，Spades，IDBA_UD等）を使用する．得られるコンティグデータはさまざまな微生物由来のものが混ざったものであり，どのコンティグがどの種のものかは区別することはできない．しかし，同一菌種のゲノムに由来するコンティグは，CG含量やテトラヌクレオチド組成が類似する．加えて，複数のサンプル間（異なる被験者のサンプル，時系列サンプル等）で比較した場合，同一種に由来するコンティグ同士はそれらのサンプル間で被覆度（カバレッジ）が相関する．そこで，それらの情報を組合わせることで，コンティグをクラスタリングし，コンティグのクラスターを作成することができる．このコンティグのクラスタリングをビニング，得られるクラスターをビンとよぶ．得られるビンは単一菌種のゲノム配列全体をほぼカバーしたものから，本来のゲノム配列全体のごく一部しか含まないもの，複数菌種のゲノム配列が混じったもの，さらには，微生物のゲノム（染色体）ではなくプラスミドやウイルス等，宿主の染色体とは独立に動く遺伝因子で構成されるビンも含まれる．

次にそのビンが微生物のゲノム配列かどうかのクオリティチェックを行う．通常，このクオリティチェックは微生物のゲノム中の単一マーカー遺伝子を数えることで，そのビンがカバーするゲノム配列の網羅度（completeness）を推定する．もし単一マーカー遺伝子が複数見つかった場合，それは異なる菌種由来のゲ

表 メタゲノムデータからMAGを作成するためのソフトウェア

名称	文献	URL
アセンブリ		
MEGAHIT	Li D, et al (2015)	https://github.com/voutcn/megahit
SPAdes	Bankevich A, et al (2012)	http://cab.spbu.ru/software/spades/
IDBA-UD	Peng Y, et al (2012)	http://i.cs.hku.hk/~alse/hkubrg/projects/idba_ud/
ビニング		
MetaBAT	Kang DD, et al (2015)	https://bitbucket.org/berkeleylab/metabat
CONCOCT	Alneberg J, et al (2014)	https://github.com/BinPro/CONCOCT
MaxBin	Wu YW, et al (2014)	http://downloads.jbei.org/data/microbial_communities/MaxBin/MaxBin.html
ビンのクオリティチェック		
CheckM	Parks DH, et al (2014)	https://ecogenomics.github.io/CheckM/
ビンの精製		
DAS Tool	Sieber CH, et al (2018)	https://github.com/cmks/DAS_Tool
MAG作成パイプライン		
metaWRAP	Uritskiy GV, et al (2018)	https://github.com/bxlab/metaWRAP

ノムが混ざったビン（contamination）と判断する．例えば，計50種類の単一マーカー遺伝子を調べた際，ビンのなかに40種類の遺伝子が見つかり，そのうち5種類の遺伝子が2つずつ見つかった場合，completenessは80％，contaminationは10％と計算される．このクオリティチェックにおいて，≧90％ completeness，＜5％ contaminationのビンを高精度のMAG，≧50％ completeness，＜10％ contaminationのビンを中精度のMAG，それ以外を低精度のMAGなどと分類する[10)19)]．これらMAGの作成，得られたビンのクオリティチェックのために，さまざまなソフトウェアが開発され公開されている（表）．これらのソフトウェアの性能は，微生物群集の多様性やシークエンスのデータ量に依存する部分があるため，いくつかのソフトウェアを自身のデータに試してその結果を比較するのが適切である．

2）MAGを解析するうえでの注意点

上記の解析で得られたMAGに対して，さらに下流の解析では，通常の微生物のゲノム解析と同様に遺伝子予測，機能アノテーション，系統解析，近縁種との比較解析等を行い，その代謝機能やその特徴を調べる．しかし，MAGの詳細な解析を進めていくうえで注意が必要な場合もある．まず，MAGは単離菌のゲノム解析とは異なり，多様な菌種のゲノムが含まれるメタゲノムデータから情報学的に再構成されたものであるため，当然真のゲノム配列と比較すると，欠失領域やコンタミネーションが存在する可能性がある[20)]．特に，種間で配列の相同性の高い領域は適切にビニングできない場合が多く，例えば16S rRNA配列を含むコンティグは，ビニングの際に適切なビンに含められない場合も多い．また，環境中にゲノム配列がわずかに異なる同一菌種由来の異なる株が存在した場合，基本的にアセンブリの段階でそれらを区別することはできない．そのため，得られるMAGはそれら異なる株のゲノム配列が混ざったものとなる．

2 PacBioシークエンサーを用いたヒト腸内細菌叢のメタゲノム解析

1）PacBioシークエンサー

原核生物のゲノム配列には多数のリピート領域が存在する．特に5S，16S，23S rRNAのオペロン（〜5 kb）は，原核生物のゲノム配列に複数コピー存在する典型的なリピート配列であり[21)22)]，それらはIllumina社シークエンサーから出力されるショートリード（100〜300 bp）では，どのコピー由来のリードか区別は困難である．そのためアセンブリの際，そのリピート領域でコンティグが断片化されてしまう．一方，

PacBioシークエンサーは10 kb以上のリードを出力することができ，それらのロングリードをアセンブリに用いることで長いコンティグを生成することができる．そのため，ロングリードシークエンサーを用いてメタゲノム解析を実施することで，従来のショートリードシークエンサーを用いたものよりも長いコンティグからなるMAGを得ることができると期待される．そこで，われわれはロングリードを用いたヒト腸内細菌叢のメタゲノム解析を実施した[23]．

2）PacBioとショートリードシークエンサーの比較解析

12人の被験者から糞便を収集し，断片化の少ないDNAを抽出するために酵素を用いる方法によって糞便からDNAを抽出した．これらのDNAサンプルに対してPacBio RS IIでシークエンスを行ったところ，各サンプルあたり平均10 Gb，平均リード長約7 kbのリードが得られた．次いで，FALCONを用いてアセンブリを行ったところ，N50が約200 kbという非常に長いコンティグ配列が得られた．一方，同じ糞便サンプルを従来のショートリードシークエンサーを用いて解析した結果，コンティグのN50は4 kbであった（図2A）．また驚くべきことに，PacBioシークエンサーのデータから得られたコンティグは7つの環状のバクテリアゲノム（2.2〜3.0 Mb）を含んでいた．それら環状バクテリアゲノムへPacBioリードをマッピングし，rRNAオペロンにおけるリードのアライメント状態を調べたところ，7つの環状ゲノムから検出されたすべてのrRNAオペロンに関して，そのrRNAオペロン全体をカバーするリードが多数存在することが明らかになった（図2B）．加えて，得られたコンティグは計82の短い環状コンティグ（＜1 Mb）も含んでおり，そのうち71はプラスミド，11はファージゲノムであった．次いで，MetaBATを用いて残りのコンティグをビニングし，checkMを用いて得られたビンのクオリティを推定したところ，94のビンが高精度（≧90％ completeness，＜5％ contamination）と推定された（ゲノムサイズ1.9〜6.8 Mb，平均N50＝730 kb，平均コンティグ数＝12.5）．さらに，同様の手法をショートリードデータに対しても行ったところ，計135の高精度MAGが得られた（ゲノムサイズ1.2〜5.7 Mb，平均N50＝35 kb，平均コンティグ数＝214）．これらの高精度MAGとデータベースに存在するヒト腸内細菌の既知ゲノムとの比較を行った結果，ショートリードデータから得られたMAGは，PacBioから得られたMAG，リファレンスゲノムと比較し，ゲノムサイズが小さいことが判明した（図2C）．加えて，ショートリードから得られたMAGから検出された16S rRNA配列数の中央値は0だった一方で，PacBio MAGから見つかった16S rRNA配列数の中央値は5であった．これらの結果は，PacBioデータから得られるMAGは従来のショートリードシークエンサーのものと比較しはるかに長く，ショートリードでは適切なビニングが困難なリピート領域（特に16S rRNA遺伝子）もMAGに含めることができることを示している．次いで，PacBioから得られた計101のMAGを，データベースに存在するヒト腸内細菌の既知ゲノムと詳細に比較したところ，17のMAGは既知のゲノムとの相同性が低く，新菌種由来と考えられた．これらのゲノムは，特にヒト腸内細菌叢のなかでも分離培養が困難な系統を多く含むことが知られているFirmicutes門に分類された（図2D）．

おわりに

本稿ではメタゲノムデータを用いた環境微生物のゲノム配列決定技術を紹介した．まだ地球上にはゲノム配列の決定されていない未知の微生物が数多く存在しており，それらのゲノム配列を決定するうえでメタゲノム解析は非常に強力な手法である．また，従来のショートリードシークエンサーではなく，ロングリードシークエンサーを用いることで，より長いコンティグからなるゲノム配列の決定が可能となる．本稿では主に原核生物（細菌，古細菌）のゲノム解析を中心に紹介したが，近年では真核微生物のゲノムを再構成するための技術開発も行われている[24]．さらに，ナノポアシークエンサーや10x Genomics社の技術も近年ではメタゲノム解析に応用されはじめており[25)26]，それらも今後微生物のゲノム配列を決定していくうえで非常に有用な技術になると期待される．これらの解析から今まで未知であった微生物のゲノム配列情報が続々と明らかとなり，複雑な微生物生態系の機能解明，地球環境やヒトの疾患とのかかわり，さらには生命の進

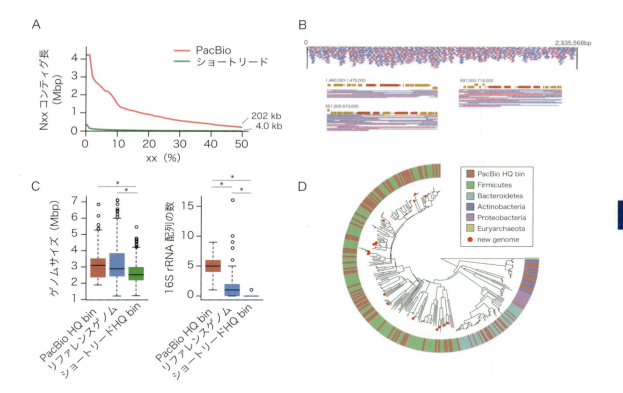

図2　PacBioシークエンサーを用いたヒト腸内細菌叢のメタゲノム解析
A）PacBioのデータから得られたコンティグ長とショートリードシークエンサー（MiSeq, IonPGM, 454の混合データ）から得られたコンティグ長の比較．PacBioとショートリードのデータ量が同程度の3被験者の結果をマージして示している．B）アセンブリにより得られた環状バクテリアゲノム（apr34_c000003F：*Collinsella aerofaciens*）へのPacBioリードのマッピング例．赤と青それぞれの線がマップされたforwardとreverseリードを示す．下図はrRNAオペロン周辺を拡大して示した図．赤色の五角形がrRNAを示し，黄色の五角形がそれ以外の遺伝子を示す．それぞれの図の左上に記載されている数値はゲノム上の位置を示す．C）PacBio，ショートリードMAG，リファレンスゲノムの比較．アスタリスクは有意差（ウィルコクソン検定：P-value＜0.05）を示す．D）PacBioから得られた計101のMAGとデータベースに登録されている計181種のヒト腸内細菌のリファレンスゲノムの系統樹．系統樹の外側に示している色はリファレンスゲノムの門レベルの系統を示し，PacBioから得られたMAGは赤色で示している．系統樹の枝先に示してある赤丸は既知ゲノムとの相同性が低く，新菌種由来と考えられたMAGを示す．文献23をもとに作成．

化過程・多様性の解明等，さまざまな知見につながると期待される．一方でシングルセル解析技術は，同一環境に生息する近縁種の区別，ターゲット菌種の効率的な抽出等，メタゲノム解析にはない有利な点があると考えられ，今後の発展が大きく期待される技術である．

PacBioシークエンサーを用いたヒト腸内細菌叢のメタゲノム解析は，東京大学大学院新領域創成科学研究科の森下真一教授，鈴木慶彦君と，早稲田大学の服部正平教授らとの共同研究です．この場を借りて御礼申し上げます．

文献

1) Evans PN, et al：Nat Rev Microbiol, 17：219-232, 2019
2) Spanogiannopoulos P, et al：Nat Rev Microbiol, 14：273-287, 2016
3) Falkowski PG, et al：Science, 320：1034-1039, 2008
4) Didelot X, et al：Nat Rev Genet, 13：601-612, 2012
5) Adam PS, et al：ISME J, 11：2407-2425, 2017
6) McCutcheon JP & Moran NA：Nat Rev Microbiol, 10：13-26, 2011
7) Marcy Y, et al：Proc Natl Acad Sci U S A, 104：11889-11894, 2007
8) Rinke C, et al：Nature, 499：431-437, 2013
9) Albertsen M, et al：Nat Biotechnol, 31：533-538, 2013

10) Parks DH, et al：Nat Microbiol, 2：1533-1542, 2017
11) Nielsen HB, et al：Nat Biotechnol, 32：822-828, 2014
12) Seitz KW, et al：Nat Commun, 10：1822, 2019
13) Nayfach S, et al：Nature, 568：505-510, 2019
14) Spang A, et al：Nature, 521：173-179, 2015
15) Zaremba-Niedzwiedzka K, et al：Nature, 541：353-358, 2017
16) Tully BJ, et al：Sci Data, 5：170203, 2018
17) Almeida A, et al：Nature, 568：499-504, 2019
18) Pasolli E, et al：Cell, 176：649-662.e20, 2019
19) Bowers RM, et al：Nat Biotechnol, 35：725-731, 2017
20) Shaiber A & Eren AM：MBio, 10：doi:10.1128/mBio.00725-19, 2019
21) Chin CS, et al：Nat Methods, 10：563-569, 2013
22) Koren S, et al：Genome Biol, 14：R101, 2013
23) Suzuki Y, et al：Microbiome, 7：119, 2019
24) West PT, et al：Genome Res, 28：569-580, 2018
25) Bishara A, et al：Nat Biotechnol：doi:10.1038/nbt.4266, 2018
26) Nicholls SM, et al：Gigascience, 8：doi:10.1093/gigascience/giz043, 2019

＜著者プロフィール＞
西嶋　傑：2016年，東京大学大学院新領域創成科学研究科メディカル情報生命専攻修了．博士（科学）．早稲田大学，産業技術総合研究所を経て，'19年1月より欧州分子生物学研究所ポストドクトラルフェロー．主にメタゲノム解析等のオーミクス解析技術を駆使し，腸内細菌叢の生態系理解をめざして研究を行っている．

第3章 技術開発

1. 進歩を続ける1細胞トランスクリプトーム計測法

二階堂 愛

近年，高精度なハイスループット1細胞RNA-seq法であるQuartz-Seq2と，世界初の1細胞完全長total RNA-seq法RamDA-seqが開発され，より高品質な1細胞トランスクリプトームデータが得られるようになった．また乱立するハイスループット1細胞RNA-seq法の国際的ベンチマーク研究が行われ，Quartz-Seq2が総合性能スコアで世界最高成績となった．今後は細胞数や検出遺伝子方向のスループットだけでなく，検体方向のスループット向上の研究開発が必要となるだろう．

はじめに

　1細胞ごとのトランスクリプトームを計測することで，複雑な臓器に含まれるあらゆる細胞型や細胞状態の存在を捉えられるようになった．特に，ハイスループット型1細胞RNAシークエンス（scRNA-seq）の登場やその装置化，市販キット化などにより，細胞型や状態の同定が加速した．しかしながら，scRNA-seqには遺伝子検出感度やRNA全長検出率に限界がある．そのため，細胞型や状態の同定を越えて，その細胞型や状態たらしめる分子メカニズムに迫ることができていない．そのため，1細胞RNA-seq技術の生命現象の本質的理解への貢献は限定的である．本稿では，主に，われわれが行ってきた遺伝子検出感度やRNA全長検出率向上の挑戦とその成果について解説する．

1 世界最高精度のハイスループット1細胞RNA-seq法の開発

　ハイスループット1細胞RNA-seqを実現するには，手間や試薬代などのリソースの削減が必要であった．数千～数万の1細胞RNA-seqを実現するために，数千～数万の細胞を並列してシークエンスライブラリに変換するのは手間もコストもかかる．そこで，細胞バーコード法と混合反応を利用し，実験リソースの削減が可能になった．また，1細胞の採取方法と採取した細胞を細胞バーコード付き逆転写プライマーとエンカウントさせる効率的な方法が必要であった．この2点を実現したのが，dropletやマイクロウェル，組合わせインデックス法などを利用した方法である（第1章-1を参照）．

　しかしこれらの手法は，新しい生命現象を理解するうえで，3つの大きな欠点がある．1つは検出できる遺

Development of single-cell transcriptome technology is in progress
Itoshi Nikaido[1) 2)]: Laboratory for Bioinformatics Research, RIKEN Center for Biosystems Dynamics Research[1)] /Bioinformatics Course, Master's/Doctoral Program in Life Science Innovation (T-LSI), School of Integrative and Global Majors (SIGMA), University of Tsukuba[2)] （理化学研究所生命機能科学研究センターバイオインフォマティクス研究開発チーム[1)]/筑波大学グローバル教育院ライフイノベーション学位プログラム生物情報領域[2)]）

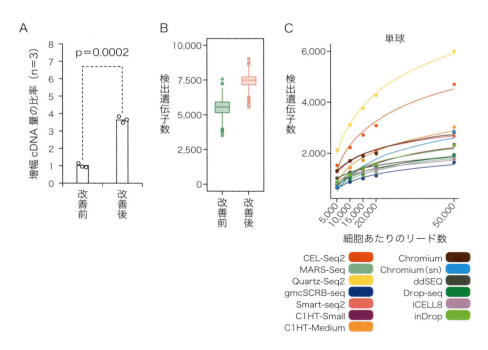

図1　1細胞由来RNAのライブラリ変換効率と検出遺伝子性能
A）cDNA捕捉効率の改善前後のcDNA量．B）cDNA捕捉効率改善前後の検出遺伝子数．C）性能比較研究から得られた手法ごとの検出遺伝子数．

伝子数が少ないことである．2つ目は，RNAの3′端しか計測しないためRNA構造やそこに含まれる多型などは検出できない点である．3つ目は，細胞バーコードを付加するうえで，RNAのポリA末端に対するオリゴdTプライマーで逆転写が必要であるため，非ポリA型の機能性RNAを検出できないことである．このうち1つ目の問題を解決したのがQuartz-Seq2[1]である．

Quartz-Seq2は384ウェルプレートと細胞バーコードを利用した3′端型のハイスループット1細胞RNA-seq法である．ほかの方法と本質的に異なるのは，RNAをDNAシークエンスライブラリに変換できる効率が非常に高いため，検出できる遺伝子が他の手法に比べて圧倒的に高い点である．一般的にハイスループット1細胞RNA-seqはコストの問題で，細胞あたりのシークエンスリードを少なくせざるをえない．検出できる遺伝子数が少ないのは，リードが少ないせいだと考えている研究者も多い．しかし，これはおおむね正しくない．そもそもRNAが漏れなくシークエンスライブラリに変換されていないため，いくらシークエンスを増やしても，シークエンサーに乗らない分子は検出できない．そのためシークエンス量を増やしても遺伝子数はそれほど向上しない場合が多い．RNAをシークエンスライブラリに変換する際に，増幅用のアダプター配列を付加する効率を改善し，得られるcDNAを増加させると，検出遺伝子数が上昇することを突き止めた（**図1**）．これにより，他の手法に比べて同じシークエンス量でも検出できる遺伝子数を上昇できることを証明した[1]．

1細胞RNA-seqの性能をフェアに比較するのは困難である．それは扱う細胞や細胞種類，リード数などによって，性能指標は異なるためである．本来であれば，同一の細胞集団，リード数などに揃えて性能比較しなければ正確な性能は全く比較できない．さまざまな1細胞RNA-seq法の論文や製品パンフレットが出回っているが，多くの場合，フェアな比較になっておらず，見掛け性能が高くみえるというものが氾濫している．

このような問題を解決するため，HeynらはHuman Cell AtlasとChan Zuckerberg Initiativeの支援を受けて，ハイスループット型1細胞RNA-seqの性能評価研究を実施した[2]．この研究には，世界中の主要な手

法の開発者や企業が参加した．この性能比較研究では，さまざまな細胞が事前に混合されたサンプルが，Heynらによって用意された．このサンプルがバルセロナから世界中の開発者に凍結輸送され，各参加チームがそれぞれの拠点で1細胞RNA-seqを実施した．得られた生データ（FASTQ file）はバルセロナに集められ，性能比較用の解析ワークフローで公平に比較された．この結果，Quartz-Seq2は，10x Genomics社のChromiumと比較して，3倍程度の検出遺伝子数を達成するなど，ほとんどの性能項目で他を圧倒する結果になった．この研究の結論は，RNAを漏れなくcDNAに変換することが1細胞RNA-seqの性能向上には重要であり，この視点が他手法の改善に貢献するだろうとした．

　検出遺伝子数が定量的に上昇すれば，見えてくる生命現象が定性的に変わるのであろうか？これは現象に依存するというのが誠実な答えであろう．われわれの検証では，細胞型の同定ではなく，細胞状態の違いの判別や，多くの細胞機能を漏れなく捉えるには，検出遺伝子数がきわめて重要であるという結果が得られている．例えばES細胞と分化した細胞の2種の細胞型で変動している遺伝子をQuartz-Seq2とDrop-seqで比較すると，2.6倍であった[1]．しかし，変動した機能ターム数は，15倍近く異なった．検出遺伝子数が多いということは，発現量の高いハウスキーピングなパスウェイだけでなく，さまざまなパスウェイを捉えられる，ということになるだろう．細胞老化や分化成熟度，細胞周期など同じ細胞型で状態が異なるような現象は，検出遺伝子数が多い手法で計測しなければ観測できない可能性が高いと考えられる．以上のことから，見えてくる生命現象が質的に異なる場合もあると考えられそうだ．

　一方で，Quartz-Seq2は384ウェルプレートとセルソーターを利用した細胞採取法をとっているため，数千細胞程度の実験規模が適切である．このようにQuartz-Seq2などマイクロウェルプレートを利用する手法は，droplet型やマイクロウェル型，組合わせインデックス法と比較すると，細胞数を増やしにくい欠点がある．そのため対象とする生命現象に応じて，適切な技術を使い分けるのが重要であろう．また，Quartz-Seq2の反応原理をdropletやマイクロウェル，組合わせインデックス法と融合させることも重要かもしれない．

2 世界初の1細胞完全長total RNA-seq法の開発

　Quartz-Seq2では，1細胞トランスクリプトーム解析の3つの問題点のうち1つを解決したが，残りの2つの問題点は解決していない．われわれは残りの2つの問題を，細胞のスループットをある程度犠牲にしたものの，全く新しい反応原理を開発することで解決した．まず，2つ目であるRNAの3′端しか計測できない問題は，オリゴdTプライマーで逆転写することが本質的な問題である．これは3つ目の問題のポリA RNAしか捉えられない問題と同根である．

　そこで，この2点の問題を解決したRamDA-seq法（図2）を開発した[3]．まず，われわれはオリゴdTプライマーに加えてランダムプライマーを利用した逆転写を採用した．ただランダムプライマーによる逆転写を1細胞RNA-seqにもち込むうえで，原理的な問題が2つある．まず，1つはランダムプライマーによる逆転写では，細胞内のRNAの99％程度を占めるrRNAも逆転写してしまう点である．rRNAは細胞型特異的な情報をもたないため，シークエンスしても仕方がない．これはnot-so-random primerを用いることで一部解決した．ランダムプライマーは6文字のランダムなDNA配列である．この配列からrRNAにマッチする配列をコンピューター上で除いて，残りの配列をオリゴヌクレオチド合成する．このオリゴヌクレオチドをプールしランダムプライマーとして使う．これによって，rRNAの混入を20％程度に抑えられ，シークエンスリードが無駄なく利用できるようになった．

　もう1つの問題点は，ランダムプライマーで逆転写したcDNAには増幅用の配列が付加されない点である．通常はオリゴdTプライマーに後にPCRやIVTを行うための共通配列を付加する．これによってあらゆるRNA分子が共通配列をもつため，シークエンスできる量のcDNAが増幅できる．しかし，ランダムプライマーで逆転写したcDNAには共通配列はない．ランダムプライマーに増幅用の配列を付加する手もあるが，プライマーがRNAにハイブリダイゼーションする確率が減り，逆転写効率は著しく低下する．そこで，共通

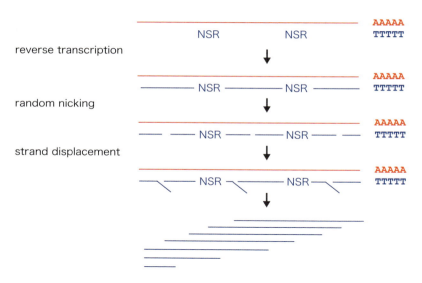

図2　RamDA-seqの反応原理
赤線はRNA分子，青線はcDNAを示す．NSRはnot-so-randomプライマーをあらわす．AAAAAはRNAのポリA末端，TTTTTはオリゴdTプライマーを示す．RT-RamDAは3つのステップからなり，最初は逆転写（reverse transcription），次がDNase Iによるランダムな cDNA鎖の切断（random nicking），3つ目が鎖置換反応（strand displacement）である．

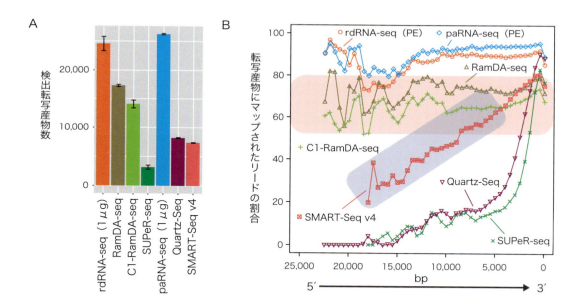

図3　RamDA-seqの性能
A）10 pg RNAを各手法でシークエンスした際の検出された転写産物数．希釈前のRNAに対してbulk RNA-seqを実施し，そこで得られた検出転写産物を1細胞RNA-seqでどのぐらい計測できるかをプロットしたもの．B）遺伝子領域へのシークエンスリードの被覆率．右は遺伝子の3′末端で左が5′末端．X軸は3′端からの塩基数．Y軸は被覆のあった遺伝子の割合．bulk RNA-seq（rdRNA-seq, paRNA-seq）やRamDA-seqは遺伝子の3′から5′末端まで均一な被覆がみられるが，3′末端から逆転写する他の手法は3′末端に被覆率が偏る．

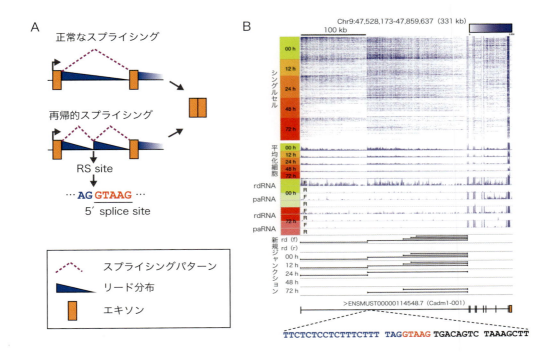

図4 再帰的スプライシングとRamDA-seqでの検出
A) 長いイントロンはイントロンの途中で再帰的に除かれる. そのためtotal RNA-seqでシークエンスするとイントロン中のリードカバレッジは，一様に平坦ではなく，のこぎり歯状になる. カバレッジの谷間には再帰的スプライシングサイト (recursive splicing site：RS site) がある. B) ES細胞をPrE細胞に分化させ，時系列サンプリングを行いRamDA-seqを実施した. Cadm1の遺伝子座のイントロンのリードカバレッジをヒートマップとして表示した. イントロン中にのこぎり歯状のリードカバレッジが観察された.

配列なしにRNAを鋳型にcDNAが増幅する未知の反応が必要になる.

われわれはRT-RamDA法を開発することで，これを達成した. RT-RamDA法は，逆転写中にDNA分解酵素と一本鎖DNA保護タンパク質を入れておくだけで，1つのRNA分子から数十〜百数十の分子が逆転写される全く新しいcDNA増幅法である. DNA分解酵素は，逆転写中のcDNA鎖にランダムなニックを入れる. そのニックに逆転写酵素がアクセスし，そこを起点に逆転写が進行する. この反応が逆転写中に等温でくり返し起きるので，cDNAが増幅していく.

RamDA-seqは，既存の手法に比べて検出遺伝子数が高く，完全長のリードカバー率も高い (図3). さらにRamDA-seqは非ポリA型のRNAも検出できる. これはバルクのRNA-seqではtotal RNA-seqとよばれるものと同じ性質であり，1細胞で完全長のリードをカバーするtotal RNA-seqが世界ではじめて登場したことになる.

この手法により，新しく見えてくる生命現象とは何だろうか？ まず，RNAプロセシングの様子が1細胞で観測できるだろう. われわれはRamDA-seqの完全長性を活かして数百kbのイントロンを含むRNAを捉えることに成功した. 長いイントロンは段階的に取り除かれることが2017年にヒトではじめて証明された. われわれは，RamDA-seqを用いると，このような再帰的スプライシング[4]が1細胞でも観測でき，同じディッシュ内の細胞でも取り除かれ方が不均一であることを示した (図4). RamDA-seqは，ランダムプライミングを用いているため，pre-mRNAのようにイントロンも含む長いRNAを捉えられる. そのため，5′側やイントロンに多型が起きる疾患の解析を1細胞で実施できる唯一の手法である. また，全長の配列がわかれば，コードするアミノ酸配列を精度よく予測できる可能性がある. このような特性からがんや免疫疾患

などの理解に役に立つと考えられる．また，近年ではエキソンとイントロンのリード比率からRNAの代謝速度を予測し，細胞分化方向を予測するアルゴリズム[5]が利用されている．RamDA-seqは通常の1細胞RNA-seqよりもイントロンを効率的に捉えるため，このような解析を実施する際には，より予測精度が高まる可能性がある．

おわりに

1細胞RNA-seqはキット化や装置化により，コモディティ化してきた．現在はそれらのツールを使いこなして，さまざまな問題を解く時代になったといえる．そのため，1細胞RNA-seq法の技術開発は終わった，という研究者もいる．一方，空間遺伝子発現を計測する技術[6)7]や細胞系譜などの情報を細胞に記録する技術[8]，1細胞から複数のオミクス情報を得る技術[9]が発達している．これらの技術の多くは，ハイスループット型1細胞RNA-seqの技術が基礎となっているものもあり，最先端のライフサイエンス研究にとって，必須のインフラとなったともいえる．

現在の1細胞RNA-seq法は一度に数万の1細胞を解析できるが，たかだか数検体しか対象にできない．数百～数千検体に摂動を与えてその影響をすべて1細胞RNA-seqで観測することは技術的に難しい．このように細胞方向だけでなく検体方向のスループットが出なければ，機能ゲノミクスへと応用できない．そこそこに使える技術がコモディティ化することはユーザーにとって非常に価値が高く，今後ますます技術を応用した研究が進むだろう．これはもちろん素晴らしいことではあるが，本質的な開発課題が残っているにもかかわらず，手法の開発の手を止めてしまってよいのだろうか？研究開発が終わったと言ってよいものだろうか？

本邦はヒトゲノム計画や完全長cDNAシークエンス計画終了後，ゲノム科学技術の研究開発を止めてしまい，機能ゲノミクスの流れに乗れなかったと感じる．そのため，新しいDNAシークエンサー開発やその利用に大きく出遅れた．1細胞ゲノム科学が1細胞機能ゲノム科学に発展しようとしている今，コモディティ化された目先の技術に囚われて，技術開発の歩みを止めるべきではないだろう．

文献

1) Sasagawa Y, et al：Genome Biol, 19：29, 2018
2) Mereu E, et al：bioRxiv：doi：https://doi.org/10.1101/630087, 2019
3) Hayashi T, et al：Nat Commun, 9：619, 2018
4) Sibley CR, et al：Nature, 521：371-375, 2015
5) La Manno G, et al：Nature, 560：494-498, 2018
6) Ståhl PL, et al：Science, 353：78-82, 2016
7) Eng CL, et al：Nature, 568：235-239, 2019
8) McKenna A, et al：Science, 353：aaf7907, 2016
9) Cao J, et al：Science, 361：1380-1385, 2018

<著者プロフィール>
二階堂 愛：理化学研究所生命機能科学研究センターバイオインフォマティクス研究開発チーム・チームリーダー．筑波大学大学院教授．「新しい計測技術と情報科学からはじまるライフサイエンス」をスローガンに，実験・情報科学・工学が一体となった研究を実施．https://bit.riken.jp/

第3章 技術開発

2. シングルセルゲノム情報解析の基盤技術

二階堂 愛

シングルセルゲノム情報のデータ解析技術の進歩は非常に速い．テンポよくこれらの技術をフォローしながら，実務に使えるデータ解析基盤を構築・維持・最適化するのは困難である．本稿では，個別のツールの紹介は他稿・他書に譲り，解析基盤の技術について紹介する．特に1細胞RNA-seqデータを中心に，ワークフロー言語・エンジン，解析フレームワークの重要性について述べる．これらの技術を押さえておくことで，最新技術を実務に気軽に導入し再現よく実行できる基礎知識が身に付くだろう．

はじめに

本稿では主に1細胞トランスクリプトームデータの解析基盤技術について，その現状と今後について紹介する．1細胞トランスクリプトーム解析に限らず，ゲノムデータの解析は大きく2つのステップに分類できる．1つはシークエンサーが出力するデータ（fastq, bclなど）から生物のオブジェクト単位の数値データ，いわゆる行列に変換するステップである．2つ目は行列データに情報科学的な手法を適用し，生物学的な知識を取り出すステップである．便宜的に，前者を一次解析，後者を二次解析（高次解析）などとよぶ（図）．一次解析では，実験プロトコールごとに独自のツールを使う場合もあるが，大体が定型化されている．そのため計算環境の構築や維持など運用面が重要になる．

一方，二次解析は，研究の生物学的な目的に応じて解析戦略やツール，手法などが異なり多様であるため，画一化は困難である．このような背景を踏まえて，本稿では，各ステップで必要とされる情報解析の基盤技術について述べる．個別の解析ツールの紹介は他書[1]〜[3]に譲る．

1 一次解析基盤とワークフロー

シークエンサーが出力するファイル（bcl, fastq）や公的データベースにある一次データ（sra, fastq）などから，生物学的なオブジェクト単位の行列データに変換するステップを，ここでは一次解析とよぶ（図）．生物学的なオブジェクトとは遺伝子やRNA，タンパク質，多型などを指し，1細胞RNA-seqではRNAである．細胞×RNAの行列で要素には任意の細胞で発現するRNA量に相当するデータをもち，遺伝子発現行列とよぶ．

[略語]
CWL：common workflow language

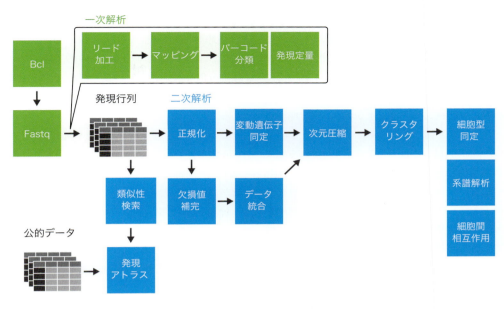

図　1細胞トランスクリプトームのデータ解析の流れ

　典型的な1細胞RNA-seqは，1細胞由来RNAをcDNAに変換後，増幅する．増幅されたcDNAは断片化され，シークエンスアダプタが付加されて，ランダムにシークエンスされる．つまり，シークエンサーはランダムなcDNA配列を出力する．このシークエンス断片をシークエンスリードとよぶ．ランダムに得られたシークエンスリードを，どのRNA分子であるか，その分子がどの程度転写されていたのか，という遺伝子発現行列に変換するのが一次解析になる．一次解析の流れは，シークエンスリードのトリミング，ゲノムへのマッピング，遺伝子アノテーションと細胞バーコードに基づいた遺伝子発現量の推定の3つのステップで実施される．

　10x Genomics社ChromiumではCellRangerというワークフローが使われる．Drop-seq, Quartz-Seq2などではDrop-seq pipelineが利用される．RamDA-seqではRamDAQというパイプラインが公開されている．SMART-seqやCEL-seqでは定番のワークフローは提供されておらず，各自が複数のツールを組合わせて1解析を実行する．これらのワークフローの各ステップは，オープンソースのソフトウェアやワークフロー開発者が作成したソフトウェアが複雑に組合わせられている．例えば，CellRangerやDrop-seq pipelineは，リードのゲノムへのマッピングには，両方ともSTARを利用している．

　ワークフロー化のメリットは，可搬性や再現性にある．ゲノムデータの解析では，ソフトウェア（コマンド）やデータベースを複雑に組合わせて実行する．ソフトウェアには多くの実行パラメーターがあり，これが異なると出力も異なる．また，ある実行ステップは，前の実行ステップの出力を利用する．このような複雑なワークフローにはいくつかの問題がある．まず，ワークフローが複雑であるため，論文を出版する際に自然言語で正しく網羅的に記載するのは非常に困難である．また，ソフトウェアやデータベースは世界中の各開発者がそれぞれ思い思いにバージョンアップを実施する．一般的にコンピューターでデータ解析されたものは再現性があり，誰がいつどこで実施しても同じ結果になると信じられているが，ウェットの実験と同じように，再現性を得るのが非常に困難であるのが現実である．

　これらの問題を解決するために，近年データ解析分野では，コンテナ[※1]技術とワークフロー言語・エンジ

> **※1　コンテナ**
> オペレーションシステム（OS）からソフトウェアを隔離するソフトウェア技術．

ンの利用が推奨されている．まず1つのソフトウェアが同じ結果を出力できるようにするためにコンテナ技術が用いられる．これはコンピューターのオペレーションシステムをはじめとした解析ソフトウェアの実行に必要なすべてをコンテナ化する技術である．このコンテナは容易にコピーして実行できるため，実行環境があればどこでも全く同じように実行できることが保証されている（冪等性）．またコンテナが実行されるホストの計算機環境を全く汚染しないので，どのような計算機でも気軽に実行可能であり可搬性が高い．コンテナ化技術として，Dockerやsingularityがよく利用されており，ライフサイエンスで利用される共用計算機の多くでこれらが利用できる．

コンテナ技術を用いることで，個々のソフトウェアが確実に実行できる環境を用意できるようになった．次に必要なのは，それらを組合わせて実行する際に，その組合わせを適切に固定し，実行する技術である．そこで，ワークフローを記述する共通言語とその実行エンジンの開発が進んでいる．主な言語にCWL[4]やNextflow[5]などがある．一般的に，ワークフローはShell scriptやMake, Python, Rubyなど思い思いのプログラミング言語・ツールでつくる．プログラミング言語はその記載が自由であるため，同じワークフローの実装でもさまざまな表現を取り得て可読性に乏しい．そこで，ワークフロー言語とその実行エンジンを共通化することで，ワークフローの可搬性と再現性を高めることができる．コンテナとワークフローを配布すれば，ユーザーは解析を完全に再現できるようになる．

2 多様な二次解析を受けとめるフレームワーク

二次解析は発現行列に対してさまざまな情報処理解析を施して，生物学的な情報を引き出すステップである．一般的にはR/BioconductorやPython/Jupyter Notebookなどで実施する．このステップは，典型的な解析ステップに大別はできるものの，生物学的な目的やデータの質や量が異なればその解析戦略が異なるため，ワークフロー化することは困難である．1細胞RNA-seqの典型的な解析ステップには，データのクオリティチェックと正規化，欠損値補完，変動遺伝子の発見，次元圧縮とクラスタリングによる細胞型の同定，複数実験の統合解析がある．よりフォーカスした解析としては，転写制御ネットワークの予測，擬時間推定，細胞分化系譜推定，希少細胞発見，幹細胞発見，細胞類似性検索，細胞間コミュニケーション予測などがある．

このように多様な解析手法と戦略があり，ワークフロー化が難しいなかで，2つの対策が考えられる．1つはデータ解析フレームワークの利用である．もう1つはベンチマーキングツールと性能評価である．

1つ目の解析フレームワークとは，さまざまな解析ツールや関数を束ねて，データの入出力やデータ構造，データ可視化などの枠組みを提供するソフトウェアのことである．代表的なものとしてSeurat[6]などがある．データ解析をするうえで重要なのは，データの入出力とデータ構造である．遺伝子発現行列は単純な二次元行列であるが，実際は各細胞にはフローサイトメーターやシークエンスライブラリの量や質，由来するサンプル名や実験回の名前などの多様で複雑なメタデータ[※2]が存在する．これらのメタデータはデータの質の判断や生物学的な情報を抽出する際に重要な参考データである．データ可視化のステップやデータ解析手法によっては，メタデータを直接データとして計算に利用する場合もある．このような遺伝子発現行列とメタデータを保存するデータ構造を提供し，そのデータ構造に対して，さまざまな解析手法を関数として提供するのがフレームワークとよばれるものである．具体的には，SeuratのSeurat Object形式や，Bioconductorが提供するSingleCellExperiment Object形式[7]などが広く使われている．いったんこの形式でデータをインポートすれば，正規化や変動遺伝子の同定，次元圧縮やクラスタリング，データ可視化などが容易に実施できる．各フレームワークは，vignette（ビネット）やチュートリアルとよばれるツールの実行例を公開している．ワークフローを用意するのは困難であるが，定番の解析ステップは，これらの文章を参考に実行すれば，比

※2 メタデータ

データについてのデータ．例えば1細胞発現行列は遺伝子×細胞の行列で要素は発現量であるが，細胞や遺伝子にはそれぞれ名前などの情報をもつ．このような情報をメタデータとよぶ．

較的容易に解析を実施できる．一方，データ解析の研究者は，自身の解析手法の実装をこのデータ構造に対応させておけば，その機能をユーザーに簡単に提供できる．

このように複雑でたくさんのやり方のある高次解析をワークフロー化することは困難であるが，自分の解析に役に立つ情報を得られる技術基盤がある．近年，典型的なステップとツールの組合わせを網羅的にベンチマークするツールが登場している．これらの研究によって，いつも再利用できるワークフローというわけにはいかないものの，どのツールをどのように組合わせると，どのような性能が出るかが明らかになりつつある．そのため，このようなツールや情報は，自分でワークフローを構築する際に，非常に重要なガイドラインとなる．例えば，CellBench[8]は，発現行列を入力として，正規化から欠損値補完，クラスタリング，分化系譜解析，複数実験の統合解析などのステップをさまざまなツールを組合わせて実行できる．開発者らは，CellBenchを利用して，3,913通りのワークフローを網羅的にベンチマーキングしている．その結果，正規化や欠損値補完のステップが重要であることが示されている．このようなツールは1細胞RNA-seqユーザーが自身のワークフローを構築する際に重要なだけでなく，情報解析手法の開発者にとっても重要となる．なぜなら，ワークフローのある1ステップのみで，ツールの性能を比較するだけでなく，ワークフローに組み込んだ形での性能を評価することができるため，より実戦に強い手法を開発できるためである．ある1ステップの特殊な状況でのみ強い手法は，論文を書くことはできても，ユーザには全く役に立たない．ワークフロー内での性能が評価されるようになれば，開発者だけでなくユーザにも恩恵があるだろう．

おわりに

本稿では，1細胞ゲノム科学のデータ解析基盤の現状として，ワークフローやフレームワークの重要性について強調した．個々のツールの進歩は激しく，フォローアップが困難であるが，その実行の基礎となるワークフローやフレームワークの現状を理解しておけば，最新ソフトウェアの導入がいくぶん容易になるだろう．現在はワークフローの単純な組合わせの評価に留まっているが，実際は解析の順序や有無や実行パラメーターなどをワークフロー内で試行錯誤する必要がある．しかし，このようなベンチマーキングは実施されていないし，ツールも存在しない．組合わせは膨大であるため，人手でよい組合わせを調べることは困難である．そのため，人工知能技術を用いたワークフローに自動構築・評価・調整が必要になるだろうと考えている．ここでは紹介しなかったが，ワークフローやフレームワークがすぐさま実行できる計算機環境もまた自動的に再現性よく可搬性のある形で構築できなければならない．また，常に同じ挙動をしているか，エラーなく実行できるかを自動的にテストすることも重要になるだろう．

文献

1）「RNA-Seqデータ解析 WETラボのための鉄板レシピ」（坊農秀雅/編），羊土社，2019
2）「シングルセル解析プロトコール〜わかる！使える！1細胞特有の実験のコツから最新の応用まで」（菅野純夫/編），羊土社，2017
3）「次世代シークエンス解析スタンダード〜NGSのポテンシャルを活かしきるWET&DRY」（二階堂 愛/編），羊土社，2014
4）Amstutz P, et al：Common Workflow Language, v1.0, 2016
5）Di Tommaso P, et al：Nat Biotechnol, 35：316-319, 2017
6）Butler A, et al：Nat Biotechnol, 36：411-420, 2018
7）Lun A & Risso D：R package version 1.8.0, 2019
8）Tian L, et al：Nat Methods, 16：479-487, 2019

<著者プロフィール>
二階堂 愛：理化学研究所生命機能科学研究センターバイオインフォマティクス研究開発チーム・チームリーダー．筑波大学大学院教授．「新しい計測技術と情報科学からはじまるライフサイエンス」をスローガンに，実験・情報科学・工学が一体となった研究を実施．https://bit.riken.jp/

第3章 技術開発

3. クロマチン挿入標識法（ChIL）による単一細胞エピゲノム解析

原田哲仁，大川恭行

シングルセルRNA-seq解析法の発展により，個々の細胞における遺伝子の発現解析が可能となった．次の標的は単一細胞レベルでの遺伝子発現制御解析（エピゲノム解析）であろう．一方で，遺伝子発現制御メカニズムの解明には，クロマチン免疫沈降法で従来行われてきたヒストン修飾や転写因子などのDNA結合タンパク質のDNA結合位置の決定を単一細胞レベルで行う必要がある．これまでいくつかの試みが行われてきたが，実用レベルに達するとは言い難かった．最近，われわれをはじめとして複数のグループがシングルセルレベルで実用可能なエピゲノム解析技術を開発した．本稿では，われわれが開発したChIL法について概説しつつ，単一細胞エピゲノム解析の最新の動向を探る．

はじめに

真核生物において，ゲノムDNAはコアヒストンと会合しヌクレオソームを形成する．ヌクレオソームは，さらに，数珠状につながったクロマチンを形成することで，膨大な遺伝情報を核内に格納するため高度に折り畳まれている．細胞分化や応答において遺伝子が発現するには，広大な染色体上から目的の遺伝子群が過不足なく発現される必要がある．この際に，すべての折り畳み構造が同時に解かれるのではなく，必要となる遺伝子座のクロマチン構造が選択的に弛緩され，RNAポリメラーゼが結合し，転写可能な構造が形成される．つまり，遺伝子の発現制御の分子機構の本質は，クロマチン上で起こる弛緩と凝縮の制御であり，エピゲノム制御とよばれる．エピゲノム制御機構の包括的な理解のため，これまで，DNAメチル化，ヒストン修飾，ヒストンバリアントおよび転写因子などのDNA結合タンパク質のDNA結合位置をゲノムワイドに特定する試みが行われてきた．ゲノムワイドなエピゲノム解析を可能にしたのが，ChIPシークエンス（ChIP-Seq）法である．クロマチン免疫沈降法（chromatin immunoprecipitation：ChIP）と次世代シークエンスによる網羅的配列決定を組合わせた，エピゲノム解析のde factoスタンダードといえる手法であり，検出感

[略語]
ChIL：chromatin integration labeling
（クロマチン挿入標識法）
MNase：micrococcal nuclease
（マイクロコッカルヌクレアーゼ）
TAMRA：tetramethylrhodamine
（テトラメチルローダミン）

Epigenome-profiling cells with chromatin integration labeling method
Akihito Harada/Yasuyuki Ohkawa：Division of Transcriptomics, Research Center for Transomics Medicine, Medical Institute of Bioregulation, Kyushu University（九州大学生体防御医学研究所附属トランスオミクス医学研究センタートランスクリプトミクス分野）

度の改善が現在も進められている[1]．意外に思われるかもしれないが，ゲノムワイドな発現プロファイリング手法であるRNA-SeqはChIP-Seq法の開発の後に発表されたにもかかわらず，今や発現プロファイリングに欠かせない手法となっている．

次世代シークエンスのRNA，エピゲノムの関連技術の開発は劇的に洗練され，高感度化を遂げており，ついに単一細胞レベルへのアプローチがはじまっている．シングルセルRNA-Seq解析は画期的なライブラリー作製法とデータ解析法の開発とともに実用的なレベルに達しつつある．現在，組織レベルのシングルセル解析により，細胞集団の組成解析に加えて未知であった細胞の同定の報告が相次いでいる．これに対して単一細胞レベルのエピゲノム解析技術の多くは実用レベルに達していない．その理由は，細胞内に存在するRNAに比べDNAは分子数が数コピーときわめて限られ，実質1分子解析に相当するレベルの検出が求められるからである．そのなかで，われわれは，独自のシングルセルレベルでのエピゲノム解析手法を開発し，多階層でのシングルセル解析に向けてさらなる解析を進めている．本稿では，これまでのエピゲノム解析の開発の歩みとともに，われわれの技術を中心に最新のエピゲノム解析技術について触れたい．

1 ChIP-Seq法をベースとしたシングルセルレベルのエピゲノム解析技術

現在のエピゲノム解析のほぼ唯一の方法がChIP-Seq法であり，ヒストン修飾や任意のDNA結合タンパク質のゲノムワイドな結合位置を網羅的に決定できる．一方で，ChIP-Seq解析は，免疫沈降がベースの技術のため標的タンパク質が結合したゲノムDNAの回収効率がきわめて悪い．そのため通常の解析には100万個以上の細胞を必要とする．10,000細胞以下を解析対象とすることも不可能ではないが，微量のゲノムDNAから次世代シークエンスするためのライブラリーを作製することには困難が伴う．この課題を克服するためにChIP法をベースとしたlow-input ChIP-Seq技術が開発されてきた．多くの場合，ライブラリーの構築方法や増幅方法を改良することで，ChIP後の微量ゲノムDNAからのライブラリー作製を効率化している．代表的な手法として，ChIP mentation[2]，STAR ChIP[3]，Mint-ChIP[4] などがあげられる．これらのアプローチは100～1,000細胞レベルのエピゲノム解析を達成しているが，実用的な単一細胞解析には至らなかった．その理由は，ライブラリー作製以前に，クロマチン免疫沈降そのものが低効率であるため，解析可能なDNAが限られることにある[5]．もちろん，ChIP法によるシングルセル解析に挑んだ例もある．Rotemらによって報告されたDrop-ChIPは，最初の単一細胞エピゲノム解析の報告である．マイクロデバイスにより形成したdroplet中で単一細胞レベルでクロマチンをMNaseでモノヌクレオソームレベルに消化した後，バーコード配列付きのアダプターDNAを付加する．これにより細胞の由来を単一細胞レベルで識別する．ChIPそのものは，標識した細胞をまとめて行うため，通常法と大きく変わらない．原理的には単一細胞レベルでのChIP-Seqといえるが，1反応あたりのスループットは100細胞で，一般的なChIP-Seqピークを5％程度しかカバーできておらず感受性（sensitivity）は低い[6]．最近，同様のアプローチでバーコード化の効率を上げることで5,000細胞のスループットを達成した報告もある[7]．これらのアプローチは，細胞の識別化を工夫することで単一細胞エピゲノム解析への適応を図っている．一方で，肝心なChIP効率そのものの改善は行われていない．われわれは，シングルセルエピゲノム解析の開発において，免疫沈降が障壁であり，免疫沈降の効率に依存しないChIP-Seqに代わる新たな技術が必要と考えてきた．

2 ChIP-Seqに代わる新たなシングルセルエピゲノム解析技術

単一細胞レベルでのエピゲノム解析が可能な技術は，ChIP-Seq代替技術としてChIP法に依存しない形で開発されている．われわれが開発したChIL-Seq[8] を皮切りに，Henikoffらのグループが開発したCUT & Tag[9]，Zhaoらのグループが開発したChIC-Seq[10] が報告されている．これらの方法の共通点は，核内で反応を行うこと（in situ 反応），ChIP法で必要なクロマチンの断片化や目的タンパク質の可溶化等の生化学的に高度な技術を必要としないことである．

CUT & Tagは，その先行技術としてのCUT & RUNが基礎となっている．CUT & RUNは，MNaseを融合したDNA結合タンパク質を用いるクロマチン内因性切断（ChEC）を応用した技術である[11)〜13)]．ChEC法は，転写因子−MNase融合タンパク質が結合したDNAの周辺部位のDNAをMNase活性により切断する[14)]．CUT & RUNはレクチンでコーティングされた磁気ビーズConcanavalin A（Con A）beadsに抽出した核を結合させ，抗体を反応させた後，Protein−A−MNaseを加え，$CaCl_2$の添加によりカルシウム依存的なMNase活性によってDNA結合タンパク質の周りのDNAを切断し，切断されたDNA断片を核内から上清に遊離させる．次に，DNA断片を上清から抽出（濃縮）し，シークエンスライブラリーを作製する．CUT & Tagでは，MNaseの代わりにTn5トランスポザーゼを用いたProtein−A−Tn5によりDNAを切断すると同時にDNAタグ配列を導入している．また，CUT & Tagのシングルセル解析にはタカラバイオ社製のICELL8を用いており，Tn5タグメンテーションした核をナノウェルに分配し個別にライブラリーを作製することで，おおよそ1,000細胞のスループットを達成している．一方で，これらプロセスは固定なしの反応であり，理論的にはnative ChIP−Seqと同様である．したがって転写因子やクロマチン複合体の解析におそらく困難が予想される．一方でChIC−Seqは，この点はクリアしている．ホルマリン固定した細胞に一次抗体とMNaseを融合したAb−MNaseを用いて抗体反応させ，その細胞をPCRチューブにシングルセルでセルソーティングし，ライブラリー作製時に個別のバーコードを付与させる．両者とも浮遊細胞を用いる点と融合タンパク質を用いる点で，よく似たプロトコールとなっている．ChIL−Seqを含めたシングルセルエピゲノム解析のプロトコールの比較を図1に示す．

3 ChIL-Seqの概要

クロマチン挿入標識法（ChIL法）は，その名の通りターゲットとなるクロマチンDNAに任意のラベルとなるDNA配列を挿入する技術である．ChIL−Seqは，その挿入された領域を次世代シークエンスで解析する手法である．シングルセルChILでは，細胞あたり10,000〜100,000のシークエンスリードが取得され，ChIP−Seqに対して90％近いカバー率を示している．これは他のシングルセルエピゲノミクス解析では達成されていない圧倒的な感度と自負している．われわれが本法を開発するにあたって考慮したのが，多くの研究者に利用してもらえるように，デバイスに頼らない手法の開発である．ChIL法のベースは，主に免疫組織化学，Tn5トランスポザーゼ，in situ transcriptionの3つの手法の組合わせにより成り立っており，二次抗体にオリゴDNAを結合させたChILプローブがこれら手法をつなぐ因子となっている（図2）．これら3つの手法のポイントとChIL法における工夫点について以下に示す．

1つ目の免疫組織化学（immunohistochemistry：IHC）は，いわゆる「免疫染色」であり，抗体の特異性を利用して本来不可視である抗原の局在を抗原抗体反応により可視化できて，多くの研究室で日常的に用いられている手法である．免疫染色は，シングルセルレベルの染色（抗原抗体反応）も可能であることから，われわれはプレート上で反応する系を選択している．また，二次抗体にあたるChILプローブに蛍光色素TAMRAを結合させているため，顕微鏡下で染色性の観察が可能である．この点は，溶液中で反応させるCUT & TagやChIC−Seqとは異なり，ChIL−Seqが優れているポイントの1つである．核内のような高濃度環境下ではChILプローブのようなDNA鎖が結合したタンパク質は，その極性から非特異的に吸着するリスクが上がる．非特異的に吸着したChILプローブは，その後のTn5によるDNA配列の挿入の際に意図しない領域へ挿入されることになるためシークエンス解析の際のバックグラウンドの要因となってしまう．そこで，高塩濃度かつ低温でChILプローブを反応させることで非特異的な吸着を抑制している．また，未反応ChILプローブを除く洗浄工程においても低温で行い，未反応ChILプローブを希釈することで二次的な非特異的吸着も抑えている．

2つ目のTn5トランスポザーゼは，バクテリア由来のトランスポザーゼで，薬剤耐性遺伝子や変異導入など遺伝子導入システムとして利用されていた．現在は，Illumina社のNexteraキットやATAC−Seq[15)]に利用されるトランスポザーゼとして知られている．Tn5結合

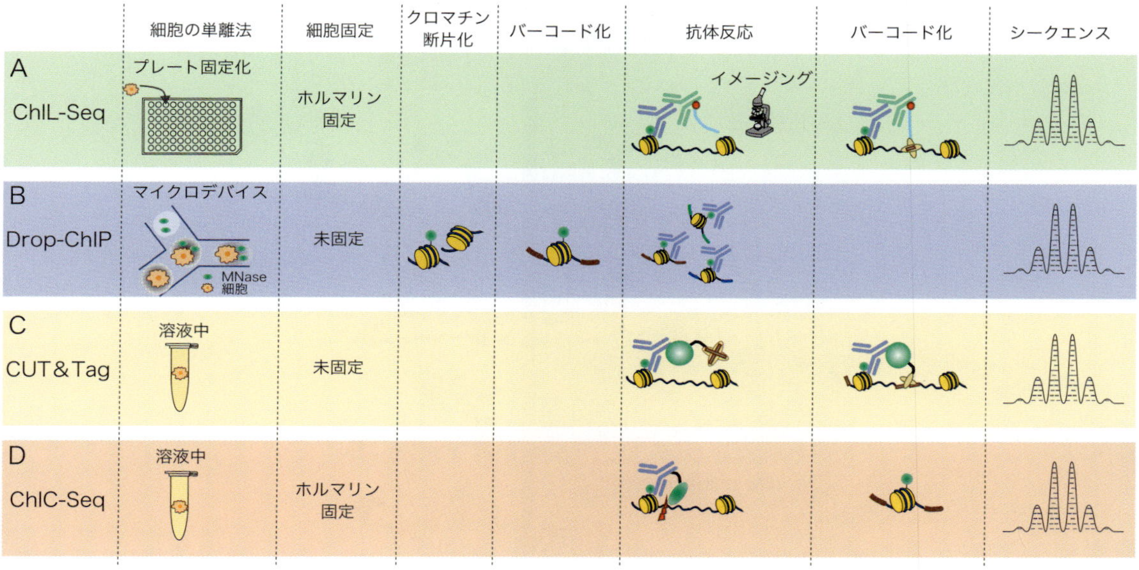

	細胞の単離法	細胞固定	クロマチン断片化	バーコード化	抗体反応	バーコード化	シークエンス
A ChIL-Seq	プレート固定化	ホルマリン固定			イメージング		
B Drop-ChIP	マイクロデバイス	未固定					
C CUT&Tag	溶液中	未固定					
D ChIC-Seq	溶液中	ホルマリン固定					

図1 シングルセルエピゲノム解析技術のプロトコールの比較

A）scChIL-Seqは，個々のマイクロウェルプレート上にシングルセルをホルマリンで固定して行う．抗原に結合した一次抗体に対して，TAMRA蛍光標識二本鎖DNAを結合した二次抗体であるChILプローブを反応させる．このChILプローブのTAMRA標識により，イメージングで核内局在を可視化できる．次に，Tn5トランスポザーゼを介してターゲットタンパク質に隣接する配列にChILプローブ由来の二本鎖DNAを挿入する．この結果生じる配列は，DNAオリゴに含まれるT7 RNAポリメラーゼプロモーター配列からの in situ transcriptionによってRNAとして増幅される．このRNAをライブラリー化しシークエンスする．B）scChIP-Seqは，マイクロ流体工学を利用し，MNaseによるDNA断片化および細胞の識別化のためのアダプターライゲーションのために，ドロップレット反応により個々の細胞をカプセル化する．通常のChIP-Seqと同様に，バーコード化された細胞を集めて，クロマチン免疫沈降およびライブラリー作製を行い，シークエンスされる．C）scCUT&Tagは，溶液中で，一次抗体と結合するプロテインA-Tn5融合タンパク質を用いて，ChIL-Seq同様に近くの配列にアダプター配列を挿入する．その後，個別のインデックスプライマーが入ったナノウェルのチップアレイに個別にソートされ，PCR増幅により細胞特異的なバーコードが導入され，細胞ごとに異なるインデックスをもつライブラリーが作製される．D）scChIC-Seqは固定細胞を溶液中で，一次抗体-MNase融合タンパク質をターゲットタンパク質に反応させる．チューブにシングルセルとして分注し，カルシウム依存的にMNaseによるクロマチン断片化を行う．細胞特異的なバーコードを付加させ，ライブラリー化する．

配列（モザイクエンド配列）をもつ2つのオリゴDNAが結合した二量体のTn5（Tn5トランスポゾーム）は，配列非特異的にターゲット二重鎖DNAに対して2つのオリゴをセンス鎖とアンチセンス鎖に反対方向にカット＆ペーストすることによりタグ配列として挿入する．近接した2カ所の挿入位置を起点としてPCRにより増幅し，次世代シークエンサーで解析できる．これまでのシングルセル解析に対するTn5の利用例として，シングルセルRNA-Seqのライブラリー作製やシングルセルATAC-Seqがあり，Tn5によるDNA挿入効率が高いことが示されている．ChIL法では，ChILプローブのオリゴ上にTn5トランスポゾームを形成させることにより，ChILプローブをアンカーとして，バックグラウンド要因となる配列非特異的な挿入を抑制しつつ，ChILプローブ結合周辺領域にChILプローブ由来のDNA配列を挿入している．また，外から加えるオリゴDNAを極力減らすことで，オリゴDNAのみで形成されたTn5トランスポゾームの形成を抑えるために，一次抗体に結合したChILプローブ由来のDNAに対して10分の1量のオリゴDNAとTn5を加えることでTn5トランスポゾームを in situ で形成させている．Tn5は高額だが，自家精製することで，そのコストを抑えることができる[16]．現在，Tn5の精製は，生化学のプロにお任せしている．私たちの最も信頼している共同研

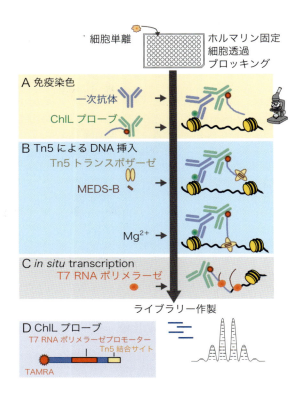

図2 ChIL-Seqの手順
ChIL-Seqは大きく分けて以下の3つの工程から成り立っている．**A**）免疫染色：細胞を96ウェルプレートに播種し，ホルマリンによる細胞固定，細胞透過処理，ブロッキング反応を行う．ターゲットタンパク質に対する一次抗体を反応後，二本鎖DNAが結合した二次抗体（ChILプローブ）を反応させる．**B**）Tn5によるDNA挿入：Tn5トランスポザーゼとモザイクエンド配列をもつ短いDNA（MEDS-B）を加え，トランスポザーゼ複合体を核内で形成させる．Tn5トランスポザーゼは，マグネシウムイオン依存的に活性化され，抗体結合周辺部位にChILプローブ由来のDNAを挿入する．**C**）*in situ* transcription：挿入された領域は，T7 RNAポリメラーゼによる *in situ* transcriptionによりRNAとして増幅される．これらの工程はすべてプレート上に結合した細胞内で行われる．その後，RNAをライブラリー化し次世代シークエンサーで解析する．**D**）ChILプローブのDNA配列には，Tn5結合配列（モザイクエンド）とT7 RNAポリメラーゼプロモーター配列，次世代シークエンス用の配列が一部含まれている．

究者である東京大学・胡桃坂仁志教授のグループにお問い合わせいただきたい．

3つ目の *in situ* transcriptionは，*in vitro* transcription（IVT）でよく利用されているT7 RNAポリメラーゼを用いたRNA増幅である．IVTによる線形増幅は，シングルセルRNA-Seqのライブラリー作製にも利用されており，微量のインプットサンプルからの増幅に対して利がある．ChIL法では，挿入された領域を一度RNA増幅するためシングルセルレベルでも高感度な解析が可能となっている．実際に，後発のChIC-Seqも同様の手法が取り入れられている．

ChILプローブに結合したDNA配列には上記3つの工程に必要な配列が含まれており，それぞれTAMRA蛍光色素，Tn5結合配列，T7 RNAポリメラーゼが結合するT7 RNAプロモーター配列である．このChILプローブの作製もChIL法におけるカギとなるマテリアルの1つである．ChILプローブの作製における注意点は2点ある．1点目は，二次抗体とオリゴDNAを結合させた際に生じる未反応オリゴDNAを極力除くこと．2点目は，過剰な数のDNAを結合させないことである．ChILプローブには通常1～4つのオリゴDNAが結合している．オリゴDNAを4～8ほど結合させたChILプローブを用いた場合，染色像にバックグラウンドが生じるのとライブラリーができにくくなる．これは，オリゴDNAの長さを100 bpと長くした場合（通常70 bp）も同様の現象が起こることから，過剰な

DNAはChIL反応を妨げる．また，ChILプローブに結合させるDNAは，一重鎖DNAではなく二重鎖DNAを用いており，これもChILプローブの特徴である．

おわりに：今後の展望

シングルセルChIL-Seqは，受精卵や成体内の幹細胞，臨床検体のような生体内にわずかしか存在しない細胞，かつ一度しか解析が許されないような条件で解析する手法として比肩するものはないと考えている．一方で，多数の細胞を同時にシングルセルとして解析するハイスループット解析においては，これからの課題である．シングルセルChIL-Seqのハイスループット化には，combinatorial indexing法[※1]のような多段階に細胞を識別するindexを加える方法などが応用可能である．そのためには，ChILプローブに結合させるDNAの配列にあらかじめindex配列を加えておくなどの工夫が必要となる．また，index配列をChILプローブに加えることで，同時に複数のエピゲノム情報も取得できる可能性がある．他にもseqFISH[※2]を応用してChIL反応によって生じたRNAの配列を顕微鏡で網羅的に解析するChIL-FISHによりシングルセルエピゲノム解析を行うことも，将来は可能となるかもしれない．現在，病理研究において広く利用されているホルマリン固定パラフィン包埋（FFPE）組織切片を用いたシングルセルエピゲノム解析が可能となれば，がん研究・再生医療などの基礎研究の新たな解析ツールとして期待される．

最後に，ChIL-Seqの開発を共に行った前原博士，東京工業大学・木村先生，半田博士，東京大学・胡桃坂先生に深く感謝いたします．

文献

1) Park PJ：Nat Rev Genet, 10：669-680, 2009
2) Schmidl C, et al：Nat Methods, 12：963-965, 2015
3) Zhang B, et al：Nature, 537：553-557, 2016
4) van Galen P, et al：Mol Cell, 61：170-180, 2016
5) Cuvier O & Fierz B：Nat Rev Genet, 18：457-472, 2017
6) Rotem A, et al：Nat Biotechnol, 33：1165-1172, 2015
7) Grosselin K, et al：Nat Genet, 51：1060-1066, 2019
8) Harada A, et al：Nat Cell Biol, 21：287-296, 2019
9) Kaya-Okur HS, et al：Nat Commun, 10：1930, 2019
10) Ku WL, et al：Nat Methods, 16：323-325, 2019
11) Skene PJ & Henikoff S：Elife, 6：doi:10.7554/eLife.21856, 2017
12) Skene PJ, et al：Nat Protoc, 13：1006-1019, 2018
13) Meers MP, et al：Elife, 8：doi:10.7554/eLife.46314, 2019
14) Schmid M, et al：Mol Cell, 16：147-157, 2004
15) Buenrostro JD, et al：Nat Methods, 10：1213-1218, 2013
16) Picelli S, et al：Genome Res, 24：2033-2040, 2014

<著者プロフィール>

原田哲仁：2005年山口大学大学院農学研究科修士課程修了，'08年鳥取大学大学院連合農学研究科博士課程修了，'08～'12年九州大学大学院医学研究院学術研究員，'13～'16年日本学術振興機構特別研究員（PD），'17年より現職（助教）．

大川恭行：2003年大阪大学大学院医学系研究科博士課程修了，'03～'06年マサチューセッツ大学（アメリカ）博士研究員，'06年より九州大学大学院医学研究院テニュアトラック特任准教授，准教授，'16年1月より現職（教授）．

※1 combinatorial indexing法

シングルセル解析において，1万個を超える細胞数での解析を達成するための細胞識別法である．細胞識別用のバーコード配列を少数細胞（100細胞ほど）のプールごとに個別に付与する．次に，すべてを集め，再度少数細胞のプールを作ることで，異なるバーコード配列をもつ細胞がプールされる．さらに，プールごとに個別のバーコード配列を付与することで，細胞ごとに固有のバーコードの組合わせとなり，シングルセルでの識別が可能となる．

※2 seqFISH（連続蛍光 in situ ハイブリダイゼーション法）

イメージング技術を利用して，空間情報を保存したまま，単一細胞内で多数のRNA転写産物を直接識別する技術である．これを行うには，数千種類の遺伝子配列に対して作製した数十ベースの蛍光プローブを，転写物に対して連続的にハイブリダイゼーションし，その蛍光パターンを読み取ることで，RNA転写産物を次世代シークエンサーなしで同定できる．

第3章 技術開発

4. シングルセル遺伝子発現解析（Nx1-seq）と細胞集団

橋本真一

> 遺伝子発現解析は細胞の表現型を示すことから生物学や医学の分野で多く使用されている．これまでの遺伝子発現の測定はバルクの試料に対して行われてきたが，組織の複雑性／多様性を特徴付けるためには，1細胞の遺伝子発現を解析することが必要である．そこで最近1細胞を解析するための手法が多く開発されている．われわれもまた，1細胞の遺伝子発現を調べる方法を開発した．今回，その作製法とともにがん組織やその細胞から樹立した細胞株での多様性を解析したので紹介する．

はじめに

細胞分化の階層性や組織での細胞の不均一性の研究は，その多くが単クローン抗体や細胞ソート，マイクロダイセクションなどにより細胞を単離，同定する手法とそれらの機能アッセイによって進められてきた．しかしながら，細胞の連続的な変化やマーカーが明らかとなっていないものに対しては解析が困難である．さらに同一だと考えられていた細胞集団が実は多様性があることも報告されている．そこで最近，細胞集団の詳細を明らかにするため，ゲノム，遺伝子発現，代謝産物など多岐にわたる1細胞解析法の開発が進んでいる[1,2]．そのなかでも1細胞遺伝子発現解析は，個々の細胞集団，さらには組織微小環境全体の多様性を詳細に解析できることから，疾病における細胞間相互作用，特異的マーカー遺伝子の探索，薬物治療抵抗性の制御機構などの研究に使用されている．

近年，Fluidigm社による数百細胞程度の遺伝子が解析できる機器C1により解析がなされてきた[3,4]．しかし，このレベルでは多様性が大きな場合や細胞の大きさに違いがある場合に測定するには不向きであった．そこでこれらを克服する方法が必要となり，われわれの研究室も含めていくつかの研究室で包括的な1細胞遺伝子発現解析法であるDrop-seq[5]，Well-seq[6]，Nx1-seq[7]，さらにロボットを用いた自動化によるMARS-seq[8,9]などが開発された．どの方法も基本的には核酸にバーコード配列を付けて個々の細胞を分類，同定することを基本にしており，a) 極小の限られたスペースでの細胞の溶解，b) 細胞内のRNAの捕集とそのための担体（マイクロビーズやプレート），c) それを行うための装置，からなっている．これらの技術を用いて商業化されたデバイス〔Chromiumシステム

[略語]
Nx1-seq：Next generation 1 cell RNA sequencing
UMI：unique molecular identifiers

Single-cell transcriptome analysis (Nx1-seq) and cell population
Shinichi Hashimoto：Department of integrative Medicine for Longevity, Graduate School of Medical Sciences, Kanazawa University（金沢大学大学院医薬保健総合研究科未病長寿医学講座）

（10x Genomics社），ddSEQ™ Single-Cell Isolator（Bio-Rad社），Rhapsody（BD社）〕などが発売されている．現在，これらの方法を用いて多くの細胞／組織中の多様性が研究されている．さらに多種類の細胞から特定の細胞を集団ごとに可視化するtSNEやUMAP解析法[10), 11)]を使ってその特徴を明らかにするデータ解析手法についても研究が進んでいる．

1 Nx1-seq

われわれは，1細胞を数百〜数万同時に解析する方法を開発しNx1-seq（Next generation 1 cell RNA sequencing）と名付けた（図1）[12)]．この方法は，バーコードビーズの入ったマイクロウェルだけを使用し，高額な機器が必要ないのでどの研究室でも手軽に解析できることを特徴とする．

この方法は主に①マイクロビーズ上にバーコード部分を付加したオリゴdTを合成する過程（図2）と②細胞とバーコードビーズを混合する過程である2つの技術の組合わせにより開発された．また，この方法は末端をオリゴdTだけでなく，後に示す自分の結合したい分子（トラップしたい相補鎖）を複数同時に結合させることができるので非常に汎用性に富む．手順として合成したビーズをあらかじめマイクロウェル〔例えば，PDMS（polydimethylsiloxane）：幅25μm，深さ40μm〕に挿入しておく．続いて細胞をポアソン分布にしたがってプレートに播種する（図1①）．播種する細胞を，例えばウェル数に対して30分の1で蒔けば，98％の確率で，細胞が1ウェルに2個入らない．ウェル数が約$2×10^5$あるので，たとえこの量で蒔いても約7,000個の細胞が解析できる計算になる．各ウェルのマイクロウェル中にてバーコードオリゴdT結合ビーズでトラップし，それを逆転写，増幅後シークエンスする．また，本法はマイクロプレートのウェルに細胞を自由落下させるだけなので，ウェルより小さな細胞であれば解析可能である．細胞をウェルに入れた後にプレートを洗いウェルに入っていない細胞を洗い流す（図1②）．続いて，細胞溶解液にて細胞を可溶化（図1③）すると細胞から遊離したmRNAがビーズ上のオリゴdTに直ちに結合する．ウェル中は，容積が20 pLほどしかないので，1細胞とはいえ高濃度の

mRNAがビーズに結合することになる．その後，マイクロプレートから遠心力を利用してビーズを回収する（図1④⑤）．続いてビーズをbufferで洗浄した後，逆転写の試薬を入れて反応させ次世代シークエンサーにてバーコード部分と遺伝子の部分を別々に読み，各プログラムにて解析する．

2 バーコードビーズの作製

バーコードオリゴDNAを結合する担体は，主にマイクロビーズとハイドロゲル（表）が使用されており，われわれは主にビーズ上にあらかじめ約20塩基ほどのオリゴDNAが結合したもの（Roche454シークエンサーで使用されていたキャプチャービーズや業者から購入したビーズ）を利用して作製しているが，他にもいくつかの方法で合成可能である．そのバーコードの種類は表のようにいくつかあり，1つは4塩基が12個（4^{12}＝約10^7通り）ランダムにつながったものと，特定の配列6〜10塩基からできたバーコード配列，96種類を3つまたは384種類を2つ準備し，これを組合わせることで，384^2〜96^3通りの多様性ができる．その担体上にバーコード化プライマー（oligo-dT）を，エマルジョンPCR（emPCR）や"split-and-pool"DNA合成法によって調製する．エマルジョンPCR法（図2A）は，エマルジョン（水滴）のなかに任意の配列をもったビーズと合成したバーコード配列1分子を入れて増幅することで1分子がビーズ上で増幅される．一方，"split-and-pool"DNA合成法で直接ビーズ上で作製されるものは，まず，4つの等しいサイズのグループにプールされ，異なるDNA塩基（A, G, C, T）を1塩基合成する．その後，すべてのビーズは再混合され，また，4つのグループに分割され，別のDNA塩基を1塩基合成する．これを12回くり返すと，ビーズ上のDNAは，4^{12}パターンとなり12塩基のバーコードをもつようになる．一方で，バーコード配列を含んだオリゴDNAごとにDNAをランダムに組合わせて"split-and-pool"DNA合成法を使用する方法も使われている．図2Bはビーズに付着したDNAオリゴヌクレオチドにバーコード配列を組込むためのプライマー伸長反応による合成法を示す．この方法では，上記のランダムに作製した4^{12}のバーコードと異なり，

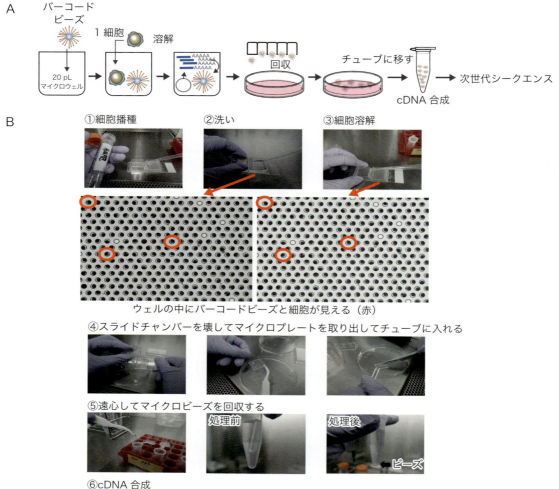

図1 Nx1-seq解析の手順

A) Nx1-Seq分析の概略図. **B**) 細胞播種（①）の前にバーコードビーズをすべてのウェルに入れる. 続いて細胞懸濁液を各PDMSマイクロウェル（約160,000ウェル）に乗せ, 重力によって細胞をウェルに沈降させる. 細胞播種プロセスは, ポアソン分布を使用して計算され, 1ウェルに細胞は2個入らないようにする. 続いて, PBSでウェルに入っていない細胞を洗い落とす（②）. 次に, 冷細胞溶解溶液を室温で10分間ウェルに入れ細胞を溶かす（③）. PDMSスライドを溶解液が入ったチューブに入れ, マイクロウェルからビーズを押し出すために遠心する（⑤）. 続いて, ビーズを洗浄, マイクロビーズに結合したmRNAをcDNAに変換する. 赤い矢印は, 1細胞を含むウェルを示す. 細胞溶解により細胞が消失する（**B**下段右：処理前, **B**下段左：処理後）.

シークエンスエラーによるバーコードの読み間違いを軽減できるのが特徴である.

上で述べた特異的プライマーは, UMI（unique molecular identifiers）[※1]配列およびdTを含むように設計されているが, TCRやIgGなどの遺伝子の任意の部分をトラップする場合は, 特定のプライマーのdT部分をTCRまたはIgGの挿入配列に変更して合成も可能である（**図2**に例）. このように特異的プライマーの種

> **※1　UMI**
> ユニーク分子識別子は, 分子タグを使用してユニークなmRNA転写産物を検出および定量するための配列.

表　バーコードビーズの種類と作成法

担体の種類	バーコード配列のパターン	多様性（通り）	合成法	引用論文など
ビーズ（10〜30μm）orハイドロゲル	12塩基	16,777,216	"split-and-pool" DNA合成法にて直接ビーズに1塩基ずつ付加	5
	12塩基	16,777,216	emPCR	12
	16塩基	理論的には4[12]	unknown	Chromium（10x Genomics社）
	8塩基384種類×9〜11塩基384塩基	147,456	"split-and-pool" DNA合成法にてオリゴDNAを付加	13, 14
	6塩基96種類×6塩基96種類×6塩基96種類	884,736	"split-and-pool" DNA合成法にてオリゴDNAを付加	15
	9塩基96種類×9塩基96種類×9塩基96種類	884,736	"split-and-pool" DNA合成法にてオリゴDNAを付加	Rhapsody（BD社）

類を増やすことによって，オリゴdTおよびTCRなどの配列を同時にビーズに挿入して測定することも可能である．

3 シングルセル遺伝子発現解析によるがん組織解析への適応

1細胞解析は，個々の細胞集団，さらには組織微小環境全体の多様性を解析でき，疾病における細胞間相互作用，特異的マーカー遺伝子の探索，薬物治療抵抗性の制御機構などの研究にとって非常に有用である．最近，われわれもヒトがん組織における多様性を1細胞遺伝子発現解析により調べた．新鮮ヒト子宮体がん組織から内膜側と筋層浸潤先端部側の2部位を同時にNx1-seq法により解析すると同時に，この組織中のがん細胞の多様性を詳細に調べるために，解析に使用した組織からがん幹細胞の特徴をもったSphere細胞[※2]（無血清非接着性培養）を樹立し，Nx1-seq分析を行った（図3A, B）[12]．一方，Sphere細胞を血清で培養する（Serum細胞）と細胞分化が促進され，Sphere細胞に比べて悪性度が低くなることから，この2種類のSphere細胞とSerum細胞を解析し，患者組織から直接単離，Nx1-seq解析したものと比較検討した．

> **※2　Sphere細胞**
> スフィア細胞は，プレート表面を特殊加工して上皮細胞が決して接着しない条件で，血清無添加培地に細胞成長因子のみを加えて，数週間培養して球状のコロニーを形成する細胞であり，幹細胞様性質を示す．

最初に，樹立したSphere細胞とSerum細胞がNSGマウスで in vivo 腫瘍形成に影響を与えるかどうかを調べ（図3C），Sphere細胞由来の皮下腫瘍形成はSerum細胞に比べて少数の細胞の移植で誘導され，Sphere細胞が高いがん増殖能を有することを確認した．続いてSphere細胞およびSerum細胞からの2,276個の細胞をNx1-seqによって分析した結果，両方の細胞型は非常に不均一であるとともに遺伝子発現も一部で異なっていた（図3D, E）．そのなかでもがん幹細胞に関与していることが知られているSOX2，THY1，MYC，ZEB1遺伝子は，Serum細胞と比較してSphere細胞においてより高いレベルで発現された．

一方で，新鮮ヒト子宮体がん組織からの内膜側と筋層浸潤先端部側の2部位から採取した3,217細胞をNx1-seq法により解析した結果，がん細胞や浸潤免疫細胞の多様性が両側で異なっていた．さらに両側で異なる遺伝子について調べたところ，細胞の分化や増殖に関与する遺伝子が内膜側で高かった．そのなかでも非常に差がある遺伝子発現は，がんの進展に関与することが知られているUCHL1，MGPであり，これは免疫染色でも同様の結果であった（図3F, G）．また，がん幹細胞（SOX2など）やEMT（ACTA2など）に関与している遺伝子も内膜側で高かった．これらの結果は内膜側が筋層浸潤先端部側に比べて非常に悪性度が高いことを示す．興味深いことに悪性度が高いがん細胞が多く存在した内膜側でT細胞の浸潤は少なかったが，逆に悪性度の低い筋層浸潤側でT細胞が多く観察された．このことから，がん細胞の特徴とT細胞の浸

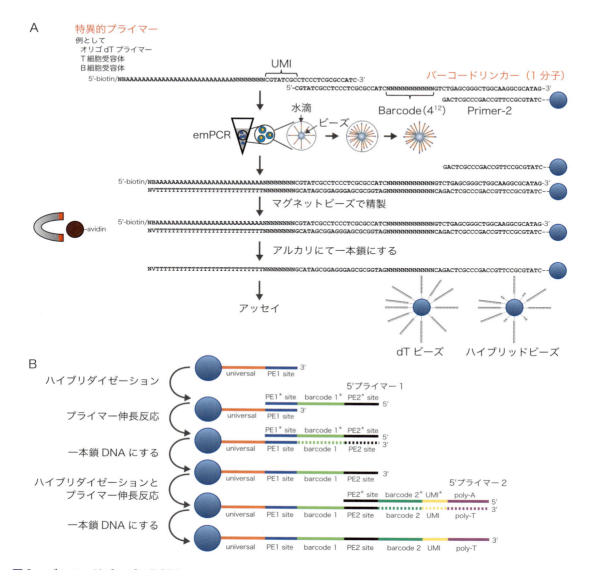

図2 バーコードビーズの作製法

A) emPCRによるバーコードオリゴヌクレオチド捕捉ビーズの作製．UMIを含むdTフォワードプライマーとバーコードリンカー1分子が単一の水滴に入る．また，特定のフォワードプライマーを使用して，TCRやIgGなどの結合部位の挿入配列を，捕捉ビーズに配置することができる．エマルジョンPCR後，磁気ビーズにてバーコードビーズを精製，次にバーコードビーズをExo Iで30分間処理した．最後に，アルカリ溶液でバーコードオリゴヌクレオチドを一本鎖にした．**B**) ビーズに付着したDNAオリゴヌクレオチドにバーコード配列を組込むためのプライマー伸長反応．ビーズ上にバーコード化プライマーを調製するために"split-and-pool"DNA合成法によりバーコード化が行われる．この方法はDrop-seqなどでは1塩基ごとに，iDrop法ではバーコード配列を含んだオリゴDNAごとにDNAをランダムに組合わせて調製する．図には2段階プライマー伸長反応を使用した合成法を示す．最初に，第一のバーコード化工程のために5'プライマー1（バーコードをコードする"barcode 1"と5'（PE1）と3'（PE2）に任意のアニーリング部位を配置している）を96/384ウェルプレートにあらかじめ入れておく．次に特定の配列（universal_PE1配列）を結合したビーズをこの5'プライマーが入ったウェルプレートに分注しハイブリダイゼーションを行い，続けてDNAポリメラーゼを用いて二本鎖伸長反応を行う．次に2鎖を一本鎖にするためにアルカリ処理を行う．ここでいったん，ビーズをすべて混合し，その後再び5'プライマー2が入った96/384ウェルプレートに分注する．次に第二のバーコード化工程のため"barcode 2"，オリゴdT，UMI（ランダムヘキサヌクレオチド）を含んだ5'プライマー2を前と同じように処理し，次のバーコード化ビーズを作製する．バーコードをさらに付加するときは5'プライマー1の反応を増やす．文献14より引用．

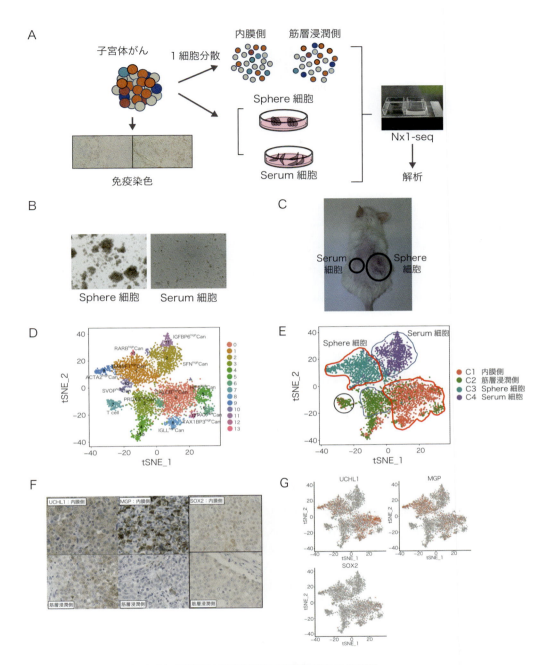

図3 子宮体がん組織の1細胞遺伝子発現の解析手順と子宮体がんの多様性
A) 患者検体から摘出した新鮮子宮体がん組織の内膜側と筋層浸潤先端部それぞれから細胞を分散し，Nx1-seqを行った．同時に新鮮子宮体がん組織からSphere細胞を樹立し，Nx1-seqにて解析した．B) Sphere細胞（スフェア培養）を1週間懸濁状態で培養し，その後付着条件に移したSerum細胞（血清培養）．C) 皮下移植部位でのSphere細胞の腫瘍原性．SCIDマウスに$1×10^2$細胞を移植したときのデータ．D) 組織から分離した細胞およびSphere細胞（培養細胞）の計5,943の細胞についてtSNEクラスタリング解析の結果を示す（解析細胞数：C1. 1,757, C2. 1,460, C3. 1,265, C4. 1,011細胞）．がん細胞12個，免疫細胞2個の計14個のクラスターに分類された．E) 組織から分離した細胞およびSphere細胞の分布．囲みはがん細胞を示し，赤囲みは悪性度が高い細胞集団，黒丸はT細胞．F) 内膜側／筋層浸潤先端部におけるUCHL1, MGP, SOX2の免疫染色．内膜側の細胞での発現が高い．G) UCHL1, MGP, SOX2のtSNE解析による分布．これらの遺伝子発現は内膜側のがん細胞ならびにSphere細胞で高い．

潤に関係があると予想された（**図3E**黒丸）．

次に，組織から単離し直ちに1細胞解析した細胞とSphere細胞ならびにSerum細胞を比較した．計5,943個の細胞についてtSNEで細胞の特徴をクラスター解析したところ，それぞれのライブラリーにおけるがん細胞集団は一致していなかった．このことは*in vivo*の状態にある細胞と*in vitro*の細胞状態が異なっていることを示す．しかしながら，一部の遺伝子についてはSphere細胞の性質が実際の組織の状態を示していると考えられる．**図3F**は内膜側で高発現しているUCHL1，MGP1，SOX2の免疫染色であり，実際のNx1-seq解析においてもSphere細胞と内膜側で発現状態が高いことと一致する．

これらの結果から，がん組織内の部位によっても細胞集団が異なっており，微小環境による変化が異なった細胞集団を形成し，それが病態に影響を与えていると考えられた．一方，組織から得られた培養細胞株はある程度*in vivo*の状態を表現していると考えられるが，培養の条件によってもダイナミックに遺伝子発現が変化し，研究において注意が必要である．

おわりに

個々の細胞の遺伝子変化を把握することは，複雑な組織と機能的応答について理解するために重要な方法であるが，今まで，1細胞分析は，細胞からライブラリーを調製する時間とコストによって制限されてきた．しかし，現在ではこれらの問題点が克服され1細胞の集合体から多くの知見を得ることが可能となった．さらに本稿で紹介したNx1-seqではプレートやマイクロビーズの入手が簡単にでき，研究者の都合に合わせてデバイスのサイズを変えることにより，数百〜数万細胞の測定にスケールアップすることができる．一方，Pollenらは，low coverageでも細胞の同定が可能であることを示している[3]が，実験の良し悪しを決定するのは細胞の分散である．サンプルの単離は，得られたときの状態によっても異なるが1細胞解析を成功させるためには細胞分散に伴う細胞の高生存率，細胞片（RNaseの含有率が高い）の低混入が必須であると言っても過言でない．加えて，冷凍，固定したサンプルではmRNAが壊れやすく注意が必要である．

最近では特定の細胞集団や全身組織におけるカタログ化も進んでいる[15)〜17)]．また，ゲノムや遺伝子発現などの異なった情報の統合も行われている[10) 18)]．一方，細胞の位置情報を明らかにしつつ1細胞遺伝子発現解析を観察できる手法の開発もなされている[19]．このように複合的な手法により今後さらに1細胞の状態や細胞間の相互作用が詳細に理解されると予想される．1細胞解析は，複雑な生物系における細胞の多様性への理解を劇的に変化させ，循環腫瘍細胞分析，免疫障害および感染症，免疫療法および予防接種，治療開発のモニタリングなど新たな臨床応用を解析するのに役立つと考えられる．

文献

1) Ren X, et al：Genome Biol, 19：211, 2018
2) Duncan KD, et al：Analyst, 144：782-793, 2019
3) Pollen AA, et al：Nat Biotechnol, 32：1053-1058, 2014
4) Treutlein B, et al：Nature, 509：371-375, 2014
5) Macosko EZ, et al：Cell, 161：1202-1214, 2015
6) Gierahn TM, et al：Nat Methods, 14：395-398, 2017
7) Hashimoto S：Adv Exp Med Biol, 1129：51-61, 2019
8) Jaitin DA, et al：Science, 343：776-779, 2014
9) Keren-Shaul H, et al：Nat Protoc, 14：1841-1862, 2019
10) Stuart T, et al：Cell, 177：1888-1902.e21, 2019
11) Becht E, et al：Nat Biotechnol：doi:10.1038/nbt.4314, 2018
12) Hashimoto S, et al：Sci Rep, 7：14225, 2017
13) Zilionis R, et al：Nat Protoc, 12：44-73, 2017
14) Klein AM, et al：Cell, 161：1187-1201, 2015
15) MacParland SA, et al：Nat Commun, 9：4383, 2018
16) The *Tabula Muris* Consortium：Nature, 562：367-372, 2018
17) Han X, et al：Cell, 172：1091-1107.e17, 2018
18) Uzbas F, et al：Genome Biol, 20：155, 2019
19) Rodriques SG, et al：Science, 363：1463-1467, 2019

＜著者プロフィール＞
橋本真一：東邦大学大学院薬学研究科前期課程，森永乳業（株），アリゾナ州立大学，東京大学大学院医学系研究科助手・助教，同学大学院新領域創成科学研究科特任准教授を経て，2010年から現職（金沢大学大学院医薬保健総合研究科特任教授）．現在，1細胞解析等，新たな技術開発により，がん，免疫炎症組織の多様性を観察し，がん細胞，免疫障害および感染症などの治療開発／診断など新たな臨床応用を展開できればと考えている．

第3章　技術開発

5. C1 CAGE法を用いた一細胞転写開始点解析

Jonathan Moody, 河野　掌, Andrew Tae-Jun Kwon, 柴山洋太郎, Chung-Chau Hon, Erik Arner, Piero Carninci, Charles Plessy, Jay W. Shin

シングルセルRNAプロファイリングは，細胞集団における個々の細胞の差異を明らかにするための強力なツールである．しかし，ほとんどのシングルセル解析法は，ポリアデニル化RNAの3′末端のみをターゲットとしているため，非ポリアデニル化RNAを捉えることができず，転写されたすべてのRNAの情報を得ることができない．われわれはRNAの5′末端を一細胞レベルで検出できるC1 CAGE法を開発し，ポリA鎖の有無にかかわらず，RNAを一細胞レベルで解析することに成功した．ここでは，C1 CAGE法を使い，肺がん細胞のTGF-βに対する反応に顕著な細胞不均一性を確認した例を報告する．

はじめに

シングルセルRNAシークエンシング技術は，不均一な細胞集団のなかでこれまで不明瞭であった細胞種を明らかにし，生物学的システムのさらなる理解に貢献している[1,2]．しかしながら，ほとんどのシングルセル解析法はRNAの3′末端を捕捉するため，転写開始点を同定することができない．RNAの5′末端を捕捉できれば，転写開始点[※1]を同定すると同時に，プロモーターやエンハンサー[※2]などの遺伝子発現調節エレメントを同定し，遺伝子発現メカニズムの解析が可能になる．CAGE法はRNAの5′末端を捕捉し，転写開始点を一塩基レベルの解像度で同定できる強力なツールである[3,4]．FANTOMコンソーシアムでは，CAGE法を用いてヒトの主要な細胞種と組織の転写開始点アトラスを作成すると同時に[5]，その解析過程でプロモーターとエンハンサーをゲノムワイドに同定した[6,7]．エンハンサーは遺伝子発現を調節し，多種多様な生物学

【略語】
CAGE：Cap Analysis of Gene Expression
EMT：epithelial to mesenchymal transition
eRNA：enhancer RNA
FANTOM：Functional Annotation of the Mammalian Genome
GO：gene ontology
smFISH：single molecule fluorescent *in-situ* hybridization
TGF-β：transforming growth factor beta
TSS：transcription start site

C1 CAGE detects transcription start sites at single-cell resolution
Jonathan Moody[1] /Tsukasa Kouno[1] /Andrew Tae-Jun Kwon[1] /Youtaro Shibayama[1] /Chung-Chau Hon[1] /Erik Arner[1] /Piero Carninci[1] /Charles Plessy[1,2] /Jay W. Shin[1]：RIKEN Center for Integrative Medical Sciences (IMS)[1] /Okinawa Institute of Science and Technology Graduate University (OIST)[2] (理化学研究所生命医科学研究センター[1] /沖縄科学技術大学院大学[2])

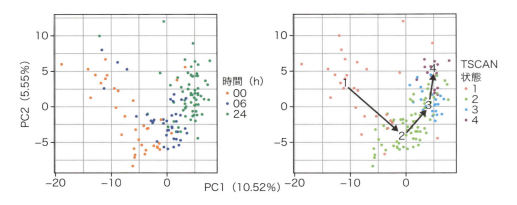

図1 TGF-β処理後の細胞の主成分分析（PCA）
TGF-β処理後，0，6，24時間後の細胞の主成分分析．要素による percentage of variance はかっこ内に表示．細胞はタイムポイントと状態で色分けした．文献13より引用．

的現象の過程で重要な役割を果たす[8)9)]．ゲノムのノンコーディング領域に高精度にマップされた自己免疫疾患関連バリアントの60％以上がエンハンサーに重なることからも[10)]，エンハンサーは疾患の複雑な発症機序に関与している重要な領域と考えられる．しかしながら，一細胞レベルのエンハンサー解析は，ほとんどなされていない．

エンハンサーは，双方向にみられるエンハンサーRNA（eRNA）の転写活性によって同定できるが，eRNAのほとんどは短く不安定で，ポリアデニル化されていない．しかし大多数のシングルセルRNAシークエンシング法は[11)]，逆転写にオリゴdTプライミングを用いるため，eRNAを含む非ポリアデニル化RNAを捕捉できない．以前，われわれのグループは，ナノグラムレベルという非常に少ないRNAサンプルからのCAGE解析を可能にするnanoCAGE法を開発した[12)]．nanoCAGE法では，テンプレートスイッチング法とランダムプライミングを組合わせ，ポリA鎖の付加に関係なく，ストランド特異的にRNAの5′末端を捕捉できる．今回われわれはnanoCAGE法をFluidigm社が提供するC1システム用にカスタマイズし，5′末端を捕捉することで，ポリアデニル化RNAと非ポリアデニル化RNAの両方を一細胞レベルで解析できるC1 CAGE法を開発し，eRNAの発現動態解析を可能にした．また，シングルセルRNAシークエンシングでは，バッチ効果も一般的な課題であり，データの生物学的解釈を混乱させる恐れがある．C1 CAGE法では，バッチ効果を軽減するため，細胞を2色の色素で標識し，細胞捕捉前にそれらの色の組合わせを可視化して確認できる初のアプローチを用いて，多重化する細胞サンプルを処理している．

われわれはC1 CAGE法を用いて，TGF-βの肺がん細胞（A549細胞）への影響を一細胞レベルで解析し，エンハンサーの発現動態について細胞の機能的な不均一性を確認した．

1 TGF-βへの反応でみられる細胞不均一性

われわれはC1 CAGE法を用いて，TGF-β処理後の肺がん細胞の転写開始点，プロモーター，およびエンハンサーの活性を経時的に測定した．直接的に制御される転写開始点を同定するために，擬似的時系列解析（pseudotime analysis）を行った結果，細胞は4つの異なる擬時間状態（pseudotime states）に分類された（図1）．TGF-βは，上皮間葉転換（EMT：epithelial to mesenchymal transition）によるがんの進行，およ

※1 転写開始点
遺伝子配列の5′末端で，DNAをテンプレートとしてRNAが合成される始点．

※2 エンハンサー
DNAの短い領域（50〜1,500 bp）で，アクティベータータンパク質が結合することにより，特定の遺伝子発現が促進される．

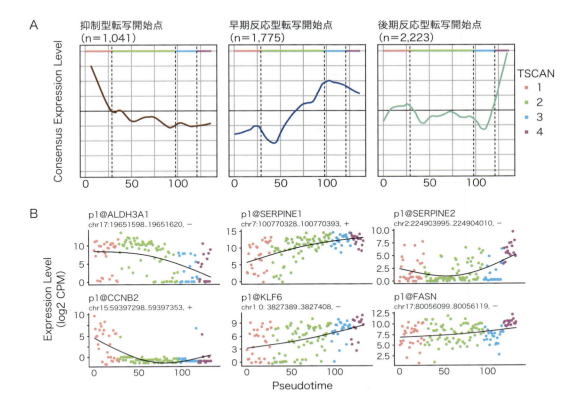

図2 TGF-β処理による転写開始点の共発現モジュール
TGF-β処理後の転写開始点の反応をクラスター化し，抑制型転写開始点，早期反応型転写開始点，および後期反応型転写開始点に分類した．**A**）モジュール内の全転写開始点のconsensus expression level．**B**）例として選択された転写開始点のlog2発現．文献13より引用．

び胚発生を促進するシグナル伝達分子である[14) 15)]．これらの擬時間状態の生物学的関連性を確認するため，2つのEMTマーカー遺伝子，*ALDH3A1* および *SERPINE1* の発現レベルを可視化したところ，TGF-β処理0〜24時間後の発現レベルに明らかなシフトが認められ，関連性を確認することができた（**図1**）．

次にわれわれは，これらの擬時間状態間で同時に制御されている転写開始点を，転写開始点の共発現モジュールとしてクラスタリングし，TGF-βの活性によって発現に顕著な変化を示した遺伝子について，抑制型転写開始点，早期反応型転写開始点，および後期反応型転写開始点の共発現モジュールを確認した（**図2**）．これらの転写開始点共発現モジュールの生物学的背景を理解するため，各モジュールにおける転写因子結合モチーフおよび遺伝子オントロジー（GO）のエンリッチメント解析を行ったところ，抑制型モジュールは，DNAの複製と細胞周期に関連したGO用語にエンリッチされていた．例えば，発現が抑制された遺伝子には，細胞周期の停止を促進する過程においてTGF-β経路と相互作用することが知られている *CCNB2*[16)] およびA549細胞の増殖に影響を及ぼすことが知られている *ALDH3A1*[17)] が含まれる．抑制型モジュールの転写開始点は，擬時間状態1でより発現率が高くみられたが，これはTGF-βにより誘導される細胞周期の停止をまだ完全に受けていない細胞をあらわしている可能性がある．

早期反応型および後期反応型のモジュールでは，TGF-βのトランス活性化を介して細胞増殖を抑制することが知られている *KLF6*[18)] および *SERPINE1* や *FASN* などのEMTマーカー遺伝子を含む，canonicalなTGF-βシグナル伝達経路の関連遺伝子がみられた．TGF-βはEMTに至る重要なシグナル伝達経路の1つ

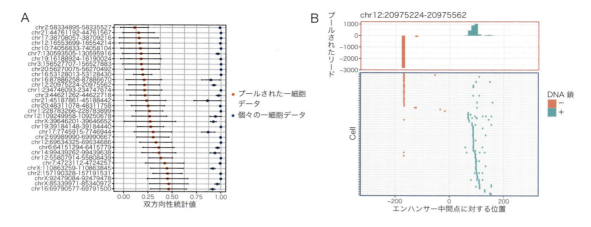

図3　エンハンサーの双方向性発現
バルクデータまたはプールされた一細胞データでは，双方向に転写されているように見えるが，一細胞データではほとんどが一方向の転写を示した．**A**）発現したエンハンサーの双方向性統計値（0：同程度に双方向へ転写，1：一方向への転写）．赤：プールされた一細胞データ，青：個々の一細胞データ．**B**）例として，1つのエンハンサーをピックアップしたデータ．上：プールされたリード，下：個々の細胞のリード．文献13より引用．

であり，いくつかの研究ではTGF-βシグナルの上昇を，がんの進行および転移におけるEMTの重要なエフェクターと位置付けている[14)15)19)]．

TGF-βへの反応における機能的不均一性をさらに詳しく調べるために，われわれはTGF-β処理の24時間後に採取したサンプルににについて，擬時間状態3と4を比較した（**図1**）．早期反応型および後期反応型のモジュールの転写開始点について遺伝子セットエンリッチメント解析を行った結果，状態4において有意に活性化された多数の遺伝子セットを発見し，これには上皮間葉転換も含まれていた．これは，TGF-β処理24時間後に採取された細胞に，2つの異なる状態が存在していることを示唆している．興味深いことに，これまでの研究では，第2の状態は細胞間接触のようなより明確な形態学的変化であり，10〜30時間後に起こると示唆されている[20)]．今回，C1 CAGE法を用いることによって，擬似的時系列解析から新たな状態を推定し，TGF-β処理に対して異なるタイミングで変化をはじめる細胞が存在することを明らかにできたが，従来の3時点におけるバルク解析法では発見が難しかったであろう．

2 一細胞レベルにおけるeRNAの検出

次にわれわれは，C1 CAGEを用いたeRNA発現の検出を試みた．FANTOMは以前，双方向への転写がエンハンサーの活性と関連していることを報告した[6)]．今回，プールされたC1 CAGEデータセットおよびバルクCAGEデータセットの両方で，エンハンサーに双方向性の転写がみられ，活性化されたエンハンサーにおけるeRNAの転写がC1 CAGEによって検出できることを確認した．

さらに，一細胞レベルにおけるeRNA発現の双方向性を詳細に調べるために（**図3**），エンハンサーごとに0から1のカスタムスコアを用いて双方向性を定量化した．スコア0は完全にバランスのとれた双方向性をあらわし，スコア1は完全な一方向性をあらわす．われわれはプールされた一細胞データから計算された双方向性スコアに基づいて，確実に双方向に転写され，複数の一細胞データにおいて最も幅広く高い発現率を示すエンハンサー遺伝子座を32個選択した．興味深いことに，われわれが個々の細胞から計算したこれらの遺伝子座の双方向性スコアを調べたとき，大部分の細胞における遺伝子座の大多数は0.9より高いスコアを示した（**図3**，1つのエンハンサーについての詳細は**図3B**に示す）．この結果より，プールされた一細胞

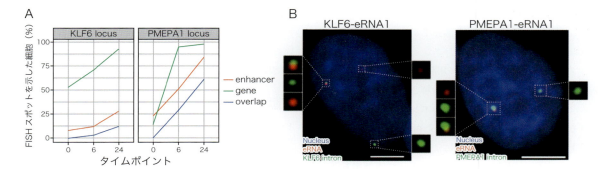

図4　FISHによる転写開始点とエンハンサーのオーバーラップ
A）スポットを示した細胞の割合．gene：イントロン部分のRNA，enhancer：eRNA，overlap：KLF6とPMEPA1遺伝子座におけるオーバーラップ．B）FISHにより検出されたイントロン部分のRNAとeRNA．Bar＝5μm，n＝100 per time point．文献13より引用．

データでは，eRNAは双方向に転写されるように見えるが，個々の細胞では一方向に転写されていると考えられる．

また，検出されたほとんどのエンハンサーの発現は，ごく一部の一細胞に限定されていることも確認された．これは，基本的にeRNAの発現量が低く検出できていないか，もしくは集中的に発現する性質があるかのいずれかに起因すると考えられる．

一細胞におけるエンハンサー発現の特徴を定量化するために，われわれはエンハンサーについてのGini係数を計算し，タンパク質コードプロモーターのそれと比較した．その結果，エンハンサーおよびタンパク質コードプロモーターの両方が高いGini係数を示した．これは，一細胞発現データがまばらなためかもしれない．さらに，エンハンサーはGini係数1付近でより高い密度を示した．これは，エンハンサーは転写バーストで発現されるプロモーターと同様に発現するが[21)22)]，バーストが起こる細胞数が少ないため，バルクRNAプロファイリングにおける総細胞集団によって平均化されることを示唆している．

3　smFISHによる可視化

次にわれわれは，C1 CAGEの一細胞レベルでのeRNA検出能力を実証するため，smFISH[23)24)]を用いて，TGF-β処理したA549細胞における転写産物の経時的発現を可視化した．ターゲットには，経時的に発現変化を示す既知のTGF-β応答遺伝子，*KLF6*および*PMEPA1*に近接する2つのエンハンサーを選択した（*KLF6*-eRNA1，chr10：3929991-3930887，*PMEPA1*-eRNA1，chr20：56293544-56293843）．その結果，eRNAの発現は主に核内に限定され，そのエンハンサーを保有する染色体のコピー数以上の発現は示されなかった．これらの結果により，eRNAは発現コピー数が少ないこと，また，転写された部位またはその近くに留まることが示唆された．近傍の遺伝子転写の可視化は，イントロン部分（nascent RNA）での発現のみをターゲットとすることによって達成された．eRNAスポットと近傍のnascent RNAスポットの共局在は，同じ対立遺伝子からのエンハンサーとタンパク質コード遺伝子の共発現を示唆していると考えられる．興味深いことに，TGF-β処理された細胞において，近傍のタンパク質コード遺伝子のnascent transcriptionは，タンパク質コード遺伝子と近傍のeRNA両方の共発現の増加を示したエンハンサーと同様の発現動態を示した（図4）．さらに，*KLF6*-eRNA1と*PMEPA1*-eRNA1について，共局在化が時間依存的に増加すること，また，共局在スポットを有する核の数が時間依存的に増加することを確認した．TGF-β処理をしていない細胞では，エンハンサーとプロモーターの両方に発現レベルの変化はなく，共局在化スポットもみられなかった．

これは，エンハンサーの活性とそのエンハンサーが近傍のプロモーターに作用するときの活性が，刺激依

存的に同時に起こっている可能性を示唆している．しかしながら，転写部位の大部分でeRNAの発現はみられなかった．この原因には，エンハンサーからの転写とプロモーターからの転写の間に遅れが生じ，その間にほとんどのeRNAが急速に分解された可能性が考えられる．また，近傍にある他のエンハンサーが標的プロモーターに対して影響を与えた可能性も考えられる．以上のように，C1 CAGEによる一細胞レベルでのエンハンサーの発現を，smFISHによって実証することができた．

おわりに

われわれはC1 CAGE法を用いることによって，A549細胞のTGF-βに対する反応の過程で，直接的に制御されるプロモーターとエンハンサーを一細胞レベルで明らかにすることに成功した．また，TGF-βの刺激に対する反応の差異から，細胞をクラスター化することができた．さらに，一細胞レベルにおけるエンハンサーの転写ダイナミクスを確認した．これまでエンハンサーは，バルクデータにおいて，バランスのとれた双方向性の転写を示すと考えられていたが[6]，今回われわれは，この特徴が，個々の細胞の一方向性の転写から生ずることを示唆した．また，eRNAはバルクデータでは発現量が低いように見えるが，一細胞レベルで見た場合，より限定的な細胞集団でしか発現していないにもかかわらず，プロモーターと同程度に発現している可能性（transcriptional bursting）を今回はじめて示した．

C1 CAGE法は，ドロップレット技術を用いて一細胞レベルで細胞を捕捉し，大量の一細胞プロファイリングに使うことができる．また，ドロップレット技術は，イメージング技術には対応していないが，対応できる細胞サイズの幅が広く，より高いスループット能力を有し，さまざまな解析に応用可能である．C1 CAGE法により解析可能な，5′末端にフォーカスしたアトラスは，さまざまな生物学的システムにおけるプロモーターとエンハンサーの発現調節メカニズムの理解に役立つ．

文献

1) Trapnell C：Genome Res, 25：1491-1498, 2015
2) Wagner A, et al：Nat Biotechnol, 34：1145-1160, 2016
3) Shiraki T, et al：Proc Natl Acad Sci U S A, 100：15776-15781, 2003
4) Carninci P, et al：Nat Genet, 38：626-635, 2006
5) Forrest AR, et al：Nature, 507：462-470, 2014
6) Andersson R, et al：Nature, 507：455-461, 2014
7) Hon CC, et al：Nature, 543：199-204, 2017
8) Lam MT, et al：Trends Biochem Sci, 39：170-182, 2014
9) Li W, et al：Nat Rev Genet, 17：207-223, 2016
10) Farh KK, et al：Nature, 518：337-343, 2015
11) Picelli S：RNA Biol, 14：637-650, 2017
12) Plessy C, et al：Nat Methods, 7：528-534, 2010
13) Kouno T, et al：Nat Commun, 10：360, 2019
14) Massagué J：Cell, 134：215-230, 2008
15) Ikushima H & Miyazono K：Nat Rev Cancer, 10：415-424, 2010
16) Liu JH, et al：Oncogene, 18：269-275, 1999
17) Moreb JS, et al：Mol Cancer, 7：87, 2008
18) Botella LM, et al：Biochem J, 419：485-495, 2009
19) Heldin CH, et al：FEBS Lett, 586：1959-1970, 2012
20) Schneider D, et al：Biochim Biophys Acta, 1813：2099-2107, 2011
21) Bahar Halpern K, et al：Mol Cell, 58：147-156, 2015
22) Suter DM, et al：Science, 332：472-474, 2011
23) Femino AM, et al：Science, 280：585-590, 1998
24) Raj A, et al：Nat Methods, 5：877-879, 2008

<筆頭著者プロフィール>
Jonathan Moody：University of Leicesterにて学士，Imperial College Londonにて修士，University of Edinburghにて博士課程を修了．現在，理化学研究所生命医科学研究センター ゲノム情報解析チーム（チームリーダー：Dr. Chung Chau Hon）にて，バイオインフォマティクスに従事．一細胞データと5′末端シークエンシング技術を使い，遺伝子制御ネットワークを研究している．

第3章 技術開発

6. マイクロバイオームのシングルセル解析

細川正人，小川雅人，竹山春子

> マイクロバイオームのメタゲノム解析では，種組成や全遺伝子組成などの微生物集団の全体像を捉えることができる．シングルセルゲノム解析は，微生物の個別ゲノムを明らかにし，その注目すべき微生物の役割，遺伝子の特徴を整理して理解することができる．現行のシングルセルゲノム解析は，動物細胞を対象とするものが主流であるが，近年では微生物に適合した技術が開発されている．本稿では，最近のメタゲノム解析の動向に触れながら，マイクロバイオーム研究におけるシングルセルゲノム解析の活用の可能性について考察する．

はじめに

　現在，ヒトの健康・疾患とヒトマイクロバイオームとの関係に注目した研究が世界各地で進められており[1)2)]，日々多くの研究論文が発表されている．過去10年の間に，マイクロバイオームに関連する年間論文数は10倍以上になり，2018年は年間1万報以上の論文が報告がされている（PubMed検索ヒット数より）．次世代シークエンサー（NGS：next-generation sequencer）により，塩基配列決定コストが低減し，大規模データが取得できるようになったことで，多種多様なマイクロバイオームの菌種・機能の解析が実現されてきた．本稿では，NGS活用によるメタゲノム解析技術を用いたマイクロバイオーム研究の動向に触れながら，微生物を対象としたシングルセルゲノム解析技術が，従来のメタゲノム解析と比較してどのような利点，将来の可能性をもつのか紹介する．

1 マイクロバイオーム解析における微生物リファレンスゲノムの必要性

　微生物のゲノム解析法の主流は，分離培養した微生物株の個別ゲノム解析である．分離培養は，分析試料を大量に調達することで分析精度が高まるだけでなく，微生物株自体を資源として活用できる利点があるが，株の維持管理に膨大なコストを要する．このため，一時的な分析を目的とする研究では，単離培養をスキップした破壊的分析法がとられることが多い．微生物コミュニティから抽出したメタゲノムDNAには，多種の微生物情報が混在する．これを分析する方法には，メタ16S解析と（ショットガン）メタゲノム解析があ

[略語]
MAG：metagenome-assembled genome
MDA：multiple displacement amplification
SAG：single amplified genome

Single-cell resolution microbiome analysis
Masahito Hosokawa[1)2)]/Masato Kogawa[3)4)]/Haruko Takeyama[1)3)4)]：Waseda Research Institute for Science and Engineering, Waseda University[1)]/bitBiome, Inc.[2)]/Faculty of Science and Engineering, Waseda University[3)]/CBBD-OIL, AIST-Waseda University[4)]（早稲田大学理工学術院総合研究所[1)]/bitBiome株式会社[2)]/早稲田大学理工学術院[3)]/産総研・早大CBBD-OIL[4)]）

表1　MAG/SAGの品質評価基準および最小必要情報[7]

評価	アセンブリ精度[*1]	完全性[*2]	冗長性[*2]	補足
finished	ギャップや曖昧さを含まない単一の連続配列であること．Q50以上のエラー率であること．			この精度に達するには，手動での配列キュレーションが必要とされる．
high-quality draft	複数の配列断片から構成される．5S, 16S, 23S rRNA遺伝子と少なくとも18個のtRNAの存在が認められること．	90％超	5％未満	ゲノム配列の完全性に加え，生物として備えるべきrRNA, tRNA情報などが備わっていることが条件．
medium-quality draft	多くの配列断片から構成される．	50％以上	10％未満	
low-quality draft	多くの配列断片から構成される．	50％未満	10％未満	

[*1]公開データベースへの提出時には，N50, L50, 最大のコンティグ長，コンティグの数，アセンブリサイズ，そのアセンブリへのマップ率の割合，およびゲノムあたりの予測遺伝子の数などもアセンブリ評価の補足として付け加える．さらに，サンプル等に関するメタデータを含むことが求められる．[*2]完全性：データから1コピーで観察されたシングルコピーマーカー遺伝子の比率．冗長性：2コピー以上で観察されたシングルコピーマーカー遺伝子の比率．CheckMなどのソフトが用いられる．

る．メタ16S解析では，16S rRNA遺伝子の可変領域をユニバーサルPCRプライマーで一括増幅し，当該領域の塩基配列から菌種の特定，菌種組成解析を実行する．メタゲノム解析では，多様な微生物由来の全DNAを直接配列解読し，コードされる遺伝子領域の特定，代謝機能の推定などを実行する．これらの種・機能推定を行ううえで重要なのは，リファレンスとなる微生物ゲノム情報の存在である．

例えば，ヒト腸内細菌は最も研究されている微生物環境の1つであり，他環境に比べリファレンスゲノムが比較的充実しているが，いまだ多くの細菌種にはゲノム情報が欠けている．この問題への取り組みとして，中国のBGI-Shenzhen[3]やイギリスのWellcome Sanger Institute[4]を中心とする研究グループが，ヒト糞便由来の腸内細菌の単離培養株を網羅的にシークエンスし，数百種の新種の培養細菌コレクションを拡充している．彼らの追加したリファレンスゲノム情報により，メタゲノムシークエンスリードのマッピング率が20〜30％向上したことが報告されている．しかし，こうした培養コレクション数の蓄積が進んでいても，ヒト腸生態系内だけでも，分類されていない多様な微生物が依然として残されている．各種疾患と腸内細菌の関わりにおいては，株レベルでのゲノム構造の微細な差が重要なことがわかってきており[5]，より多くの個別ゲノム解析が求められている．ヒト腸内環境以外の土壌や海洋の微生物については，未知の微生物が圧倒的に多く，99％以上が未培養性微生物といわれており，培養アプローチによるリファレンスゲノム拡充には限界がある．

2　リファレンスゲノム獲得に向けたメタゲノム・シングルセルゲノムの活用

1）メタゲノム解析

単離培養することなく計算的アプローチによりリファレンスゲノムを得る方法にメタゲノムビニングがある[6]．メタゲノムのシークエンシングリードから*de novo*アセンブリによりコンティグをつくり，次にヌクレオチド頻度・存在量に基づいて，単一種由来と推定される配列群を分類し，metagenome-assembled genome（MAG）とする．MAGの品質評価については，ゲノム標準コンソーシアム（GSC；Genomic Standards Consortium）によって定められた4段階の評価がある（**表1**）[7]．ゲノム配列としての完全性と冗長性（シングルコピーのマーカー遺伝子の存在によって評価），コンティグの連続性，rRNA, tRNAの存在などの項目から評価される．

近年では，公共データベースに登録されたヒトマイクロバイオームのメタゲノム情報を集約してメタ解析し，ホストの民族的背景・社会的背景を考慮した横断的なMAGデータを取得する研究例が相次いでいる（**表2**）[8]〜[10]．メタゲノムビニングは，データが量的・質的に充実するほど，精度の高いゲノム情報を大量取得

表2 大規模MAG取得例

評価	メタゲノムデータの内容	総MAG数 *medium-quality以上	総微生物種系統数	新規微生物種	データ品質に関する補足
Pasolli et al. Cell, 2019[10]	多様な国，複数の身体部位（口腔，皮膚，腟，便）にまたがる46データセット 9,428個の公共メタゲノムデータ ※日本由来データは含まれない	154,723個	4,930種	3,796種	medium-quality以上の総MAGの7.4％が16S rRNA遺伝子（500 bp以上をカウント）を含む．
Nayfach et al. Nature, 2019[9]	多様な国にまたがる3,810個の腸内細菌メタゲノムデータ ※日本由来データは含まれない	60,664個	4,558種	2,058種	全MAG（16万個）中の2％が全長の5S, 16S, 23S配列をもつ．データの半数は部分的な16S配列も含まない．
Almeida et al. Nature, 2019[8]	75の研究例からなる11,850個の腸内細菌メタゲノムデータ ※日本由来データが一部含まれている	92,143個	—	1,952種	論文中でnear-completeと定義される3.9万個のMAG中の0.4％が90％以上の遺伝子長の5S, 16S, 23S配列を有する．2.7万個に16S配列データ自体が存在しない．

できる可能性が高まる．しかし，MAGの存在比は，試料中の微生物（ゲノム）の存在比を反映するため，希少な微生物由来のデータが取得されにくい．また，多様性が高い微生物試料ほど，ビニングの計算が複雑になり，読み取り深度を多く必要とする．直近の研究例で得られている数万個のMAGでは，微生物系統分類の推定に必要な16S rRNA遺伝子が全長で獲得できているものが数％しかなく，半数以上で16S配列自体が含まれていない（**表2**）．これは，現在最も汎用的に用いられているメタ16S解析のリファレンスとして活用できるMAGがきわめて少ないことを意味する．腸内環境よりも多様性の高い土壌や海洋などのサンプルを取り扱う場合には，この課題はより一層顕在化することになる．

2）シングルセルゲノム解析

メタゲノム解析の欠点を補う可能性をもつ方法としてシングルセルゲノム解析がある．シングルセルゲノム解析では，1つの細胞に由来するゲノムDNAを増幅し，シークエンスを実行する．こうして得られる配列情報をsingle amplified genome（SAG）とよぶ．SAGは，原理的には，得られたすべての遺伝子情報が選別した細胞に由来するため，シークエンスリードのビニング処理などを必要とせず，比較的容易にゲノム決定を行うことが可能である．ターゲットを単離することができれば，サンプル中の存在比が小さい微生物種からゲノム情報を取得することもできる．ただし，

現在のところ，マイクロバイオーム研究に適合したシングルセルゲノミクス試薬およびキットで市販化されたものがない．米国のBigelow海洋科学研究所では，主に海洋微生物のサンプルを受け入れ，シングルセルゲノミクス解析を受託で実施している[11]．こちらのセンターでは，顧客が送付するサンプルから，フローサイトメトリーを用いた微生物1細胞ソーティング，1細胞からの全ゲノム増幅，シークエンスまでを行い，*de novo*アセンブリおよび機能アノテーションされたデータ提供をすることをサービスとしている．日本では，筆者らが多様な微生物のシングルセルゲノム解析を提供するベンチャーを立ち上げている（詳細は後述する）[12] [13]．

3 マイクロバイオームのシングルセル解析の課題

マイクロバイオーム研究で，いまだシングルセルゲノム解析が積極的に用いられていない理由の1つは，手法自体の困難さによる部分が大きい．細菌ではゲノムDNA自体がヒト細胞の1,000分の1程度に微量であり，反応環境へのわずかなDNA断片のコンタミネーションも許されない．DNA断片のコンタミネーションは，SAG中での目的ゲノム配列との混在やシークエンスデータの占有による目的ゲノムの完全性低下など，さまざまな面でSAG精度の低下の原因となっており，

これまで報告されているSAGの多くはlow-quality SAGに該当するものである．このため，全作業工程がクリーンな実験環境で遂行されることが求められる．多岐にわたる微生物種からロスなくDNAを抽出した後，ゲノムDNA全域を増幅する必要があり，大量のSAGを高品質に取得するにはスループット性も要求される．このように，マイクロバイオームのシングルセル解析には，非常に高いハンドリング技術が求められる．実質的には，従来のプレートスケールの反応方式で，運よく得られた汚染のないSAG同士を統合し，高品質SAGとして情報を得るか，汚染を含む状態でゲノムから機能解析をしている実施例が多く，根本的な課題解消を実現する技術は登場していない．近年では，DNA断片のコンタミネーションを避けるために，マイクロ流体デバイス等を反応環境として用いる例が報告されている[14)15)]．これらは，精度やスループット性の高さを謳っているが，実情としては先にあげたMAG研究例に比べて量・質ともに圧倒的に劣っており，ゲノムの完全性が非常に低いため，リファレンスゲノムとしての実用性に欠けている．

4 精度・スループットを改善した実効性のあるシングルセル解析へ

シングルセルゲノム解析では，微量なゲノムの増幅反応が必須であり，その精度やスループットの面で課題がある．全ゲノム増幅で一般的に用いられるMDA法（multiple displacement amplification）では，低温条件下での非特異的アニーリングに起因してランダムにキメラ配列が増幅される．キメラ配列は正確なゲノムアセンブリを阻害するため，特にゲノム未知の微生物を対象としたシングルセル解析において大きな課題となる．このキメラ発生とコンタミネーション抑止という課題を解決するべく新規シングルセル解析手法がさまざまな研究者によって提案されている．そのなかで，筆者らも同様にこれまでいくつかの実験およびデータ解析手法の開発に取り組んできた．

1）コンタミネーションのないシングルセルゲノム解析

まず，高精度かつ高スループットなマイクロバイオームシングルセルゲノム解析の達成に向けて，筆者らはマイクロドロップレットを用いた新たなシングルセルゲノム増幅手法，sd-MDA（single droplet MDA）を開発した[12)]．本法では，一般的に用いられるゲノム増幅手法であるMDA法の反応液を大量の微小液滴（ドロップレット）に変換する．本法のはじめのステップでは，マイクロ流体デバイスを用いて，微生物懸濁液と細胞溶解液を混合したドロップレットを作製する（図1）．このとき，微生物懸濁液の濃度をドロップレットあたり1細胞以下に設定することで，シングルセルがドロップレットにランダムに封入された環境をつくり出す．微生物はドロップレット内部で溶解し，DNAが液滴内部に溶出する．続いて，微生物DNAを含む第一のドロップレットに対し，MDA試薬を含む第二のドロップレットを融合させて，各ドロップレット内でシングルセルゲノム増幅を行う．毎秒およそ200組の高速なドロップレット融合を行い，一度のsd-MDA実験で数万〜数十万の微生物ゲノムの超並列増幅が可能である．本手法では，シングルセルの封入から全ゲノム増幅反応までをピコリットルサイズの微小空間内で完結できるため，実験環境からのコンタミネーションやサンプル間のクロスコンタミネーションを効果的に抑制できる．本技術を活用し，これまでマウス腸内細菌や土壌細菌に由来するSAGを取得し，新規細菌と推定されるゲノム配列を複数獲得している．本技術は，近年開発されているシングルセル解析技術[14)15)]よりも優れた完全性を有するSAGを大量に獲得することができ，旧来のフローサイトメトリーとマイクロプレートを用いた反応法[16)]より，歩留まりよく効率的なデータ取得が可能である（図2）．

2）SAGからのキメラ除去と情報統合

ウェットツールに加えて，多数のキメラ配列を含むSAGから高精度な微生物ドラフトゲノムを構築するための解析ツールccSAG（cleaning and co-assembly of single-cell amplified genomes）も開発している[13)]．本ツールでは，同株微生物由来の複数のSAGをサンプル群から選び，当該SAGの*in silico*での相互比較によって，ゲノム増幅時に生じるキメラ配列を含むランダムなエラー配列を検出し，各SAGをリードレベルでクリーニングする．続けてクリーニングしたSAGのco-assemblyを行い，各SAGで欠落したゲノム領域を互いに補完した代表ドラフトゲノム配列を構築する．大腸菌および枯草菌SAGを用いた機能評価では，

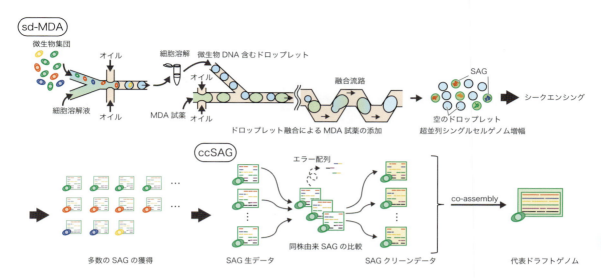

図1 sd-MDAとccSAGを組合わせた高精度シングルセルゲノム解析のワークフロー
微生物集団をマイクロ流路内でシングルセルレベルでドロップレットへと分離し，ドロップレット内でDNA抽出とMDAを実行する（sd-MDA）．シークエンスデータ（SAG）は微生物ごとに仕分けられて多数手に入るが，キメラを多く含み，完全性に欠ける．16S rRNA遺伝子などのマーカーを指標に，同一種に由来するSAGをグルーピングし，相互参照して共通性の高い代表配列だけを取り出す（ccSAG）．この工程でキメラを除いたドラフトゲノムが得られる．文献12および13をもとに作成．

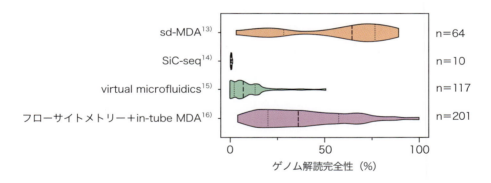

図2 微生物のシングルセルゲノム解析におけるゲノム解読完全性の比較
筆者らのsd-MDA法と，近年開発されたシングルセルゲノム解析手法であるSiC-seq法，virtual microfluidics法のほかに，従来のフローサイトメトリー単離とマイクロプレートを活用した方法を比較している．リファレンスゲノムとして活用するにはmedium-quality以上の質が望ましいが，多くの方法では取得が困難であるがsd-MDAは歩留まりがよい．ただし，各研究で対象サンプルが異なることには注意されたい．

ccSAGで6個以上のSAGを統合して構築したドラフトゲノムでは，培養微生物集団から取得したゲノム情報と同等の精度をもつことを示している．本ツールを環境細菌に応用した実例として，上記のsd-MDAで取得したマウス腸内細菌SAGに対してccSAG解析を行うことで，high-qualityおよびmedium-qualityドラフトゲノムを複数獲得できることを報告している．さらに高精度化したSAGを比較解析することで，未培養の腸内細菌遺伝子上のSNPsなどを1細胞レベルで検出することができる．本技術は，腸内・環境マイクロバイオームの解析のみならず，微生物培養時の変異株の発生・進化追跡などにも応用が可能であろう．

おわりに

　筆者らが開発したsd-MDAとccSAG解析を組合わせた実験フローは，これまでの微生物シングルセルゲノム解析の課題に総合的に対処した実践的なシングルセル解析技術として，マイクロバイオーム研究へ活用できるものである．従来のシングルセル解析法と比較し，汚染リスクが排除されていることでmedium-quality以上のSAGを高頻度に獲得できるようになっている．腸内微生物の解析例では，得られたSAGの70％以上で16S rRNA遺伝子が全長で獲得できることを確認している[17]．このため，従来のメタ16S解析で得られていた知見をもとに，標的細菌の株レベルでの系統詳細や機能詳細を深掘りし，知見を広げることが可能である．さらに，直近の技術改良では，グラム陽性細菌を含む多様なサンプルに適応した大規模シークエンス手法が完成しており，近く報告する予定である．また，シングルセルレベルで微生物が保有するプラスミドを特定することも可能であり，メタゲノム解析で配列を帰属させるよりも，1細胞単位で直接的な情報を獲得できる点が強みである．しかしながら，シングルセルゲノム解析には，ウェット・ドライの多様な技術を統合的に実施できる設備環境が必要であり，その煩雑さが導入の障壁になっている．そこで，多くの研究者にマイクロバイオームのシングルセルゲノム解析にアクセスしていただくことを目的とし，研究開発ベンチャー企業bitBiome社を2018年に創業した．bitBiome社ではシングルセルゲノム解析をサービスとして広く提供し，メタ16S，メタゲノム解析と補完的に情報を組み合わせ，マイクロバイオーム分野に新たな切り口をもたらすことを目的としている．各種疾患とヒトマイクロバイオームとの関連を紐解く医学研究や，微生物の進化や環境の理解などの基礎研究まで，幅広くシングルセルゲノム解析が活用されることを期待している．

文献

1）Helmink BA, et al：Nat Med, 25：377-388, 2019
2）Yachida S, et al：Nat Med, 25：968-976, 2019
3）Zou Y, et al：Nat Biotechnol, 37：179-185, 2019
4）Forster SC, et al：Nat Biotechnol, 37：186-192, 2019
5）Zeevi D, et al：Nature, 568：43-48, 2019
6）Kang DD, et al：PeerJ, 3：e1165, 2015
7）Bowers RM, et al：Nat Biotechnol, 35：725-731, 2017
8）Almeida A, et al：Nature, 568：499-504, 2019
9）Nayfach S, et al：Nature, 568：505-510, 2019
10）Pasolli E, et al：Cell, 176：649-662.e20, 2019
11）Stepanauskas R, et al：Nat Commun, 8：84, 2017
12）Hosokawa M, et al：Sci Rep, 7：5199, 2017
13）Kogawa M, et al：Sci Rep, 8：2059, 2018
14）Lan F, et al：Nat Biotechnol, 35：640-646, 2017
15）Xu L, et al：Nat Methods, 13：759-762, 2016
16）Rinke C, et al：Nature, 499：431-437, 2013
17）Chijiiwa R, et al：bioRxiv：doi: https://doi.org/10.1101/784801, 2019

<著者プロフィール>

細川正人：早稲田大学理工学術院総合研究所次席研究員（研究院講師），bitBiome社取締役CSO．博士（工学）．日本学術振興会特別研究員DC2（2008年），PD（'10年），JSTさきがけ研究者（'15年）を務める．さきがけ研究の成果をもとに，bitBiome株式会社を2018年に創業し，新規技術の社会実装をめざす．

竹山春子：早稲田大学理工学術院教授（2007年4月より），ナノ・ライフ創新研究機構規範科学総合研究所所長，産総研・早大CBBD-OILラボ長，マリンバイオテクノロジー学会会長．主な研究領域はマリンバイオテクノロジー，微生物ゲノム工学，遺伝子資源活用，単一細胞解析．

第3章 技術開発

7. 蛍光イメージングによる網羅的シングルセル解析

岡田康志

顕微鏡を用れば細胞単位での解析も容易である．蛍光タンパク質を用いた遺伝子発現のイメージングにより，シングルセル解析の有用性が確立された．しかし，蛍光タンパク質の色数は限られており，ゲノムワイドの網羅的解析は困難であった．一方，核酸ベースの網羅的シングルセル解析では，細胞の配置などの空間情報が失われ，経時的観察も不可能である．そのため，イメージングによる網羅的シングルセル解析が注目されている．本稿では，マルチプレックス法によるトランスクリプトーム解析を中心に，最近の技術動向を概説する．

はじめに

顕微鏡を用いると，一個一個の細胞を直接見ることができる．その意味で，（顕微鏡を用いた）イメージングは，本来的にシングルセル解析である．特に，蛍光タンパク質をレポーターとして用いることで，数種類以下であれば，標的タンパク質の発現量を細胞単位で可視化することが容易となった．これにより，遺伝子型が同一であるクローナルな細胞集団においても，細胞ごとに遺伝子発現が異なっていることが多くの系で示されてきた（図1）．細胞集団の平均値だけではなく個々の細胞について測定することの重要性を示す端的な例となり，シングルセル解析が発達する1つの大きな契機となった．

一方，いわゆる次世代シークエンサー（NGS）を用いた大規模核酸配列決定技術の進展を背景に，一細胞RNA-seqなど核酸ベースの網羅的シングルセル解析技術が急速に発達している．しかし，これらの方法は生化学的で，ある瞬間で細胞を固定・単離し，解析に供するため，

① 「どこにあった細胞か」「隣り合った細胞間の関係」といった空間的な情報が失われる
② スナップショット情報しか得られず，個々の細胞を経時的に計測することはできない

[略語]
ATAC-seq：assay for transposase-accessible chromatin-sequencing
ChIP-seq：chromatin immunoprecipitation-sequencing
ISH：in situ hybridization
NGS：next generation sequencer
TADs：topologically associated domains

Comprehensive single cell analysis by fluorescent imaging
Yasushi Okada[1)~4)]：RIKEN BDR[1)]/Department of Physics, UBI, WPI-IRCN, the University of Tokyo[2)]/Universal Biology Institute, the University of Tokyo[3)]/International Research Center for Neurointelligence, the University of Tokyo[4)]（理化学研究所生命機能科学研究センター細胞極性統御研究チーム[1)]／東京大学大学院理学系研究科物理学専攻[2)]／東京大学生物普遍性研究機構[3)]／東京大学ニューロインテリジェンス国際研究機構[4)]）

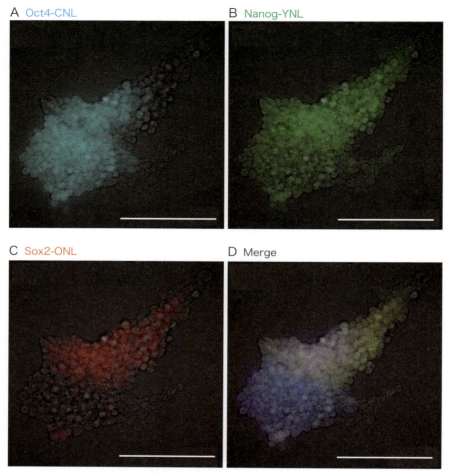

図1　ES細胞単一コロニー内での遺伝子発現の不均一性
Oct4, Nanog, Sox2の発現をシアン, 黄緑, オレンジの3色のプローブで可視化した. 1つの細胞に由来するクローナルなコロニー内でも遺伝子発現は一様ではない. また, 細胞単位でランダムに変動するだけでなく, コロニー内での空間分布も認められる. スケールバーは10μm. 文献1より引用.

という空間情報・時間情報の欠落を伴う.

　この観点からは, イメージングは核酸ベースのシングルセル解析技術と相補的である. 空間情報はイメージングによって容易に得られる. また, 個々の細胞を経時的に計測することは, 蛍光ライブセルイメージングとして広く行われている. しかし, 蛍光タンパク質を用いた蛍光イメージングでは, 紫から近赤外までの波長域をフルに用いても10色程度に過ぎない. 1個のヒト細胞で発現している遺伝子が数千種であることを考えると, 網羅的解析とよぶには心許ない. また, 核酸ベースのシングルセル解析で得られるデータは, ゲノム配列空間にマップできる計数データであり, 客観的な計算科学的解析(バイオインフォマティクス解析)に供しやすい. 一方, イメージングで得られるデータは画像情報である. 画像情報をコンピューターで客観的に処理することは困難であり, 人の眼に頼った解析が主に行われてきた. そのため, 客観性やスループットの点でも立ち遅れていた.

　しかし, このうち最後の画像処理については, 近年, ディープラーニングに代表される画像情報処理技術が急速に発展し, 顕微鏡画像への応用も進められており, 大きな技術的ハードルではなくなりつつある. 特に,

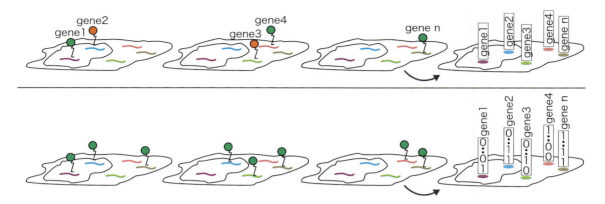

図2 くり返し染色によるトランスクリプトームイメージング法
原理的には，1種類ずつRNAを染めてはリプローブするという操作をくり返せば，すべてのRNAを検出することが可能である（上段）．この原理を発展させて，1回に複数種類のRNAを同時に染色することにする（マルチプレックス化）と，必要なリプローブ回数を大幅に減らすことが可能となる．

試料の透明化技術とライトシート顕微鏡を画像処理技術と組合わせることで，組織や個体の全細胞を1細胞単位の分解能で三次元計測するイメージング技術・解析技術が誕生しつつあり[2]，空間的な意味で全細胞を網羅的に解析するシングルセル解析の技術基盤として期待される．

これに対して，核酸ベースの網羅的シングルセル解析では，ヒトの身体の全細胞のカタログをつくることをめざすHuman Cell Atlasプロジェクトなどの大型プロジェクトがスタートした．その次の目標は，当然，核酸ベースで分類された各細胞を組織・個体にマッピングすることであり，核酸ベースの網羅的シングルセル解析をイメージングにより得られる空間情報とどのように組合せるかが，ホットなトピックとなっている．

1 固定標本でのイメージングによる網羅的RNA解析（トランスクリプトーム）

従来，固定標本で標的RNAの発現量を解析するためには，*in situ* hybridization法（ISH）が広く用いられてきた．標的に対して相補的な配列のオリゴ核酸プローブを合成し，試料を染色すれば，標的RNAの空間分布が可視化できる．例えば2色の異なる色のプローブを用いれば，2種類の異なる標的RNAが同時に可視化できる．数万色の異なる色の蛍光色素があって，それを区別してイメージングすることができるのであれば，1回の染色ですべての遺伝子産物を網羅的に解析することも可能だろう．しかし，実際に用いることができる蛍光色素は，たかだか10色程度であるため，1回の染色で網羅的な解析は難しい．

しかし，仮に1色しか用いなくても，染色・撮像後に，プローブを剥がし，再び別のプローブで染色（リプローブ）して撮像する，という操作をくり返せば，同一試料で複数種類の標的RNAの空間分布を可視化できる[3]．何千回，何万回とくり返すことで，全トランスクリプトを網羅的に解析することも，原理的には可能である．このアプローチは，自動化技術によって，いわば力業でも可能であるが，さらに工夫を加えることでくり返し回数を大幅に減らし，現実的な回数でゲノムワイドな計測が可能となる（**図2**）．

例えば4種類のRNAを検出したいとしよう．1色の染色の場合，1回の染色で1種類のRNAのみを検出するのであれば，リプローブを4回くり返すことが必要になる．同様に，6万種類のRNAを検出するには6万回のリプローブが必要という計算になり，現実的には難しい．

しかし，すべてのRNA分子を1個ずつ区別して計測できる蛍光一分子イメージング技術を前提とすれば，同時に多種類のRNAを染色すること（マルチプレックス化）によって，必要なリプローブ回数を大幅に減ら

すことができる．例えば，1回目はRNA1とRNA2，2回目はRNA1とRNA3，3回目はRNA2とRNA4をそれぞれ同時に染めることにすれば，1回目と2回目で染まったRNA分子はRNA1，1回目と3回目で染まるのはRNA2，2回目のみはRNA3，3回目のみはRNA4と区別することができて，3回のリプローブで4種類を区別することができる．1回目と2回目で染まり，3回目に染まらなかったということを (1,1,0) と書くことにすれば，n回の染色結果は (0,0,0,…,1) から (1,1,1,…,1) までの 2^n-1 種類になるので，n = 16回のリプローブで6万種類以上のRNAを区別することができる計算となる[4]．

ここで，染色の色数を増やせば，さらに必要な染色回数を減らすことができる．実際に使える色素が，赤と緑の2色だったとしても，各プローブを4分子の蛍光色素で染色することにすれば，(赤，緑) = (4,0)，(3,1)，(2,2)，(1,3)，(0,4) と5色相当に色数を増やすことができる．最近の例では，Alexa Fluor 488，Cy3B，Alexa Fluor 647の3色を組合わせて60色相当に増やすことで，1万種類のRNAを4回のリプローブで検出したという結果が報告されている[5]．

2 超多色イメージング

数万色の異なる色の蛍光色素があって，それを区別してイメージングすることができるのであれば，1回の染色ですべての遺伝子産物を網羅的に解析することも可能であろう．しかし，通常の蛍光分子は，蛍光スペクトルのピークの幅が広いため，近紫外から近赤外まで使っても，10～20色程度の多色イメージングが限界で，100色以上の超多色イメージングは困難である．一分子イメージングの場合は，前節のように少ない色数でもバーコード的に組合わせることで超多色化が可能だが，通常のイメージングのような空間分解能では使えない．例えば，分解能が低ければ，(赤，緑) = (4,0) と (0,4) が1分子ずつある場合と，(2,2) が2分子ある場合を区別することはできない．したがって，組織全体を見るような広視野・高スループットのイメージングで空間分解能に制約がある場合には，前節のマルチプレックス法は利用できず，スペクトル幅の狭い蛍光色素が必要となる．

蛍光でこれを実現するのは難しいが，イメージングに使える分光法は蛍光だけではない．スペクトル幅の狭い，すなわちスペクトル分解能の高い分光法を用いたイメージングを行えば，超多色イメージングが可能となる．そのような考え方から，2つの手法が提案されている．

1つはマススペクトルすなわち質量分析法である．ISH用のプローブあるいは抗体を蛍光色素ではなく質量分析用のタグ（遷移金属など）で標識する．これを質量分析イメージングで解析することで超多色イメージングが可能になるというアイデアである[6]．

もう1つは，ラマン散乱である．ラマン散乱は，非染色で代謝産物などを可視化できるため，シングルセル解析の関連では，イメージングによるメタボローム解析への応用が注目されてきた[7]．この場合，ラマン散乱の信号強度が蛍光に比べて桁違いに弱いことと，スペクトルが複雑で帰属・解析が困難であることが問題となっていた．これに対し，（抗体を）色素で染色してラマン散乱イメージングを行うという方法が近年提案された．高感度化と超多色化の両方が実現できることが示され[8]，超多色イメージングへの応用が期待されている．

3 エピゲノムのイメージングによる解析

エピゲノム解析では，ヒストン修飾など特異的な抗体が用いられてきた．そのため，核酸ベースのゲノムワイドな解析では，免疫沈降法を用いた解析であるChIP-seq法がよく行われている．この方法は，スケールダウンが困難なため，シングルセル解析は立ち遅れていた（第3章-3参照）．

また，HiC法などの核酸ベースのゲノム立体構造解析によって発見されたTADs（topologically associated domains）などのドメイン構造の可視化をめざして，超解像蛍光顕微鏡法の応用も活発である．例えば，上述のマルチプレックス法による多種類RNA分子の一分子イメージングをゲノムDNAに適用することで，ゲノムDNA上に設定した各標的配列の位置を計測することが可能となる．そこで，1本の染色体に沿って多数の標的を設定し，その位置をたどれば，ゲノムDNA

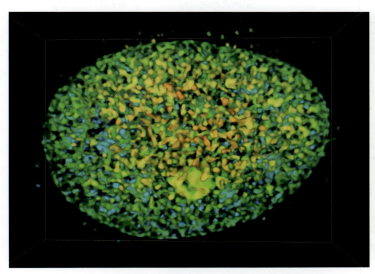

図3 ヒストン修飾（H3K4M3）の超解像蛍光顕微鏡像

の折り畳み構造を知ることができる[9].

　生細胞でのイメージングでは，前島らが一分子イメージングを応用した超解像蛍光顕微鏡法により，ヌクレオソームが構造的にも動態の面からも200 nm程度の大きさのドメイン構造をつくっていることを示し，その分子機構や生物学的意義が論じられている[10].

　ここで，核の大きさを10 μm×10 μm×10 μm程度，遺伝子の個数を6万個（≒40^3）程度と考えると，核のなかで遺伝子1個が占める体積は概算で250 nm×250 nm×250 nm程度となり，超解像蛍光顕微鏡法で可視化されたヌクレオソームのドメインの大きさに概ね一致する．このことから，核内では，遺伝子が1個ないし数個程度が単位となって200 nm程度の大きさのドメイン構造をつくっていることが示唆され，HiC法などにより同定されたTADsに相当する構造であることが予想される.

　さて，核内でのヌクレオソームのドメインの大きさが200 nm程度であるのならば，これを観察するには100 nmの分解能があれば十分である．蛍光顕微鏡の分解能の回折限界は200 nm程度であるから，通常の蛍光顕微鏡では不足しているが，超解像蛍光顕微鏡で観察するには容易い分解能である．例えば，構造化照明法や共焦点顕微鏡光学系を用いた超解像顕微鏡法（SDSRM[11]）および各社から市販されている同原理の手法）など，特殊な蛍光色素が不要でスループットも高く扱いやすい超解像顕微鏡法の分解能は100 nm程度である．実際，修飾ヒストンに対する抗体を用いた免疫染色を行いSDSRM法で観察すると，図3のように修飾ヒストンが核内に三次元的に分布する様子の詳細を見ることができる.

　また，修飾ヒストンに対する抗体を生細胞に微量注入により導入したり，抗体遺伝子をクローニングして遺伝子導入により発現させたりすることで，ライブセルイメージングを行うことも可能である[12]．ただし，前者は技術的に難しくスループットも低い．後者では，クローニングした抗体をFab化した組換え抗体を細胞内で発現させることになるが，細胞内で安定して発現できる抗体は一部であり，さらなる技術開発が望まれている.

　このような抗体ベースのエピゲノム解析に対して，シングルセル解析も可能なエピゲノム解析として，ATAC-seqという手法が提案されている．前者は，固定した細胞に外部からトランスポゾン酵素Tn5を添加し，ゲノムDNAに外来DNA配列を挿入する．このとき，立体障害により，外来DNA配列がオープンクロマチン領域に選択的に入りやすいので，挿入部位の分布をゲノムワイドに解析することで，オープンクロマチン領域をゲノムワイドで同定することができるとい

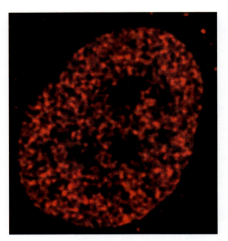

図4 ATAC-see法によるオープンクロマチン領域のイメージング

う方法である．ここで挿入する外来DNA配列を蛍光標識しておけば，挿入部位の空間分布を蛍光顕微鏡により可視化することができる（**図4**）．この手法はATAC-seeとよばれている[13]．この方法では，原理的に，一つひとつの細胞で，イメージングによるオープンクロマチン領域の空間分布とシークエンスによるオープンクロマチン領域のゲノム配列空間での分布の両方を計測することが可能である．そのようなデータを多数集積させれば，機械学習などにより，イメージングで得られた画像から各遺伝子のエピゲノム状態を推定することが可能になるのではないかと期待される．

おわりに：まとめと展望

イメージングによる網羅的シングルセル解析は，核酸ベースの網羅的シングルセル解析を補完する技術として強く期待されている．特に，この数年，空間情報を保持したトランスクリプトーム解析での技術開発がさかんに行われている．イメージング主体の方法としては，固定標本を用いて，蛍光一分子イメージング技術を応用したマルチプレックス法の開発がさかんである．それだけでなく，核酸ベースの解析方法に空間情報を付与するアプローチもさまざまに進められている（例えば，文献14）．そのため，さまざまな手法が乱立し覇を競う状況であり，どのアプローチが定番として普及するかはいまだ見定めがたい．

しかし，マルチプレックス法による網羅的イメージングのアイデアは，トランスクリプトーム解析に限られない．今後は，プロテオームやエピゲノム解析など幅広い応用が報告されるものと期待される．そのため，固定標本を用いた染色でのイメージングでは，網羅的な解析がルーチンに行われるようになる日は遠くないのではないか．

しかし，イメージングのもう1つの特徴である経時的ライブ観察については，網羅的シングルセル解析への展開は立ち遅れている．これからの技術的ブレークスルーが期待される．

文献

1) Takai A, et al：Proc Natl Acad Sci U S A, 112：4352-4356, 2015
2) Susaki EA, et al：Cell, 157：726-739, 2014
3) Raj A, et al：Nat Methods, 5：877-879, 2008
4) Chen KH, et al：Science, 348：aaa6090, 2015
5) Eng CL, et al：Nature, 568：235-239, 2019
6) Angelo M, et al：Nat Med, 20：436-442, 2014
7) Germond A, et al：Commun Biol, 1：85, 2018
8) Wei L, et al：Nature, 544：465-470, 2017
9) Wang S, et al：Science, 353：598-602, 2016
10) Nozaki T, et al：Mol Cell, 67：282-293.e7, 2017
11) Hayashi S & Okada Y：Mol Biol Cell, 26：1743-1751, 2015
12) Sato Y, et al：Sci Rep, 3：2436, 2013
13) Chen X, et al：Nat Methods, 13：1013-1020, 2016
14) Rodriques SG, et al：Science, 363：1463-1467, 2019

＜著者プロフィール＞
岡田康志：東京大学医学部医学科卒業．同研究科・廣川研で大学院，助教を経て2011年より理化学研究所・生命システム研究センター（'18年度より生命機能科学研究センターに改組）．'16年度より東京大学大学院理学系研究科物理学専攻教授を併任．モーター分子の研究から発展して，一分子イメージング・超解像ライブセルイメージングを用いたシングルセル解析技術の開発と応用に取り組んでいる．

第3章　技術開発

8. SINC-seq法による1細胞多階層解析

新宅博文，小口祐伴，飯田　慶

1細胞生物学の分野において，並列で複数種類のモダリティ，すなわち様相や状態量を取得し，1細胞を多角的に考察できる時代がやってきた．これにより，1細胞に潜む階層的な制御様式を網羅的に把握できる可能性が広がっている．本稿では，筆者らが開発した1細胞の細胞質と核の高精度分画法およびそれを活用したSINC-seq（single cell integrated nuclear and cytoplasmic RNA sequencing）法を紹介し，明らかになった細胞質RNA–核RNAの階層的相関性について紹介する．

はじめに

　これまでの1細胞シークエンシングはRNA発現解析，DNA配列解析あるいはオープンクロマチン領域解析等1つのモダリティに注目した解析が主流であった．それぞれのモダリティから得られる生体分子の状態量はそれぞれの階層において1細胞を特徴づけることに役立つが，階層を超えた状態量の関係性を解き明かすことは困難であった．そのような背景から，同時に複数の生体分子階層において1細胞の状態を定量する1細胞多階層解析に関する研究が広がりを見せている[1]．

　フローサイトメトリーとscRNA-seq（single-cell RNA-sequencing）を組合わせた解析は，細胞表面に発現している膜タンパク質とmRNA発現を同時に計測することのできる多階層解析である．この解析は免疫あるいは血液の分野で古くから行われてきたが，蛍光計測を用いたフローサイトメトリーでは主に選択できる蛍光波長数の制限から解析ターゲット数に限界があった．この課題を解決する方法としてCITE-seq[2]およびREAP-seq[3]という手法が開発された．これらの方法では，種類を区別するバーコードDNAを結合した抗体で細胞表面タンパク質を"染色"する．バーコードDNAはpoly A配列を有しており，逆転写反応において，mRNAのcDNAとともに細胞を区別するバーコード配列が付与される．その後，バーコードDNAとcDNAをシークエンス解析することで，細胞表面タンパク質とmRNAの発現を同時に定量するものである．フローサイトメトリーおよびscRNA-seqの組合わせと比べるとこの方法は細胞表面タンパク質のターゲット数を大幅に増加でき，またRNAシークエンス解析とほぼ同じ流れで多階層の状態量計測が可能である．

　1細胞多階層解析のもう1つの流れとして，1細胞の構成成分ごとに分画し，その後それぞれの画分を解析する方法がある．典型的な例としては，ゲノムDNAと

[略語]
scRNA-seq：single-cell RNA-sequencing
SINC-seq：single cell integrated nuclear and cytoplasmic RNA sequencing

SINC-seq：Multimodal RNA analysis of single cells
Hirofumi Shintaku[1]/Yusuke Oguchi[1]/Kei Iida[2]：Cluster for Pioneering Research, RIKEN[1]/Medical Research Support Center, Kyoto University[2]（理化学研究所開拓研究本部[1]/京都大学医学研究支援センター[2]）

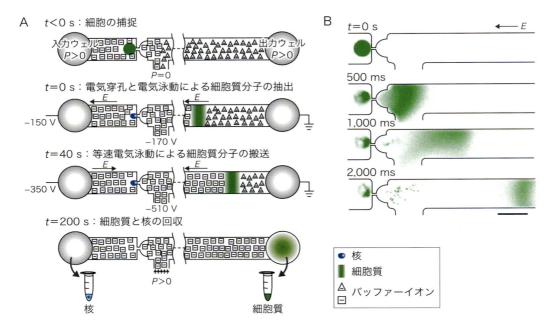

図1　オンチップ1細胞分画法の概要
A）マイクロフルイディクスを活用した細胞質-核分画法．文献12より引用．B）カルセイン分子を用いた電気穿孔および分子抽出過程の可視化．スケールバーは50 µm．

mRNAの並列解析があげられる．例えば，Macaulay博士ら[4]が開発した方法は5′末端をビオチン化したoligo(dT)および磁性ビーズを用いてpoly(A)配列を有するRNAを分離する方法である．この分離法をもとにAngermueller博士らはゲノムDNAのメチル化と遺伝子発現を並列で計測した[5]．なお，オープンクロマチン領域と遺伝子発現の並列解析はオープンクロマチン領域のDNAフラグメントとcDNAに対して1細胞に紐づけるバーコード配列を付与することで，一度に数千の1細胞解析を可能にした例が報告されており[6]，今後さらにハイスループット化が進むと期待される．

1　電場を使った1細胞の細胞質と核の分離

真核生物にはさまざまな細胞内小器官があり，その代表的なものとして細胞核がある．細胞核は核膜という内膜と外膜からなる二重の脂質二重膜で覆われた小器官であり，RNAが転写される場である核とmRNAからタンパク質が翻訳される場である細胞質を物理的に隔てている．1細胞の細胞質と核の物理的な分離は，1細胞多階層解析においても活用されており，細胞質RNAとゲノムDNAの並列解析に関して多数の報告がある[7]～[11]．細胞質と核の分離は核膜を維持した状態で細胞膜を選択的に溶解することで実現される．細胞膜の選択的な溶解は非イオン系の界面活性剤であるTriton-X100[7]～[11]あるいはNonidet P-40[10]を用いた方法が報告されているが，われわれは電気穿孔および電気泳動を活用した手法を提案している[8][9][12]～[15]．

われわれの開発した1細胞の細胞質と核の分画法は[12]～[14]，マイクロフルイディクス技術を活用したものである（図1）．解析対象の1細胞を幅50 µmおよび深さ25 µmのマイクロ流路に導入した後，流路端のウェルに設置した電極から電場を印加し，細胞膜を選択的に穿孔する．マイクロ流路には流路幅が3 µmに狭窄した流体トラップを設けており，印加電圧により生じるイオン電流が流体トラップで集中し，その周辺で電場が増大することを利用して低電圧の電気穿孔を可能にしている．細胞膜の破砕後は電気泳動により細胞質分子を抽出し（40秒間），その間流体トラップは

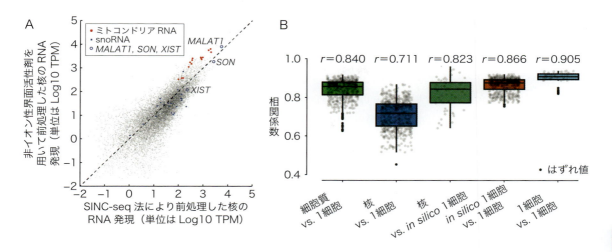

図2 SINC-seq法の分画精度と核RNA，細胞質RNAおよび1細胞RNAにおける相関性
A）核RNA-seqを用いた分画精度の検証．ミトコンドリアRNA（図中赤点）が破線対角線よりも上側に位置しており，界面活性剤を用いた分画方法ではミトコンドリアRNAの混入が多いことを示している．B）遺伝子発現パターンの相関係数．文献12より引用．

核を保持する．細胞質のRNA分子および細胞内小器官は電気泳動によりマイクロ流路下流へ向かって流動し，およそ2分で下流流路端のウェルに到達する．なおミトコンドリア（ミトコンドリアRNAを含む）は全体で負の電荷を有しており，RNA分子とともにマイクロ流路下流へ流動する．

自由溶媒中においてRNA分子の拡散係数は鎖長の増加に伴って減少する一方で，電気泳動移動度は鎖長にほぼ依存しないことから，電気泳動を活用したRNA分子の抽出は長さバイアスの少ない抽出を実現する．また，マイクロ流路における細胞質分子の輸送には，電場により分子や粒子を濃縮できる等速電気泳動[16]を活用しており，拡散等によるRNA分子の散逸を低減している．さらに，等速電気泳動は電流と電圧関係から細胞質分子のマイクロ流路における位置を計測できるため，抽出の工程管理が可能である．前述の界面活性剤を用いた細胞質–核分画と比較すると，本方法を活用したこれは，核分画におけるミトコンドリアRNAの混入がおよそ1/10以下であり，高い分画精度を与える（**図2A**）．われわれはこの分画精度を活用して1細胞の細胞質と核に含まれるRNA発現を定量解析するSINC-seq（single cell integrated nuclear and cytoplasmic RNA sequencing）法を提案している．

2 SINC-seq法

核で転写されたRNA分子は最終的には核膜孔を通して細胞質へ輸送されるが，成熟したRNA分子であっても一定量核内に保持されている例や[17]，一部のイントロンを保持してRNA分子を係留する現象[18]も知られている．さらに，lncRNAなど核内に局在するRNA群も数多く報告されている[19]．1細胞解像度で細胞質および核のRNA発現を定量網羅解析することにより，これら核膜で区切られた階層間を跨ぐRNA発現制御に対して重要な知見が得られると期待される．また，1細胞に単離するのが困難なサンプルに対して，1細胞の代わりに1つの核を利用する核RNAシークエンシング法も広く活用されており[20]，1核RNAシークエンシングで前提とされている"1核RNA発現＝1細胞RNA発現"という仮説の妥当性とその限界を詳細に検証できる．

われわれは，前述の細胞質–核分画法を活用して，マイクロ流路の下流および上流のウェルからそれぞれ細胞質および核を回収し，RNAシークエンシングライブラリを作製した．ここでは，ヒト慢性白血病細胞のセルラインであるK562を用いて，poly A + RNAを対象にしたSMART-Seq v4（タカラバイオ社）を適用し

た．本プロトコールでおよそ98.9％のミトコンドリアRNAが細胞質画分から検出され，高い分画精度が確認できた．一方で，核画分には*XIST*，*MALAT1*，および*SON*等のRNA分子が局在することが確認された．検出遺伝子数（transcripts per kilobase million：TPM＞1）は細胞質から6,210 ± 1,400（mean ± SD），核で5,690 ± 1,500，1細胞全体で8,200 ± 1,100であり，通常の1細胞SMART-Seq v4と比較するとおよそ5.3％の低下がみられた．しかしながら，細胞質RNA発現と核RNA発現を統合した*in silico* 1細胞RNA発現は通常のプロトコールで得られた1細胞RNA発現と高い整合性を示した（$r = 0.866$）．また，*in silico* 1細胞には劣るが，核は通常の1細胞のRNA発現と比較的よい類似性を示した（$r = 0.711$）．さらに，重要なことに核は自らの*in silico* 1細胞RNA発現とより高い類似性を示したことから（$r = 0.823$），1核RNA発現は1細胞全体のRNA発現をおおむね反映していることが示唆された（図2B）．

3 イントロン保持による細胞質－核RNA発現制御

細胞質RNA-seqと核RNA-seqを比較すると，polyA＋RNAを対象にしたSINC-seq法において，核RNA-seqからイントロン領域に由来するシークエンスリードが豊富に得られた（核画分vs. 細胞質画分で14.8％ vs. 1.1％）．エキソン比10％以上の発現量かつイントロン領域の95％以上のカバレッジを条件にRNA分子内に保持されたイントロンを探索したところ総数17,277種のイントロン領域（解析対象の約5％）で保持が認められた．14,134種および2,316種のイントロン領域はそれぞれ核および細胞質において高頻度で確認された．1細胞あたり平均で，核では1,290 ± 540種，細胞質では780 ± 290種のイントロン保持が認められた．これらのうち，特に核において顕著に局在が認められたイントロン保持領域は242種あり，それらは213種の遺伝子に対応していた．これらの遺伝子は，RNAメタボリズムやRNAのスプライシングに関連する遺伝子を多く含んでいた．また，これらの遺伝子はイントロン保持率が高いほど核内のRNA発現が高まる傾向が観察され，イントロン保持と核RNA発現の制御様式の一端が明らかになった．イントロンを保持し核内に係留されているmRNAはタンパク質翻訳の鋳型としてふるまうことができない．上述のように細胞質と細胞核のトランスクリプトームは大まかには類似しているが，特定の遺伝子群においては特別な制御が存在しうる点には注意が必要である．

4 ヒストン脱アセチル化阻害に対するK562細胞の細胞質－核相関ダイナミクス

通常の1細胞RNA-seqは，細胞を溶解した瞬間の状態量，すなわちRNA発現のスナップショットを取得しているに過ぎない．これはSINC-seq法でも同様であるが，核RNAと細胞質RNAを独立で定量し，その差異を観察することで，核内部の転写状態の変化が細胞質に伝播していくダイナミクス情報を抽出できるとわれわれは考えた．これは，核内でRNAが転写された後，細胞質に輸送されるという一方向の流れが存在し，これには一定の時間を要するという仮説に基づく．本仮説を検証すべく，K562細胞の赤芽球系細胞への分化を例としてSINC-seq法で解析した．具体的にはK562の培養液中にヒストン脱アセチル化阻害剤である1 mMのNaB（sodium butyrate）を加え，24時間おきに細胞を採取して，SINC-seqライブラリを作製した．本培養条件においてK562細胞はヘモグロビン関連遺伝子を増加させ，およそ96時間で平衡状態に到達する．この分化過程で細胞質において264種の遺伝子が増加，177種の遺伝子が減少，一方核において64種の遺伝子が増加，2種の遺伝子が減少を示した．これらの発現変動遺伝子を対象に細胞質と核の発現パターンの相関性について解析したところ，分化が進むにつれて細胞質－核の相関が連続的に低下し，特に核における発現パターンの変動が相関性の低下に大きく寄与していることが明らかになった（図3）．この結果は，NaBによる転写撹動が細胞全体のRNA発現に伝播するダイナミクスを捉えたものであり，SINC-seq法で得られるユニークな結果であると考えている．

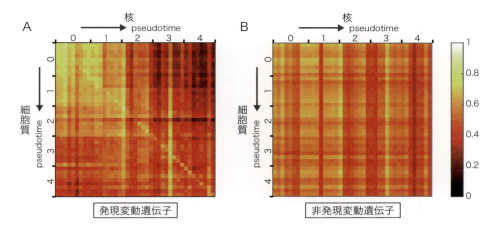

図3　K562細胞の赤芽球系細胞への分化過程における細胞質RNA-核RNAの相関ダイナミクス
A）発現変動遺伝子の発現パターンは分化とともに相関性を顕著に低下させる．B）非発現変動遺伝子の細胞質RNA-核RNAの相関ダイナミクス．文献12より引用．

おわりに：今後の展望や分野の動向など

1細胞シークエンス解析はマイクロフルイディクス技術およびDNAシークエンス技術の発展とともに進んできた．当該分野におけるマイクロフルイディクス技術の主な貢献はFluidigm社のC1システムおよびDrop-seq[21) 22)]に代表される前処理のハイスループット化である．微小流路あるいは微小液滴内部で1細胞に含まれる核酸分子からシークエンスライブラリを形成し，ハイスループットの解析を可能にした．しかし，最近ではsplit-pool barcoding法[23) 24)]などマイクロフルイディクスを利用しないハイスループットの1細胞前処理法も多く報告されてきている．これらの動向から，今後マイクロフルイディクスの技術開発は単なる前処理の高速化だけでなく，ユニークな1細胞情報の計測とシークエンスデータとの融合へと進むと考えられる．例えば，蛍光顕微鏡画像とRNAシークエンスの融合[25)]，質量および細胞成長度とRNAシークエンスの融合[26)]等の報告があり，今後もマイクロフルイディクスが切り開く1細胞生物学に期待したい．

本稿で紹介した研究を進めるにあたって，Mahmoud N. Abdelmoez博士（研究実施当時 京都大学大学院，現 理化学研究所・Assiut大学），錦井秀和博士（筑波大学），横川隆司博士，小寺秀俊博士（京都大学），上村想太郎博士（東京大学），Juan G. Santiago博士（Stanford大学）に多大なるご協力をいただきました．誌面をお借りして深謝申し上げます．

文献

1) Stuart T & Satija R：Nat Rev Genet, 20：257-272, 2019
2) Stoeckius M, et al：Nat Methods, 14：865-868, 2017
3) Peterson VM, et al：Nat Biotechnol, 35：936-939, 2017
4) Macaulay IC, et al：Nat Methods, 12：519-522, 2015
5) Angermueller C, et al：Nat Methods, 13：229-232, 2016
6) Cao J, et al：Science, 361：1380-1385, 2018
7) Han L, et al：Sci Rep, 4：6485, 2014
8) Shintaku H, et al：Anal Chem, 86：1953-1957, 2014
9) Kuriyama K, et al：Electrophoresis, 36：1658-1662, 2015
10) Hou Y, et al：Cell Res, 26：304-319, 2016
11) Hu Y, et al：Genome Biol, 17：88, 2016
12) Abdelmoez MN, et al：Genome Biol, 19：66, 2018
13) Khnouf R, et al：Anal Chem, 90：12609-12615, 2018
14) Subramanian Parimalam S, et al：Anal Chem, 90：12512-12518, 2018
15) Kuriyama K, et al：Bio Protoc, 6：doi:10.21769/BioProtoc.1844, 2016
16) Shintaku H, et al：Angew Chem Int Ed Engl, 53：13813-13816, 2014
17) Bahar Halpern K, et al：Cell Rep, 13：2653-2662, 2015
18) Boutz PL, et al：Genes Dev, 29：63-80, 2015
19) Lubelsky Y & Ulitsky I：Nature, 555：107-111, 2018
20) Habib N, et al：Nat Methods, 14：955-958, 2017
21) Klein AM, et al：Cell, 161：1187-1201, 2015

22) Macosko EZ, et al：Cell, 161：1202-1214, 2015
23) Cao J, et al：Science, 357：661-667, 2017
24) Rosenberg AB, et al：Science, 360：176-182, 2018
25) Yuan J, et al：Genome Biol, 19：227, 2018
26) Kimmerling RJ, et al：Genome Biol, 19：207, 2018

＜筆頭著者プロフィール＞
新宅博文：2006年京都大学大学院工学研究科博士課程修了〔博士（工学）〕．同年大阪大学大学院基礎工学研究科助手（'07年より助教），'12年京都大学大学院工学研究科助教，'18年4月より理研白眉研究チームリーダー．マイクロ流体工学をバックグラウンドとして，1細胞解析および生化学分析の創出に取り組む．

索引

※**太字**は本文中に『用語解説』があります

数字

- I型肺胞上皮細胞 ……………………… 81
- 1細胞解析 ……………………………… 37
- 1細胞分画法 ………………………… 210
- 1分子RNA *in situ* hybridization法
  ……………………………………… 46
- 16S rRNA …………………………… 163
- II型肺胞上皮細胞 ……………………… 81
- 5′ RACE法 …………………………… 92
- 5′ RNA-seq …………………………… 39

和文

あ・い・う

- アストロサイト ………………… 149, 152
- 位置情報 ……………………………… 94
- 遺伝学的細胞系譜解析 ………… 53, **54**
- 遺伝子ネットワーク ………………… 101
- 遺伝子発現 …………………………… 191
- 遺伝子発現解析 ……………………… 184
- イメージング ………………………… 203
- インスリン …………………………… 26
- イントロン保持 ……………………… 212
- ウイルスゲノム ……………………… 126
- ウイルスダイナミクス ……………… **131**

え

- エピゲノム …………………… 51, 206
- エピゲノム異常 ……………………… 125
- エピゲノム解析 ……………………… 44
- エマルジョンPCR法 ………………… 185
- 炎症性腸疾患 ………………………… 55
- エンハンサー
  …………… 191, **192**, 194, 195, 196
- エンハンサーRNA …………………… 37
- 塩類細胞 ……………………………… 82

お

- オートファジー ……………………… 147
- オープンアクセスリソース ………… 38
- オープンクロマチン領域 …………… 208
- オミックス …………………………… 51
- 重み付け遺伝子共発現ネットワーク
  解析 ………………………………… 43
- オルガノイド …………… 53, 61, 62, 63,
  64, 65, 66, **74**, 77, 79, 112

か

- 拡散マップ …………………………… 32
- 拡張型心筋症 ………………………… 48
- 確率シミュレーション ……………… 133
- がん …………………………………… 55
- がん幹細胞 …………… 112, 115, 120, 187
- がん幹細胞仮説 …………………… **120**
- 幹細胞 ………………………………… 55
- 幹細胞ニッチ ………………… 53, **54**
- 肝臓 …………………………… 61, 62, 63
- 肝臓オルガノイド
  ………………………… 61, 62, 63, 65, 66
- がんの転移 …………………………… 112
- がん微小環境 ……………………… **118**

き

- 機械学習 ……………………………… 43
- 擬時間解析 …………………………… 55
- 擬似時間解析 ………………………… 33
- 擬似的時系列解析 ……………… 192, 194
- 擬似バルク解析 ……………… 29, **30**
- 軌道解析 ……………………………… 33
- 吸収上皮細胞 ………………………… 55
- 胸腺 …………………………………… 100
- 筋萎縮性側索硬化症 ………………… 146

く

- 空間的発現解析 ……………………… 39
- グラフクラスタリング …………… **33**
- グリア細胞株由来神経栄養因子 …… 78
- グルカゴン …………………………… 26
- クローン進化 ………………………… 26
- クローン選択 ………………………… 126

- クロマチン免疫沈降法 ……………… 178

け

- 蛍光イメージング …………………… 203
- 系譜追跡解析 ………………………… 44
- 血管新生阻害剤 ……………………… 105
- 血中循環腫瘍細胞 …………………… 138
- ゲノム異常 …………………………… 125
- ゲノム解読完全性 …………………… 201
- ゲノム編集 …………………………… 116
- 原発 …………………………………… 114
- 原発巣 ………………………………… 116

こ

- 膠芽腫 ………………………………… 120
- 抗原特異的なTCR配列 ……………… 94
- 口唇口蓋裂症候群 …………………… 148
- 高生存率 ……………………………… 190
- コピー数多型 ………………………… 140
- コンテナ …………………………… **175**
- コンピューター解析技術 …………… 51

さ

- 再発 …………………………………… 114
- 細胞アトラス ………………………… 38
- 細胞階層性 …………………………… 114
- 細胞間相互作用 ……………………… 55
- 細胞系譜 ……………………………… 55
- 細胞傷害性T細胞 …………………… 106
- 細胞多階層解析 ……………………… 209
- 細胞地図 ……………………………… 37
- 細胞の周期表 ………………………… 41
- 細胞の分散 …………………………… 190
- 細胞分化の階層性 …………………… 184

し

- 糸球体上皮細胞 ……………………… 26
- 次元削減 ……………………………… 32
- 自己複製能 …………………………… 116
- 次世代シークエンサー ……………… 29
- 自動化 ………………………………… 99

索引

腫瘍内不均一性……………… 118
腫瘍微小環境………………… 105
上皮間葉転換………………… **121**
心筋細胞………… 42, 43, 44, 45, 46,
　　　　　　　　　　47, 48, 49
心筋線維化症………………… 148
心筋リモデリング………… 44, 46, 48
シングルセルゲノム解析…… 199
シングルセルシークエンス…… 90
シングルセル ATAC-seq …… 123, 129
シングルセル RNA-seq
　　　　……… 108, 118, 123, 127, 178
シングルセル RNA-seq 解析 …… 43
シングルセル RNA-sequencing… 157
神経前駆細胞………… 149, 150, 151,
　　　　　　　　　　152, 153, 154
神経堤細胞…………………… 152, 153
腎臓…………………………… 74
腎臓発生………………… 74, 75, 76
心不全………… 42, 43, 44, 46, 48,
　　　　　　　　　49, 50, 51, 52

す
膵臓…………………………… 68
膵島…………………………… 26
膵β細胞……………………… 68
数理モデル………… 130, 131, 132,
　　　　　　　　　　133, 135, 136
数理モデル型定量的データ解析
　　　　　　　…… 130, 131, 135, 136
スプライシング……………… 146

せ
成人 T 細胞白血病………… 124, 131
成体神経前駆細胞…………… 150
成分分解……………………… 19
赤芽球系細胞…………… 212, 213
セルソーター………………… **141**
全ゲノム増幅………………… 140
全トランスクリプトーム増幅… 140

そ
造血幹細胞…………………… 24
双方向………………… 192, 194, 196
相補性決定領域 3 …………… 91
組織幹細胞………………… 53, **54**
組織での細胞の不均一性…… 184

た・ち
体細胞超突然変異…………… 91
大腸がん………………… 113, 121
大腸がんオルガノイド……… 114
大脳皮質……………………… 25
多階層解析…………………… 209
多層的オミックスデータ…… 129
タフト細胞…………………… 55
ダブレット…………………… **30**
多分化能……………………… 116
超解像蛍光顕微鏡…………… 207
腸管上皮……………………… 53
腸管内分泌細胞………… 55, 56
超多色イメージング………… 206
腸内細菌叢…………………… 162

て・と
定量的解析………………… 132, 134
定量的データ解析………… 130, 131,
　　　　　　　　　　135, 136
データ補完…………………… 31
転移…………………………… 114
転移巣………………………… 116
転写………… 191, 192, 193, 194, 195, 196
転写因子……………………… 101
転写開始点………………… 191, **192**
透明化………………………… 72
特発性肺線維症……………… 82
トランスクリプトーム……… 205

に・ね・の
乳がん………………………… 121
ニューロン………… 149, 151, 152
ネオ抗原……………………… 93
ネオ抗原特異的 T 細胞……… 93
脳オルガノイド……………… 146
脳室周囲異所性灰白質……… 147
脳由来神経栄養因子………… 79

は
パーキンソン病……………… 148
肺がん………………………… 122
胚性幹細胞…………………… 23
胚盤葉上層…………………… 24
橋渡し研究…………………… 104
発生…………………………… 74

バッチエフェクト…………… 70
バッチ補正…………………… 31
パネート細胞………………… 55
パラメータ………… 131, 133, 135

ひ
非アルコール性脂肪肝炎…… 27
ヒストン修飾………………… 207
ヒストン脱アセチル化阻害… 212
ヒト化マウス………… 156, 157, 158
ヒト脳………………………… 151
ヒト iPS 細胞………………… 27
ヒト T 細胞白血病ウイルス 1 型
　　　　　　　　　　…… 124, **131**
ビニング……………………… 162
疲弊マーカー………………… 93

ふ・へ・ほ
不均一………………………… 90
不均一性……………………… 155
フレームワーク………… 174, 176, 177
プロウイルス………………… 126
プロモーター…… 191, 192, 195, 196
分化ポテンシャル…………… 34
ペムブロリズマブ…………… 105
放射状グリア細胞…………… 151
ポリアデニル化…………… 191, 192
ホルマリン固定パラフィン包埋… 183

ま・み
マイクロデバイス…………… 179
マイクロバイオーム……… 197, 199
マイクロフルイディクス…… 210
マイクロマニピュレーション… **141**
マルチプレックス…………… 205
ミトコンドリア……………… 147

め
メタゲノム解析…………… 161, 198
メタデータ…………………… **176**
メラノーマ…………………… 120
免疫組織化学………………… 180
免疫チェックポイント阻害剤… 104

り・れ・わ
リキッドバイオプシー……… 138
リファレンスゲノム……… 197, 198

※**太字**は本文中に『用語解説』があります

レーザーマイクロダイセクション ……………………………………… 55	CUBIC ………………………… 72	human T-cell leukemia virus type 1 ………………………… 124
連続蛍光 in situ ハイブリダイゼーション法 **183**	CUT & RUN ………………… 180	
レンバチニブ ……………… 104	**Ｄ・Ｅ**	**Ｉ・Ｊ・Ｋ**
ワークフロー …… 174, 175, 176, 177	D遺伝子 ……………………… 91	IFN-γシグナル …………… 107
	δ細胞 ………………………… 69	IGF-1 ………………………… 58
欧 文	ddSEQ ……………………… 108	IPF ……………………… 83, 86
	ddSEQ Single-Cell Isolator …… 70	iPS細胞 …………… **77**, 78, 79, 145, 151, 152, 153, 154
Ａ・Ｂ	DEPArray ………………… **141**	
α細胞 ………………………… 69	diffusion map ………………… 32	J遺伝子 ……………………… 91
adaptor-ligation法 …………… 92	DNA系譜追跡 ………………… 51	K562細胞 ……………… 212, 213
adult T-cell leukemia ……… 131	dropout ……………………… 31	**Ｍ・Ｎ**
adult T-cell leukemia-lymphoma ……………………………… 124	Drop-seq …………………… 150	M細胞 ………………………… 57
	EMT ………… **121**, 187, 192, 193	M1型マクロファージ ……… 109
ALS ………………………… 146	ES細胞 ……………………… 204	M2型マクロファージ ……… 109
ATAC-see ………………… 208	EZH1 ……………………… 126	MAG …………… 161, 198, 199
ATL …………………… 124, 131	EZH2 ……………………… 126	MCA ……………………… 142
Atlas 1.0 …………………… 39	**Ｆ・Ｇ**	MHCマルチマー …………… 94
β細胞 …………………… 26, 69	FANTOM ………… 36, 191, 194	microcavity array ………… 142
B細胞受容体 ………………… 91	Feature Barcoding ………… 123	microfold細胞 ……………… 57
BDNF ………………………… 79	FFPE ……………………… 183	Monocle2 …………………… 86
B cell receptor ……………… 91	FGF ………………………… 104	multiplex法 ………………… 92
BCR ………………………… 91	FGF-2 ……………………… 58	NASH ……………………… 27
Ｃ	FISH ……………………… 195	Neurog3Chrono …………… 56
C遺伝子 ……………………… 91	GDNF …………………… 78, 79	NGS ………………………… 29
CAGE ……… 191, 192, 194, 195, 196	Gene Expression Omnibus …… **76**	**Ｐ**
ccSAG ………………… 200, 201	GEO …………………… 75, **76**	p38MAPK …………………… 58
CDR3 ………………………… 91	GUDMAP ……………… 75, **76**	PacBio …………………… 163
CellSearch System ……… **139**	GWAS ……………………… 27	patient-derived organoids … 113
CHARGE症候群 …… 151, 152, 153	**Ｈ**	PD-1 ……………………… 105
ChIPシークエンス ………… 178	H3K27me3 ………………… 125	PDGFRα-Axin2陽性細胞 …… 82
Chromium ………… 14, 108, 127	HAM ……………………… **131**	PDOs ……………………… 113
circulating tumor cell ……… 138	HAS-Flow法 ……………… 126	PP細胞 ……………………… 69
CNV ……………………… 140	HCA Data Coordination Platform ……………………………… 39	Protocols.io ………………… 40
combinatorial indexing法 … **183**		ProximID …………………… 55
complementarity determining region 3 ………………… 91	heterogeneity …………… 155	pseudotime ……………… 192
	HIV-1 ……… 155, 156, 157, 158, 159	PyClone …………………… 127
Concanavalin A …………… 180	HTLV-1 ………………… 124, **131**	**Ｑ・Ｒ**
copy number variation …… 140	HTLV-1関連脊髄症 ……… **131**	Quartz-Seq ……………… 153
Cre-loxP …………………… 55	HTLV-1 associated myelopathy … 131	Quartz-Seq2 …………… 168, 169
CRISPR/Cas9システム ……… 51	Human Cell Atlas …………… 36	R …………………………… 84
CTC ……………………… 138	Human Liver Atlas ……… 61, 62	RaceID ……………………… 54
CTC-iChip ……………… **140**	Human Protein Atlas ……… **79**	RamDA-seq …… 169, 170, 171, 172
		RNA速度 …………………… 33

索引

RNA発現 … 212
RT-RamDA … 170, 171

S
SAG … 198, 199
scATAC-seq … 129
scRNA-seq … 29, 108, 114, 127
sd-MDA … 200, 201
seqFISH … **183**
Seurat … 84, 86, 108
Seurat 3.0 … 83
SINC-seq法 … 211
single cell combinatorial indexing … 17
Single Cell Medical Network … 36
smFISH … 79, 80
Sphere細胞 … **187**
"split-and-pool" DNA合成法 … 185
stage IV … 113
StemID … 55

T
T7 RNAポリメラーゼ … 182
T細胞 … 26, 97, 98, 99, 100, 102
T細胞受容体 … 90, 102
T細胞受容体経路 … 125
T細胞分化 … 100
TAM … 109
TapeStation … 71
Tax … **131**
T cell receptor … 90
TCR … 90, 93, 102
TGF-β … 191, 192, 193, 194, 195, 196
The GenitoUrinary Development Molecular Anatomy Project … **76**
TIL … 108
Tn5トランスポザーゼ … 180
Trajectory解析 … 120, 122
tSNE … 185

t-SNE … 32, 108

U
UMAP … 18, 32, 83, 85
UMAP解析 … 185
UMI … **30**, 186
unique molecular identifier … 30

V
V(D)J遺伝子再構成 … 91
V遺伝子 … 91
VEGF … 104
velocity解析 … 122

W・X
WGA … 140
WGCNA … 43
WTA … 140
X染色体不活性化 … 24

編者プロフィール

渡辺 亮（わたなべ あきら）

新潟県生まれ．東京大学大学院工学系研究科で油谷浩幸教授の指導のもと，工学博士号を取得（2003年）．同大学先端科学技術研究センターで博士研究員を務めた後，2009年より京都大学iPS細胞研究所に移り，同研究所未来生命科学開拓部門 主任研究員／特定拠点助教として，iPS細胞を用いたシングルセルゲノミクスを含めたゲノム・エピゲノム解析を行った．現在は，京都大学大学院医学研究科に研究活動の場を移し，疾患の理解と創薬への応用をめざしたシングルセルゲノミクスを展開している．2019年8月にシングルセルゲノミクス研究会を立ち上げ，この領域の裾野を広げる活動も行っている．

鈴木 穣（すずき ゆたか）

東京大学大学院新領域創成科学研究科 メディカル情報生命専攻 生命システム観測分野・教授

1994年3月東京大学理学部化学科卒業，'99年3月東京大学総合文化研究科・博士（学術）．同年4月理化学研究所ゲノムサイエンスセンターリサーチアソシエイト，2000年9月東京大学医科学研究所・助手，'04年4月東京大学新領域創成科学研究科・准教授，'13年7月東京大学新領域創成科学研究科・教授．専門はゲノム解析技術開発．ただし，独自技術の開発はここのところ欧米のものに精度，規模のいずれの点でも及ばないことも多く，むしろその応用解析に主眼が移ることが多い．

実験医学　Vol.37 No.20（増刊）

シングルセルゲノミクス
組織の機能、病態が1細胞レベルで見えてきた！

編集／渡辺 亮，鈴木 穣

実験医学 増刊

Vol. 37　No. 20　2019〔通巻648号〕
2019年12月15日発行　第37巻　第20号
ISBN978-4-7581-0383-1
定価　本体5,400円＋税（送料実費別途）

年間購読料
　24,000円（通常号12冊，送料弊社負担）
　67,200円（通常号12冊，増刊8冊，送料弊社負担）
　※ 海外からのご購読は送料実費となります
　※ 価格は改定される場合があります

郵便振替　00130-3-38674

© YODOSHA CO., LTD. 2019
　Printed in Japan

発行人　一戸裕子
発行所　株式会社 羊 土 社
　　　　〒101-0052
　　　　東京都千代田区神田小川町2-5-1
　　　　TEL　　03（5282）1211
　　　　FAX　　03（5282）1212
　　　　E-mail　eigyo@yodosha.co.jp
　　　　URL　　www.yodosha.co.jp/
印刷所　株式会社 平河工業社
広告取扱　株式会社 エー・イー企画
　　　　TEL　　03（3230）2744（代）
　　　　URL　　http://www.aeplan.co.jp/

本誌に掲載する著作物の複製権・上映権・譲渡権・公衆送信権（送信可能化権を含む）は（株）羊土社が保有します．
本誌を無断で複製する行為（コピー，スキャン，デジタルデータ化など）は，著作権法上での限られた例外（「私的使用のための複製」など）を除き禁じられています．研究活動，診療を含み業務上使用する目的で上記の行為を行うことは大学，病院，企業などにおける内部的な利用であっても，私的使用には該当せず，違法です．また私的使用のためであっても，代行業者等の第三者に依頼して上記の行為を行うことは違法となります．

JCOPY ＜（社）出版者著作権管理機構 委託出版物＞
本誌の無断複写は著作権法上での例外を除き禁じられています．複写される場合は，そのつど事前に，（社）出版者著作権管理機構（TEL 03-5244-5088, FAX 03-5244-5089, e-mail：info@jcopy.or.jp）の許諾を得てください．

Biology at True Resolution

発現解析の位置情報が分かる

Visium Spatial Gene Expression

凍結切片から位置情報を残したままトランスクリプトーム情報を得る革新的技術。

Sensitivity — Thousands of genes detected per spot

Efficient — 1 day workflow time

Resolution — ~5000 spots per capture area; Spot size 55 µm diameter; Close packing of spots; 100 µm c-t-c distance

All Inclusive — All slides and reagents included in kit

Unbiased — Assaying all mRNA with polyA capture technique

Cell Resolution — 1-10 cells per spot; dependent on tissue type and thickness

型番	品名	価格
1000193	Visium Spatial Tissue Optimization Slides & Reagents Kit （4サンプル）	¥500,000
1000187	Visium Spatial Gene Expression Slides & Reagents Kit（4サンプル）	¥740,000
1000184	Visium Spatial Gene Expression Slides & Reagents Kit （16サンプル）	¥2,670,000
1000194	Visium Accessory Kit	¥196,000
1000213	Single Index Kit T Set A（96サンプル）	¥132,000
1000200	Visium Spatial Gene Expression Starter Kit （内訳） ・Tissue Optimization Slides & Reagents Kit （4サンプル） ・Gene Expression Slides & Reagents Kit （16サンプル） ・test slide for testing the imaging capability ・magnetic stand ・PCR adaptor for slides	¥3,250,000

輸入元

本社　〒130-0021 東京都墨田区緑3-9-2 川越ビル
　　　Tel. (03)5625-9711　Fax. (03)3634-6333
西日本営業所　〒532-0003 大阪市淀川区宮原5-1-3 NLC新大阪アースビル403
　　　Tel. (06)6394-1300　Fax. (06)6394-8851

E-mail webmaster@scrum-net.co.jp　Internet www.scrum-net.co.jp

シングルセル次世代シーケンスワークフローソリューション

SureCell ATAC-Seq Library Prep Kit

バイオ・ラッドとイルミナ社が提供するシングルセルプラットフォームに新たにシングルセルATAC-Seq解析が可能なキットSureCell ATAC-Seq Library Prep Kitが販売開始となりました。高い細胞処理能力を有するシングルセルATAC-Seq（Assay for Transposase-Accessible Chromatin using sequencing）解析は、数千の単一細胞それぞれについてゲノムワイドなオープンクロマチン領域をマッピングするための新しい手法です。この手法は、細胞ごとの転写動態に関連したエピジェネティクス情報へのアクセスを容易にし、今までのバルクサンプルでは解析が困難であったシングルセルレベルでの挙動を明確化します。

シンプルなscATAC-Seq ワークフロー

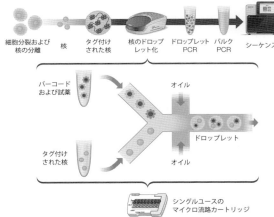

Cell Classificationデータ

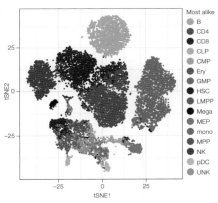

POINT

- 核ゲノム、ATAC ピークおよび転写開始点（TSS）にマッピングされる多数のユニークなフラグメント
- 50％以上のキャプチャー効率
- 手間がかからず、中断可能でシンプル、ハンドリングが容易なワークフロー
- 1 サンプルあたり400から4,000細胞以上の解析が可能な柔軟性の高い処理能力
- 柔軟なパイプラインによる効率的で強力なバイオインフォマティクツール

当キットは研究用試薬であり、ddSEQ Single-Cell Isolatorシステムにおける専用試薬です。診断および治療目的には使用できません。
解析用NGSはイルミナ社製NextSeq以上のスペックが必要となります。

バイオ・ラッド ラボラトリーズ 株式会社
〒140-0002　東京都品川区東品川 2-2-24 天王洲セントラルタワー 20F
https://www.bio-rad.com

低コスト、ハイスループット、ハイフレキシビリティ…
新しいシングルセル研究ソリューション

マイクロ流路によるシングルセルRNA-seqのための細胞分離と前処理システム

nadia
ナディア

低ランニングコスト
試薬キットの内容を公開。実験の目的に合わせてランニングコストを1/2～1/5に抑えられます。

現在利用可能なRNA-seq、核RNA-seq用プロトコールに加え、その他のアプリケーションも順次開発中。

ハイスループット
1レーンあたり ~6,000 STAMP*。1ランで最大8レーンまで同時にランできます。
* STAMP : single-cell transcriptomes attached to microparticles

オープンシステム
Nadia Innovateと接続して、サンプルに合わせた最適な条件検討が可能です。

安定したデータ
+4~40℃の温度制御、スターラーによる撹拌でサンプルやキャプチャービーズ濃度を一定に保ちます。

アプリケーション、その他の情報はこちらから

https://www.dolomite-bio.com

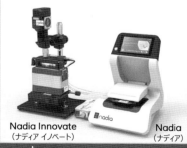

Nadia Innovate（ナディア イノベート）
Nadia（ナディア）

Nadia Innovate（ナディアイノベート）
Nadia機器へオプションのNadia Innovate を接続すると、PCからドロップレット作製のパラメータ（温度、時間、圧力、撹拌）を調整できます。試薬やサンプルの粘性、特性に合わせて最適化したり、アガロースゲルのドロップレットの作製など、新たな系を確立することが可能です。

アガロースドロップレットのアプリケーションノート配布中！
https://www.dolomite-bio.com/support/downloads/

本製品は、研究用のみに使用できます。診断目的に使用することはできません。
For life science research only. Not for use in diagnostic procedures.

ブラックトレースジャパン株式会社　〒231-0023　神奈川県横浜市中区山下町207-2関内ＪＳビル1002
ドロマイトバイオ事業部　　　　　　TEL : 045-263-8211　E-Mail : infojp@blacktrace.com
　　　　　　　　　　　　　　　　　URL : https://www.dolomite-bio.com

＜後付3＞

羊土社のオススメ書籍

実験医学別冊 最強のステップUPシリーズ
シングルセル解析プロトコール
わかる！使える！ 1細胞特有の実験のコツから最新の応用まで

菅野純夫／編

1細胞ごとの遺伝子発現をみる「シングルセル解析」があなたのラボでもできる！1細胞の調製法や微量サンプルのハンドリングなど実験のコツから，最新の応用例までを凝縮した1冊．

- 定価（本体8,000円＋税）　■ B5判
- 345頁　■ ISBN 978-4-7581-2234-4

実験医学別冊
RNA-Seq データ解析
WETラボのための鉄板レシピ

坊農秀雅／編

医学・生命科学で細胞の特性や差異の解析に汎用されるRNA-Seqは，データをどう料理するかが研究者の腕の見せどころ．PC 1台から実践できる一流シェフ（データサイエンティスト）のレシピを，みんなのラボへ．

- 定価（本体4,500円＋税）　■ AB判
- 255頁　■ ISBN 978-4-7581-2243-6

実験医学別冊　NGSアプリケーション
RNA-Seq 実験ハンドブック
発現解析からncRNA、シングルセルまであらゆる局面を網羅！

鈴木　穣／編

次世代シークエンサーの最注目手法に特化し，研究の戦略，プロトコール，落とし穴を解説した待望の実験書が登場！発現量はもちろん，翻訳解析など発展的手法，各分野の応用例まで，広く深く紹介します．

- 定価（本体7,900円＋税）　■ A4変型判
- 282頁　■ ISBN 978-4-7581-0194-3

実験医学別冊
決定版 オルガノイド実験スタンダード
開発者直伝！珠玉のプロトコール集

佐藤俊朗，武部貴則，永樂元次／編

細胞を培養しミニ臓器を創り出す次世代実験手法に待望のプロトコール集．開発者たちは三次元培養の基質や培地組成をどう検討したのか？その基盤となる発生学の知識から，論文では学べない手技までを丁寧に解説．

- 定価（本体9,000円＋税）　■ B5判
- 372頁　■ ISBN 978-4-7581-2239-9

発行　羊土社 YODOSHA
〒101-0052　東京都千代田区神田小川町2-5-1　TEL 03(5282)1211　FAX 03(5282)1212
E-mail：eigyo@yodosha.co.jp
URL：www.yodosha.co.jp/

ご注文は最寄りの書店，または小社営業部まで

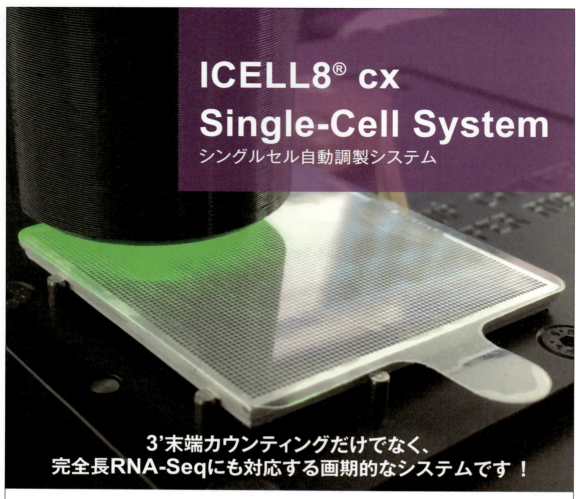

ICELL8® cx Single-Cell System
シングルセル自動調製システム

3'末端カウンティングだけでなく、完全長RNA-Seqにも対応する画期的なシステムです！

- 5,184個のナノウェルを搭載したICELL8 Chipに細胞を分注し、**1,200〜1,500個程度のシングルセルを取得**
- Chipの上の全ウェルのイメージングを行い、**生きたシングルセルを含むウェルのみを選択して**、後の解析に使用
- **5〜100 μm**の幅広い細胞サイズに対応、**心筋細胞などのサイズの大きな細胞も解析可能**
- 最大**8種類**の細胞サンプルを1枚のICELL8 Chip上で**一度に解析可能**

Learn MORE !

タカラバイオ株式会社
http://www.takara-bio.co.jp

JM059C